浙 江 省 自 然 资 源 厅
浙江省水文地质工程地质大队

# 浙江地热

ZHEJIANG DIRE

# 浙江省地热(温泉)资源调查评价

ZHEJIANG SHENG DIRE（WENQUAN）ZIYUAN DIAOCHA PINGJIA

叶兴永　陈俊兵　主编

**图书在版编目(CIP)数据**

浙江地热/叶兴永,陈俊兵主编.—武汉:中国地质大学出版社,2021.5
ISBN 978-7-5625-4929-1

Ⅰ.①浙…
Ⅱ.①叶… ②陈…
Ⅲ.①地热能-介绍-浙江
Ⅳ.①TK521

中国版本图书馆 CIP 数据核字(2021)第 078001 号

**浙江地热** 叶兴永 陈俊兵 **主编**

责任编辑:周 豪 选题策划:周 豪 张晓红 责任校对:徐蕾蕾

出版发行:中国地质大学出版社(武汉市洪山区鲁磨路 388 号) 邮编:430074
电 话:(027)67883511 传 真:(027)67883580 E-mail:cbb@cug.edu.cn
经 销:全国新华书店 http://cugp.cug.edu.cn

开本:880 毫米×1230 毫米 1/16 字数:408 千字 印张:12.75 插页:1
版次:2021 年 5 月第 1 版 印次:2021 年 5 月第 1 次印刷
印刷:武汉中远印务有限公司

ISBN 978-7-5625-4929-1 定价:168.00 元

# 《浙江地热》
# 编审委员会

**主　任**：潘圣明

**委　员**：蒋维三　朱　川　谢长芳　汪燕林
　　　　龚日祥　颜洪鸣　王洲平　周育坤
　　　　王耀忠

**主　编**：叶兴永　陈俊兵

**副主编**：吕　清　毛官辉　韦　毅

**编　写**：王小龙　彭　鹏　胡　宁　林清龙
　　　　章晓东　吴进茂　陆云祥　骆地雄
　　　　张良红　李绍勇　曹新云　杨文峰
　　　　严金叙　彭振宇　王建强　郑鸿杰

# 序　一

地热资源是地球本土的绿色清洁可再生能源，也是极具竞争力的康养旅游资源，规模开发利用地热资源对于国家能源结构调整、节能减排和改善环境，实现碳达峰、碳中和具有重要的现实意义。

近十年来，浙江地热资源勘查以中深层水热型为主，资源多为断裂构造深循环型，勘查工作取得很大突破，成果喜人。在开发利用上，浙江做强温泉旅游康养产业，产生了一批规模大、发展理念新的企业，形成了具有浙江特色的地热产业模式，给我留下了深刻印象。

《浙江地热》一书可谓"十年磨一剑"，是对浙江近十年地热勘查开发的一次深入总结和升华。该书对浙江的区域地温场、地热地质分区、热储类型等基础地热地质内容进行了深入分析，建立了具有浙江特色的地热勘查评价体系，提出了地热成矿远景及下一步找矿方向，分析了浙江地热开发的现状及需求，提出了具有全局性和针对性的地热资源综合开发利用对策与建议，取得了一系列具有创新性的成果，是一本极具指导意义的专业性图书。

我很高兴在"十四五"的开局之年看到《浙江地热》这一专著的问世，"十四五"是长三角一体化和高质量发展的重要阶段，地热要发挥出它的潜力和作用，必须要以创新地热资源勘查开发与保护的体制机制为动力，充分发挥政府部门、勘查单位以及市场需求对象的积极性、主动性、创造性。再者，《浙江地热》这本书具有重要的实际应用价值，它不仅为地热地质工作者提供了丰富的科学技术方面的专业知识、信息和综合分析的方法、工具，为浙江地热产业的顶层设计提供有力的支撑，同时可以提高公众对地热的认知度，有助于营造良好的地热开发市场氛围，推动行业的良性循环，延长产业的生命周期。它带来的社会、经济和环境效益不可低估。

《浙江地热》的出版发行必将对浙江乃至长三角地区地热资源勘查与开发利用起到积极的推动作用，我期待着它的早日问世。

汪集旸

2021/06/02于

北京

# 序　二

《浙江地热》是第一本系统研究浙江地热资源勘查开发利用的专著。我作为进入新世纪以来，浙江地热资源勘查开发的热心倡导者、牵头组织者、全力推动者，对《浙江地热》一书的编纂出版感到由衷的高兴，并表示热烈的祝贺！

浙江地热资源的勘查开发利用，始于20世纪50年代。这个时期地热资源勘查开发的主要特点是"就热找热"、点状为主、浅层为主，且大多是个别地方政府或企业的自发行为。这种格局一直延续至20世纪末。

进入21世纪，随着浙江经济快速发展、人民生活水平不断提高，广大百姓对旅游康养产品的需求日益增长。许多地方政府和旅游企业，迫切希望探寻并开发地热（温泉）资源，以增强旅游目的地的吸引力及康养产品的品质。浙江省国土资源厅回应社会关切，审时度势，从浙江的客观地质条件出发，及时对全省地热资源的勘查开发作出部署，先后组织实施了浙江省地热资源的区划规划、浙江省地热资源的调查评价、浙江省地热资源重点勘查区块的商业性勘查等一系列项目。经过十多年的持续努力，浙江省地热资源勘查，特别是在深部找热、空白区找热方面取得了一批重要成果，为不少地方打造温泉之城、温泉小镇，做大康养产业提供了有力的资源保障。

地热资源勘查开发是一个由浅入深、由表及里，不断从已知向未知的探索过程。进入21世纪以来的20年，浙江地热的勘查开发在取得丰富成果的同时，对全省地热的成矿规律也获得了新的认识。《浙江地热》一书从分析区域地热成矿背景入手，结合多年形成的大量地热资源勘查成果，对浙江地热资源赋存特征、成矿控制条件、资源特征等进行了系统研究，提出了地热地质分区，建立了地热资源勘查评价体系，划出了成矿远景区，提出了浙江地热资源分类分级标准，以及地热产业的发展建议。需要特别指出的是，《浙江地热》一书在浙江省地温场研究、热储类型及地热成矿规律研究、地热资源勘查评价体系、地热资源分类分级标准等方面都具有开创性。

《浙江地热》一书的出版，对于人们更好地认识和把握浙江地热的成矿规律，进一步促进地热资源的科学勘查和合理开发利用都具有重要的理论价值和实践意义。当前和今后一个时期，随着国家碳达峰、碳中和目标的推进，以及全省康养产业的蓬勃发展，浙江地热资源的开发潜力仍将继续发挥。因此，我由衷地希望《浙江地热》一书早日出版发行，为进一步推动"十四五"时期浙江省地热资源勘查开发利用，进而更好地为浙江经济高质量发展，以及共同富裕示范区建设赋能助力。

2021.6.18

# 前　言

浙江省地热资源勘查与开发起步较早。1959年，宁海深甽镇发现水温36℃的温泉，经地质勘查，于1960年建立水温47℃的热水井，并兴建省内第一个温泉疗养院。此后经几度勘查，1982年建立甽3井生产井，单井涌水量超过1200m$^3$/d，开发利用至今。至2000年，先后在湖州白雀、武义塔山、临安湍口、泰顺雅阳、杭州灵隐、宁波江北、嘉兴桐乡等地开展地热地质调查，查明了已知地热点的水量、水质，基本查明了其主要的控矿构造，提出了地热田的成因模式。这一阶段为“就热找热、浅部找热”，即围绕已知地热点开展地热勘查工作，受地球物理和钻探等技术手段限制，勘查深度在600m以浅。

2000年后，随着勘查技术和理论水平的不断提高，浙江省进入“深部找热、空白区找热”阶段。2000—2010年，先后在嘉兴、杭州、遂昌盆地、太湖南岸等地开展了公益性地热勘查工作，成效显著。2010年，浙江省国土资源厅（现浙江省自然资源厅）先后印发《关于进一步加强地热资源勘查与开发利用工作的意见》和《关于进一步规范全省温泉（地热）勘查开发工作的通知》，贯彻“公益先行、基金衔接、商业跟进、整装勘查、快速突破”的思路，进一步促进了全省地热资源勘查与开发。2010—2020年，浙江省地勘资金投入完成17处公益性地热资源调查工作，调查面积2293km$^2$，划定重点勘查区41处，带动商业性地热勘查项目66项，勘查面积1617km$^2$，新增地热找矿突破27处，新探获可采资源量750万m$^3$/a。截至2020年6月，全省温度不低于25℃的地热井（泉）50余口，经浙江省自然资源厅储量评审备案的地热井（泉）35口，“验证的＋探明的＋控制的”可采资源量达到28 643 m$^3$/d（1045万m$^3$/a）。

地热开发利用方面，浙江省地热采矿权数量从2010年的4家增长到19家；地热资源开发利用企业从2010年的8家增长到31家，增长迅速。为进一步规范全省温泉资源开发利用管理，2013年，浙江省国土资源厅发布《关于规范全省温泉资源命名和标识管理的通知》（浙土资发〔2013〕6号），对浙江省温泉资源分级命名提出要求，创优温泉产业营商环境，推动温泉产业高质量发展，是具有浙江特色的温泉开发利用管理体制机制创新。

浙江地热地质条件复杂，地热勘查风险高、难度大，近些年虽取得突破性进展，但和人民日益增长的美好生活需要仍存在矛盾。为了更好地推动地热产业服务浙江省“大湾区大花园大通道大都市区”建设，践行《生态文明体制改革》对矿产资源有偿使用制度和矿业权出让制度改革的新要求，加快和科学规范浙江地热产业的发展，2017年11月5日，浙江省国土资源厅下达了“浙江省地热资源调查评价”课题。课题的主要任务是系统阐述全省地热资源的形成与分布，加强对地热资源类型特征及成矿规律的总结，加强对地热资源勘查技术的系统研究，深入探索和合理引导地热资源的分类分级开发利用，为全省地热资源可持续开发利用与环境保护提供技术支撑。

本书较系统地收集了区域地质、矿产地质、地球物理、水文地质、地温场和地热地质等前人研究成果，总结了全省区域地温场及大地热流特征、地热资源赋存特征、成矿控制条件、地热流体特征，进行地热地质分区，开展全省地热资源远景区划和地热资源分级讨论。取得的主要认识如下：

(1)根据最新的地热井测温成果数据(23个)对20世纪70年代完成的全省地温场研究工作进行了完善。新数据显示浙江省大地热流值变化介于61.67～87.92mW/m$^2$之间，地温梯度变化介于1.39～3.7℃/100m之间，3000m深度的水温介于68.29～129.43℃之间。

(2)根据已有地热勘查成果以及地热成矿背景，全面总结了全省地热资源赋存特征，将浙江省热储类型划分为三大类、八亚类。

(3)根据地热地质条件将浙江省地热地质分为二大区、六亚区，系统阐述了各区地热资源特征，总结了地热资源成矿控制因素及控矿特征。

(4)根据浙江省地热资源主要成矿控制特征，建立地热资源勘查评价体系，并据此划定Ⅰ级地热成矿远景区28处，Ⅱ级地热成矿重点区35处。

(5)根据浙江省地热资源特征及开发利用方向，针对理疗热矿水资源，分别从温度、质量、规模、降深、资源/储量查明程度五项指标进行了综合分级，将浙江地热资源分为五级。

本次工作是在原浙江省国土资源厅的领导和关注下进行的，是浙江省广大从事地热资源地质勘查工作的地质工作者和单位的共同成果。叶兴永和陈俊兵审定了“浙江省地热资源调查评价”课题大纲，确定了技术路线。课题参加人员主要有：叶兴永、陈俊兵、吕清、韦毅、毛官辉、王小龙、彭鹏、朱斌、李全海、胡宁、李绍勇、张良红、陆云祥、骆地雄、曹新云、严金叙、杨文峰、吴进茂等。课题实施过程中，浙江省地质调查院、浙江省物化勘查院、浙江省第一地质大队、中国煤炭地质总局浙江煤炭地质局、中化地质矿山总局浙江地质勘查院、中国建筑材料工业地质勘查中心浙江总队均在地热地质资料方面给予了大量支持。本书在编写过程中得到王耀忠、蒋维三、谢长芳、朱川、胡宁、林清龙、颜洪鸣、章晓东等专家的悉心指导。在此向上述单位和个人表示诚挚的谢意。

本书是在“浙江省地热资源调查评价”课题基础上完成的，由浙江省水文地质工程地质大队编著，主要编写人员分工如下：前言由陈俊兵、吕清编写；第一章由彭鹏编写；第二章由毛官辉编写；第三章和第四章由陈俊兵、吕清、王小龙编写；第五章由韦毅编写；第六章由吕清编写；第七章由吕清、毛官辉、彭鹏编写；第八章由王小龙编写。插图由相关章节人员绘制。参加编写的人员还包括胡宁、林青龙、章晓东、吴进茂、陆云祥、骆地雄、张良红、李绍勇、曹新云、杨文峰、严金叙、王建强、郑鸿杰。全书由陈俊兵统稿，陈俊兵、叶兴永审定。

本书中未特别说明的统计数据均截止至2018年12月。由于时间和水平所限，其中难免存在纰漏和不足，恳请读者们批评指正。

编者

2020年9月

# 目　录

# 第一章　区域地质背景

浙江省坐落于两大构造单元之上，浙西北处扬子准地台之东南缘，浙东南则属华南褶皱系。由于两大构造单元具有不同的地质构造发展演化历史，因而它们在沉积建造、火山活动、变质作用、构造变动及成矿作用等方面，具有明显的差异，即浙东南发育元古宙中深变质岩、中新生代火成岩及构造-沉积盆地，具有“一老一新”地质构造特点，由于整体刚性较强，浙东以断块构造为特色；浙西北则以发育中新元古代浅变质岩、古生代沉积及醒目的印支期褶皱带为特征。

## 第一节　岩石地层

### 一、浙西北岩石地层

江山-绍兴深大断裂带的北西侧，属于扬子地层区。自新元古代以来，各时代的地层发育基本齐全。基底由新元古代的双溪坞群和河上镇群组成，前者为浅变质岩系，后者为基本未变质的碎屑岩。

沉积盖层中有两套碳酸盐岩：①震旦系灯影组—寒武系(含杭州—嘉兴一带的下中奥陶统)，其中上震旦统灯影组为白云岩，寒武系大陈岭组、杨柳岗组、华严寺组、西阳山组以白云质灰岩和条带状灰岩为主；奥陶系虽以碎屑岩为主，但在杭州—嘉兴一带，下中奥陶统则为灰质白云岩、白云质灰岩等。总厚度500～1000m。②石炭系—下三叠统包括石炭系黄龙组、船山组，中二叠统栖霞组，以及上二叠统长兴组和下三叠统青龙组，岩性为灰岩、含燧石灰岩、薄层灰岩等，累计厚度400～1000m，但因构造抬升剥蚀，仅残存于复向斜的核部，其中长兴组和青龙组的分布更为有限。

古生界的其他地层，包括奥陶系、志留系、泥盆系和下石炭统，皆为碎屑岩层。

中生代火山岩系以上的地层，在浙西北区与浙东南区虽有所区别，但具更多的相似性，故与江山-绍兴深大断裂带南东侧的地层一并论述。

### 二、浙东南地层分区

江山-绍兴深大断裂带的南东侧属于东南地层区。基底由古元古界八都岩群和新元古界陈蔡群构成，岩性主要为含石墨黑云斜长变粒岩、斜长角闪岩等，都达到中深变质程度，八都岩群变质程度相对更高。与江山-绍兴深大断裂带北西侧的扬子地层区的基底相比，浙东南地层的变质程度要高得多。盖层有上三叠统乌灶组和下侏罗统枫坪组、中侏罗统毛弄组，皆为陆相碎屑岩类，夹薄煤层，分布较局限，一般厚300m左右，最厚可达2000m。

浙江省普遍发育的中生代巨厚陆相火山-沉积岩系，从岩性、沉积相、古生物组合等资料分析，地层具有明显的“三分性”，自下而上分为建德群（包括劳村组、黄尖组、寿昌组、横山组）、永康群（包括馆头组、朝川组、方岩组、壳山组）和衢江群（包括中戴组、金华组、衢县组）。火山活动的规模自下而上减小。浙东南地区火山活动的规模较浙西地区要强，且持续的时间更长。与建德群相对应的地层称为磨石山群（包括大爽组、高坞组、西山头组、茶湾组、九里坪组、祝村组），与衢江群相对应的地层称为天台群（包括塘上组、两头塘组、赤城山组），整套地层总厚可达数千米。

古近系长河组主要分布于杭州湾及其南岸的长河凹陷（宁波的慈溪地区），另在浙北嘉兴、平湖、湖州等地有少量分布，为一套砂泥岩互层，由多个下粗上细的沉积旋回组成，最大厚度可达1700m。岩石基本上处于半胶结状态，砂岩、砂砾岩的孔隙度和渗透率较高。局部地区夹玄武岩。

新近系（嵊县组）零散分布于浙东地区，主要为玄武岩夹泥岩、粉砂岩、砂砾岩、硅藻土、褐煤等，厚3.5～300m。

第四系主要分布于滨海河口平原区，浙北杭嘉湖平原厚度较大，最厚在300m以上，由河湖相、滨海相、海湾相等组成。山区、丘陵区第四系的厚度较薄，多属洪积相和冲积相的砾石层、砂层等。

浙江省岩石地层划分情况详见表1-1。

## 第二节　岩浆活动

浙江省的岩浆活动有多期特征，包括吕梁期、晋宁期、加里东期、印支期、燕山期和喜马拉雅期，其中以燕山期的活动最为强烈。就地热地质条件而论，与之关系最密切的是燕山期的岩浆活动，其次是喜马拉雅期。燕山期的岩浆活动强度大、时间长、分布范围广；喜马拉雅期岩浆活动规模虽较小，但距今时间短，在部分地区也有重要意义。

在燕山期的岩浆活动中，喷出或喷溢的火山岩、火山碎屑岩和侵入岩具有同源同质的特点，岩石化学成分十分接近。燕山期的岩浆活动可以分为早、晚两期，分别发生在早白垩世早期和早白垩世晚期及晚白垩世。燕山早期的火山活动极其强烈，主要受北东向、北北东向、东西向、北西向的基底断裂控制，属大范围面状群口式喷发。岩石类型以安山岩-英安岩-流纹岩为主。火山喷发的规模虽然十分雄伟，但同期的侵入岩则零星分布，多呈岩株、岩枝产出。燕山晚期的火山岩主要分布于火山沉积盆地中，馆头组和朝川组中多见玄武岩、安山岩、粗面英安岩，以沉积岩中的夹层出现。在东部沿海地区的天台群则以火山喷发岩为主，正常的沉积岩反而较少。总体来看，燕山晚期的火山活动较燕山早期明显减弱，但同期的侵入岩则恰恰相反，为数众多、广泛发育，部分规模较大。岩性主要有石英闪长岩、石英二长岩、花岗闪长岩、二长花岗岩、花岗岩等，受断裂控制，多呈串珠状分布。燕山期侵入岩在平面上的分布有由老到新自西向东迁移的趋势，即浙西北地区主要出露早白垩世早期侵入岩，浙东南地区主要出露早白垩世侵入岩，而沿海地区主要出露早白垩世晚期侵入岩。

喜马拉雅期的岩浆活动见于江山-绍兴断裂带及其南东侧的浙东南隆起区。时代主要为新近纪，在长河凹陷还有古近纪的玄武岩分布。侵入岩为岩筒相的超基性角砾岩、碱性苦橄岩、榴辉岩等，喷出岩主要为碱性橄榄玄武岩-橄榄拉斑玄武岩组合。

浙江省燕山期侵入岩及喜马拉雅期岩浆岩分布如图1-1所示。

表1-1 浙江省岩石地层划分简表

| 代 | 纪 | 世 | 浙西北区 岩石地层单位 | 浙西北区 主要岩性及厚度 | 浙东南区 岩石地层单位 | 浙东南区 主要岩性及厚度 |
|---|---|---|---|---|---|---|
| 新生代 Cz | 新近纪 N | 上新世、中新世 |  |  | 嵊县组 $N_{1-2}s$ | 主体玄武岩，另有薄层粉砂岩夹层，厚度5.5~300m |
|  | 古近纪 E | 渐新世、始新世、古新世 | 长河组 $E_2ch$ | 泥岩、粉砂质泥岩及棕红色泥质粉砂岩、砂砾岩等组成，局部夹石膏薄层和玄武质火山，厚度大于1 321.8m |  |  |
| 中生代 Mz | 白垩纪 K | 晚白垩世 | 衢江群 $K_2Q$：衢县组 $K_2q$ | 棕红色砾岩、砂砾岩、粗—细砂岩、粉砂岩等，厚度1000~2 361.2m | 天台群 $K_2T$：赤城山组 $K_2c$ | 紫红色砾岩、砂砾岩夹粉砂岩及少量凝灰岩，厚度300~557.1m |
|  |  |  | 金华组 $K_2j$ | 紫红色砂岩、粉砂质泥岩、粉砂岩、细砂岩等，厚度260~3000m | 两头塘组 $K_2l$ | 紫红色砂岩、粉砂岩夹砂砾岩、砾岩、凝灰岩，厚度175~691.1m |
|  |  |  | 中戴组 $K_2z$ | 紫红色砾岩、砂砾岩、细砂岩、粉砂岩、泥岩，厚度 340~1500m | 塘上组 $K_2t$ | 酸性火山碎屑岩夹熔岩、砂岩、粉砂岩，厚度68.8~2 359.3m |
|  |  | 早白垩世 | 永康群 $K_1Y$：壳山组 $K_1q$ | 流纹(斑)岩，厚度51.9~238.7m | 小平田组 $K_1xp$ | 中酸性、酸性火山碎屑岩夹中性、酸性熔岩、砂岩、砂砾岩等，厚度371.3~1112m |
|  |  |  | 方岩组 $K_1f$ | 砂砾岩、砾岩、细砾岩，夹粗砂岩等，厚度125~1 734.9m |  |  |
|  |  |  | 朝川组 $K_1cc$ | 红色层状砂岩、泥岩互层，夹凝灰岩等，厚度190.7~1 353.9m |  |  |
|  |  |  | 馆头组 $K_1gt$ | 砂砾岩、砾岩、砂岩、泥岩夹酸性火山岩，厚度28.6~2300m |  |  |
|  |  |  | 建德群 $K_1J$：横山组 $K_1hs$ | 粉砂岩、粉砂质泥岩、粗粒杂砂岩，夹酸性凝灰岩、泥质粉砂岩，厚度196.3~1000m | 磨石山群 $K_1M$：祝村组 $K_1z$ | 中酸性火山碎屑岩夹沉积岩，厚度356~1 852.2m |
|  |  |  | 寿昌组 $K_1s$ | 杂色砂岩、页岩，中—上部夹有1~2层厚度不稳定的酸性火山岩，厚度19~1 071.6m | 九里坪组 $K_1j$ | 流纹岩，厚度200~1 657.5m |
|  |  |  |  |  | 茶湾组 $K_1c$ | 含凝灰质沉积岩夹凝灰岩、中性酸性熔岩，厚度177.3~1589m |
|  |  |  | 黄尖组 $K_1h$ | 流纹斑岩、流纹岩、晶屑熔结凝灰岩、流纹质凝灰熔岩、凝灰岩夹砂岩、粉砂岩、粉砂质泥岩，厚度175~4 389.5m | 西山头组 $K_1x$ | 酸性火山碎屑岩夹沉积岩、酸性基性熔岩，厚度446~3077m |
|  |  |  |  |  | 高坞组 $K_1g$ | 熔结凝灰岩，偶夹凝灰岩、沉积岩，厚度800~3000m |
|  |  |  | 劳村组 $K_1l$ | 泥质粗砂岩、砂岩夹流纹质凝灰岩、流纹岩和砾岩、砂岩、粉砂岩，厚度568~3000m | 大爽组 $K_1d$ | 酸性火山碎屑岩，夹中酸性熔岩和沉积岩，厚度238~3 746.2m |
|  | 侏罗纪 J | 晚侏罗世 |  |  |  |  |
|  |  | 中侏罗世 | 同山群 $J_1T$：渔山尖组 $J_2y$ | 细砂岩、粉砂岩及碳质页岩透镜体、粗砂岩、块状砾岩，厚度568~3000m | 毛弄组 $J_2ml$ | 含煤火山沉积岩，厚度184.1~2000m |
|  |  |  | 马涧组 $J_1m$ | 砾岩、含砾砂岩、粉砂岩、粉砂质泥岩夹煤线，厚度30~498.3m |  |  |
|  |  | 早侏罗世 |  |  | 枫坪组 $J_1f$ | 中粗粒石英砂岩、泥质粉砂岩，厚度210~1270m |
|  | 三叠纪 T | 晚三叠世 |  |  | 乌灶组 $T_3w$ | 长石粗砂岩、含砾粗砂岩、粉砂质泥岩、碳质页岩，厚度300~600m |
|  |  | 中三叠世 | 周冲村组 $T_{1-2}z$ | 灰岩、白云岩、白云质灰岩，厚度大于177.6m |  |  |
|  |  | 早三叠世 | 青龙组 $T_1q$ | 粉晶灰岩和钙质泥岩，厚度355~390m |  |  |
|  |  |  | 政棠组 $T_1z$ | 钙质泥岩夹粉岩，厚度小于474.7m |  |  |
| 晚古生代 $Pz_2$ | 二叠纪 P | 晚二叠世 | 长兴组 $P_3c$ | 生物屑灰岩，厚度40~142m | 芝溪头变质杂岩 | 变质石英砂岩、云母石英片岩、大理岩、石英岩，厚度大于160m |
|  |  |  | 大隆组 $P_3d$ | 硅质泥岩夹灰黑色粉砂岩，厚度5~17.8m |  |  |
|  |  | 中二叠世 | 龙潭组 $P_{2-3}l$ | 泥岩夹细砂岩、生物屑灰岩、灰岩、砂岩、粉砂岩，厚度411.6~541.4m |  |  |
|  |  |  | 孤峰组 $P_2g$ | 黑色泥岩、含硅质泥岩、硅质岩夹泥岩灰岩，厚度16.1~74m |  |  |
|  |  |  | 栖霞组 $P_2q$ | 含燧石结核泥晶、粉晶生物屑灰岩、碳质泥岩、泥岩夹灰岩、含燧石结核灰岩，厚度212.7~409.3m |  |  |
|  |  | 早二叠世 | 梁山组 $P_1l$ | 灰色泥岩、粉砂质泥岩夹泥质粉砂岩、硅质岩、灰岩透镜体，厚度0.2~92m |  |  |
|  | 石炭纪 C | 晚石炭世 | 船山组 CPc | 生物屑泥晶灰岩、泥晶灰岩夹亮晶灰岩、藻（球）灰岩、砂屑灰岩，厚度42~297m |  |  |
|  |  |  | 黄龙组 $C_2h$ | 生物碎屑灰岩，粉至泥晶灰岩，底部粗晶灰岩，厚度28.4~127.8m |  |  |
|  |  |  | 老虎洞组 $C_2l$ | 白云岩、白云质灰岩，厚度10~40m |  |  |
|  |  |  | 藕塘底组 $C_2o$ | 石英砂岩、粉砂岩、泥岩夹白云岩、灰岩透镜体，厚度0.5~224.2m |  |  |
|  |  | 早石炭世 | 叶家塘组 $C_1y$ | 石英砂砾岩、石英砂岩、粉砂岩、泥岩夹煤层，厚度19~91m |  |  |
|  | 泥盆纪 D | 晚泥盆世 | 五通组 DCw：珠藏坞组 DCz | 含砾砂岩、石英砂岩、粉砂岩、泥岩，厚度40~190m |  |  |
|  |  |  | 西湖组 $D_3x$ | 含砾石英粗砂岩，夹细砂岩、粉砂岩、泥岩，厚度139~323m |  |  |
|  |  | 中泥盆世、早泥盆世 |  |  |  |  |
| 早古生代 $Pz_1$ | 志留纪 S | 晚志留世 |  |  |  |  |
|  |  | 中志留世 | 唐家坞组 $S_3t$ | 岩屑砂岩夹粉砂岩、泥质粉砂岩、泥岩，厚度584~1732m |  |  |
|  |  |  | 康山组 $S_{2-3}k$ | 石英砂岩、粉砂岩、泥岩等，厚度156~2 087.6m |  |  |
|  |  | 早志留世 | 河沥溪组 $S_1h$ | 细砂岩、粉砂岩夹泥岩、粉砂质泥岩、石英砂岩、长石砂岩，厚度81.6~1742m |  |  |
|  |  |  | 霞乡组 $S_1x$ | 泥岩、粉砂质泥岩夹细砂岩、粉砂岩，厚度18~443m |  |  |
|  | 奥陶纪 O | 晚奥陶世 | 文昌组 $O_3w$ | 块状砂岩夹细砂岩、粉砂岩、粉砂质泥岩，厚度400~790m |  |  |
|  |  |  | 长坞组 $O_3c$ | 泥岩、粉砂岩、细砂岩，厚度319.4~2 042.6m |  |  |
|  |  |  | 三衢山组 $O_3s$ | 泥晶灰岩、生物灰岩、黏结灰岩，厚度1645m |  |  |
|  |  |  | 黄泥岗组 $O_3h$ | 含钙质结核泥岩、粉砂质泥岩夹瘤状灰岩，厚度22~72.7m |  |  |
|  |  |  | 砚瓦山组 $O_3y$ | 瘤状灰岩、含钙质结核泥灰岩夹粉砂质泥岩、钙质泥岩，厚度40~102.5m |  |  |
|  |  |  | 胡乐组 $O_{2-3}h$ | 硅质岩、硅质页岩、硅质泥岩、碳质硅质泥岩、粉砂质泥岩，厚度5.9~149m |  |  |
|  |  | 中奥陶世 | 宁国组 $O_{1-2}n$ | 粉砂质页岩、泥岩，含笔石，厚度29.4~175m |  |  |
|  |  |  | 牯牛谭组 $O_2g$ | 瘤状、网纹状灰岩，钙质泥岩，厚度148.9m |  |  |
|  |  | 早奥陶世 | 印渚埠组 $O_1y$ | 钙质泥岩，夹灰岩透镜体和钙质结核，厚度93~1100m |  |  |
|  |  |  | 红花园组 $O_1h$ | 瘤条状、网纹状灰岩，砾屑灰岩夹饼状灰岩，厚度299m |  |  |
|  |  |  | 仑山组 $O_1l$ | 粉晶白云岩，白云质灰岩，生物碎屑灰岩，厚度96.6m |  |  |
|  | 寒武纪 ∈ | 晚寒武世 | 西阳山组 ∈Ox | 泥质灰岩、小饼状灰岩、瘤状灰岩，厚度40~327m |  |  |
|  |  |  | 华严寺组 $∈_3h$ | 中—薄层条带状灰岩、泥质灰岩，厚度99.2~189.9m |  |  |
|  |  |  | 超峰组 $∈_{2-3}c$ | 浅灰色粉晶白云岩，含硅质岩，厚度大于175.1m |  |  |
|  |  | 中寒武世 | 杨柳岗组 $∈_2y$ | 条带状白云质灰岩，泥质灰岩，硅质泥岩，厚度63.7~457m |  |  |
|  |  | 早寒武世 | 大陈岭组 $∈_1d$ | 薄层—块状白云质灰岩，厚度30~109.4m |  |  |
|  |  |  | 荷塘组 $∈_1h$ | 碳质硅质岩、碳质硅质泥岩、页岩、石层夹灰岩透镜体，厚度29.2~311.1m |  |  |
|  |  |  | 超山组 $∈_1c$ | 灰黑色白云质泥岩，厚度10~42.9m |  |  |
| 新元古代 $Pt_3$ | 震旦纪 Z | 晚震旦世 | 皮园村组 $Z_2p$ | 硅质岩组成，厚度10~176m |  |  |
|  |  |  | 板桥山组 $Z_2b$ | 砂质白云岩、白云质砂岩、石英砂岩，厚度671.4m |  |  |
|  |  |  | 灯影组 $Z_2d$ | 白云岩或藻白云岩、泥质白云岩，厚度40~630m |  |  |
|  |  | 早震旦世 | 蓝田组 $Z_{1-2}l$ | 黑色泥岩、碳质泥岩、硅质页岩、白云质灰岩，厚度80~198m |  |  |
|  |  |  | 陡山沱组 $Z_1d$ | 白云岩夹粉砂质泥岩，厚度14.7~113m |  |  |
|  | 南华纪 Nh | 晚南华世 | 南沱组 $Nh_2n$ | 下部含砾砂岩、泥岩，中部含锰泥岩或白云岩，上部砾质泥岩，厚度3.8~550m |  |  |
|  |  | 早南华世 | 休宁组 $Nh_1x$ | 凝灰质砂岩、粉砂岩、泥岩、沉凝灰岩，底部紫红色砂岩、砾岩，厚度300~1917m |  |  |
|  | 青白口纪 Qb |  | 河上镇群 $Qb_2H$：上墅组 $Qb_2s$ | 角砾凝灰岩、安玄岩、安山岩、流纹岩夹砂岩，厚度1033~2173m |  |  |
|  |  |  | 虹赤村组 $Qb_2h$ | 含砾长石岩屑砂岩，杂砂岩夹少量基性火山岩，厚度大于310m |  |  |
|  |  |  | 骆家门组 $Qb_2l$ | 砾岩、含砾砂岩、砂岩、粉砂岩、泥岩夹酸性火山碎屑岩，厚度262.4~1638m |  |  |
| 中元古代 $Pt_2$ |  |  | 双溪坞群 $Pt_2S$：章村组 $Pt_2z$ | 为片理化流纹—英安质熔结凝灰岩夹凝灰质砂岩，厚度282~847.2m | 陈蔡群 $Pt_2C$：徐岸组 $Pt_2xa$ | 黑云斜长变粒岩、榴棱片岩、石墨片岩等，厚度大于1000m |
|  |  |  | 岩山组 $Pt_2y$ | 为片理化凝灰质砂岩、粉砂岩、粉砂质泥岩等，夹少量英安质火山碎屑岩，厚度116~474.2m | 下吴宅组 $Pt_2xw$ | 斜长角闪岩、角闪变粒岩、浅粒岩等，厚度439.4~690m |
|  |  |  | 北坞组 $Pt_2b$ | 片理化或蚀变的流纹质、安山质角砾玻屑凝灰岩，厚度大于433m | 下河图组 $Pt_2x$ | 大理岩、石英片岩、变粒岩等，厚度大于1400m |
|  |  |  | 平水岩组 $Pt_2p$ | 细碧角斑岩夹泥岩、硅质岩，上部凝灰岩，厚度大于2 943.1m | 捣臼湾组 $Pt_2d$ | 斜长角闪岩、变粒岩、浅粒岩等，厚度大于961.7m |
| 古元古代 $Pt_1$ | 滹沱纪 |  |  |  | 八都岩群 $Pt_1C$：大岩山岩组 $Pt_1d$ | 黑云片岩、黑云石英片岩，厚度460m |
|  |  |  |  |  | 泗源岩组 $Pt_1s$ | 斜长变粒岩、长石石英岩、浅粒岩，黑云石英片岩等，厚度大于1 492.9m |
|  |  |  |  |  | 张岩岩组 $Pt_1z$ | 黑云石英片岩-黑云变粒岩组合，厚度100~500m |
|  |  |  |  |  | 堑头岩组 $Pt_1q$ | 斜长变粒岩、石榴角闪变粒岩、石榴黑云斜长变粒岩等，厚度大于1 291.4m |

图 1-1　浙江省燕山期侵入岩及喜马拉雅期岩浆岩分布

# 第三节　区域构造

## 一、构造单元划分

浙江省位于东亚大陆的东南缘，以江山-绍兴深大断裂带为界，浙江省分为两个Ⅰ级构造单元，进一步分为 3 个Ⅱ级构造单元和 8 个Ⅲ级构造单元（表 1-2，图 1-2）。

**表 1-2　浙江省构造单元划分**（据浙江省地质矿产局，1989）

| Ⅰ级 | Ⅱ级 | Ⅲ级 |
|---|---|---|
| 扬子准地台（浙西北褶皱区）（$Ⅰ_1$） | 江南断隆（$Ⅱ_1$） | 苏庄台拱（$Ⅲ_1$） |
| | 钱塘台褶带（浙西褶皱带）（$Ⅱ_2$） | 安吉-长兴坳褶带（$Ⅲ_2$） |
| | | 中洲-昌化拱褶带（$Ⅲ_3$） |
| | | 华埠-新登坳褶带（$Ⅲ_4$） |
| | | 常山-诸暨拱褶带（$Ⅲ_5$） |
| | | 余杭-嘉兴台坳（$Ⅲ_6$） |
| 华南褶皱系（浙东南隆起区）（$Ⅰ_2$） | 浙东南隆起区（$Ⅱ_3$） | 丽水-宁波隆起带（$Ⅲ_7$） |
| | | 温州-临海坳陷带（$Ⅲ_8$） |

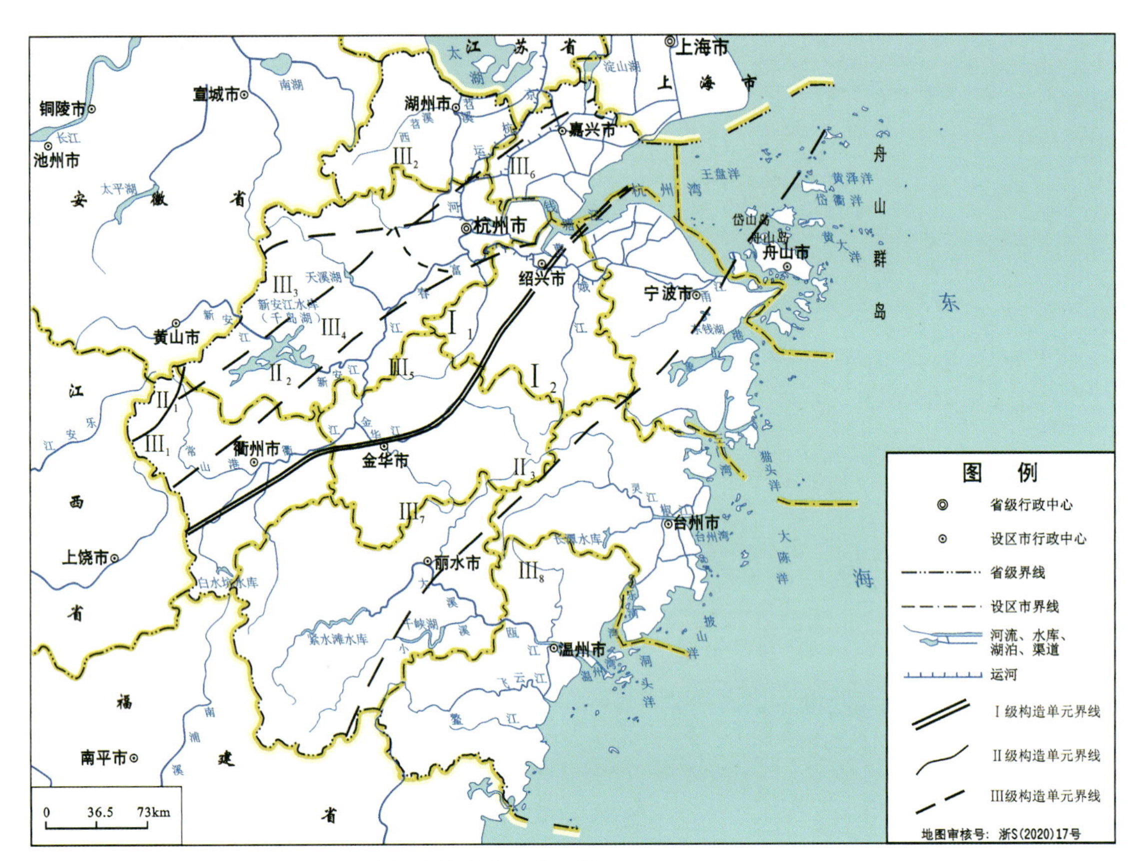

图 1-2　浙江省构造单元分区图（据浙江省地质矿产局，1989）

扬子准地台和华南褶皱系在浙江省内分别称为浙西北褶皱区和浙东南隆起区（图 1-3）。由于地质演化历史和垂向剖面结构的差异，即使在两者已拼接为一个整体之后，在基本相同的外力作用下，其应变的方式也很不一样。以印支期—燕山期构造活动为例，浙西北褶皱区由于基底岩石的变质程度较低，埋藏深度较大，其上又有巨厚的古生代沉积，其塑性较强，故以褶皱作用为主，形成了一系列以复背斜、复向斜为主要特征的褶皱构造。浙东南隆起区由于基底岩石的变质程度较高，埋藏深度较浅，盖层以中生代火山岩为主，其刚性较强，故构造形变以整体的隆升和块断作用为主，出现了众多的断陷盆地。

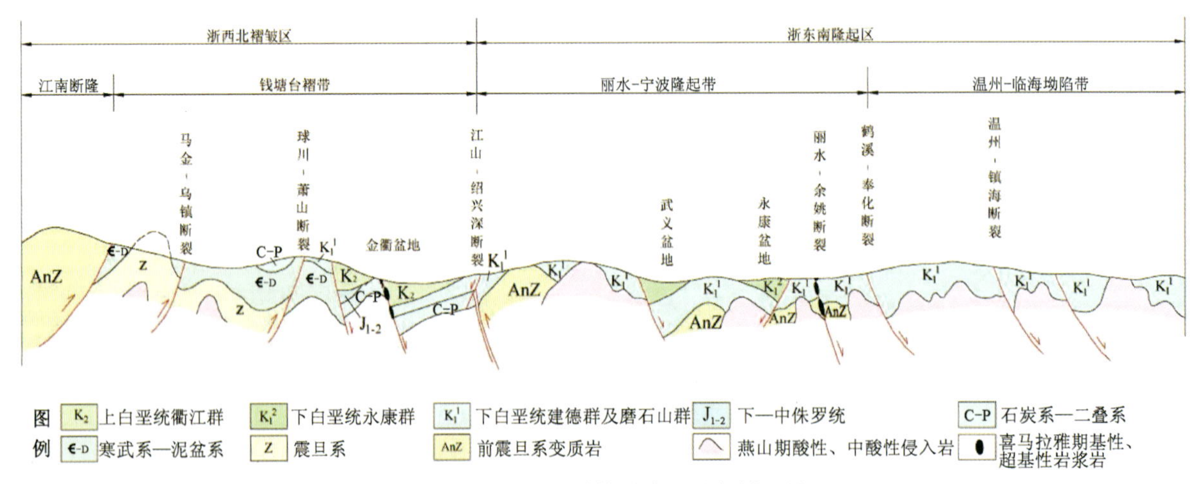

图 1-3　浙江省地质构造分区示意剖面图

浙西北褶皱区可以划分为两个Ⅱ级构造单元，即江南断隆和钱塘台褶带。

钱塘台褶带整体为北东走向的复背斜和复向斜相间的构造格局（图 1-4），自西北向东南依次为鲁村-

麻车埠复向斜(1)、龙源村-印渚埠复背斜(2)、华埠-新登复向斜(3)、江山-诸暨复向斜(4)、杭垓-长兴复向斜(5)、学川-白水湾复背斜(6)、于潜-三桥埠复向斜(7)。其中，安吉-长兴坳褶带和余杭-嘉兴台坳与南部主要的区别有3点：一是近东西向的褶皱、断裂十分发育，二是下中奥陶统为碳酸盐岩，三是新构造比较活跃，第四系整体下沉。常山-诸暨拱褶带则在燕山期受开化-桐庐地幔鼻状隆起影响，地壳变薄，表现出较强的火山活动和大面积白垩纪盆地的出现。

江南断隆出露基底变质岩。

浙东南隆起区以丽水—仙居—镇海一线为界，分为北西侧的丽水-宁波隆起带和南东侧的温州-临海坳陷带。丽水-宁波隆起带基底变质岩出露较多，中生代火山岩的厚度相对较薄；温州-临海坳陷带未出露基底变质岩，火山岩的厚度相对较大，燕山晚期的火山活动较强。

## 二、区域断裂构造

浙江省的断裂构造十分发育，有北东向、北北东向、东西向、北西向等多种方向(图1-4)。区域性大断裂的位置主要根据重力法、磁法、电法等物探资料，结合地面地质调查确定。

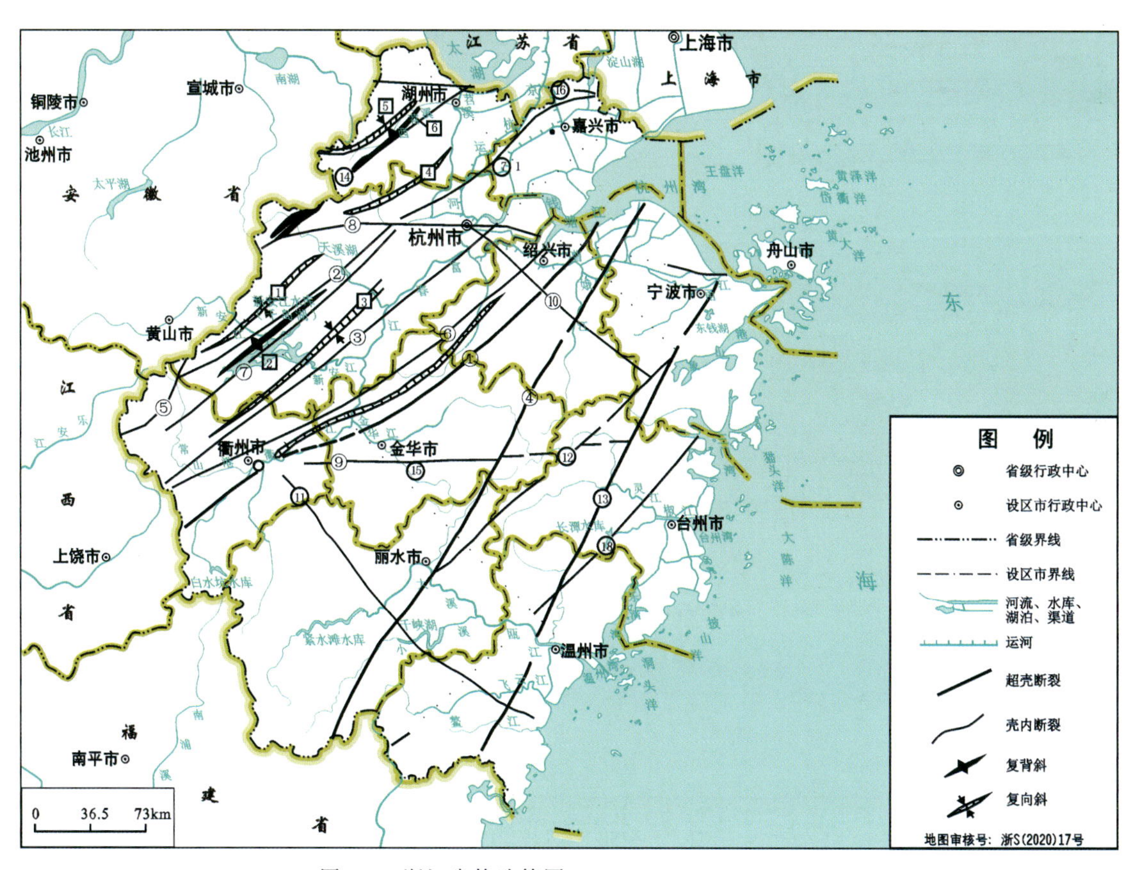


图1-4　浙江省构造简图(据浙江省地质矿产局，1989)

北东向的区域性大断裂除江山-绍兴深大断裂带(①)之外，自西北向东南还有下庄-石柱断裂(⑤)、马金-乌镇断裂(②)、球川-萧山断裂(③)、常山-漓渚断裂(⑥)、开化-淳安断裂(⑦)、鹤溪-奉化断裂(⑫)和泰顺-黄岩断裂(⑱)。

北北东向的区域性大断裂自西北向东南主要有丽水-余姚断裂(④)和温州-镇海断裂(⑬)。其中丽水-余姚断裂在两条大地电磁测深(MT)剖面的相应测点(松阳与靖居口之间，嵊州开元)都发现穿透岩石圈的低阻异常，说明断裂的深度很大，沿断裂带有众多的新近纪玄武岩断续分布。

东西向的区域性大断裂自北而南为湖州-嘉善断裂(⑯)、昌化-普陀断裂(⑧)和衢州-天台断裂(⑨)。

北西向的区域性大断裂自西南向东北依次有松阳-平阳断裂(⑪)、淳安-温州断裂(⑮)、孝丰-三门湾断裂(⑩)和长兴-奉化断裂(⑰)。

## 三、白垩纪盆地构造

浙江省内白垩纪中小型盆地多达40余个(图1-5)。盆地类型根据成因可大致分为两类:一类为沉积盆地,或称之为火山沉积盆地,省内大部分白垩纪盆地属于这种类型。盆地内以沉积岩为主,其中夹有不同规模的火山熔岩、火山碎屑岩。盆地的形态一般呈长轴状,具有明显的方向性,显然受构造特别是断裂的控制。另一类为火山洼地型盆地,是由于火山多口群体式喷发,在火山岩堆积较薄的地区出现地形上的洼地而汇水,在喷发间歇期发育河湖相沉积而形成的盆地。在此类盆地的剖面中火山岩占绝大部分。盆地形态一般呈近等轴状,方向性不明显。浙江温州文成—苍南一带的水头街盆地等即属此种类型。

图1-5　浙江省白垩纪—古近纪沉积盆地分布图

盆地形成时代主要有早白垩世早期、早白垩世晚期和晚白垩世3个时期。

早白垩世早期主要是建德群(特别是寿昌组)的沉积盆地,主要出现在建德寿昌、浦江等浙江省偏西部的地区,浙江省东部虽有相应时代的沉积层,但多呈火山岩夹层出现,不属于沉积盆地。盆地受北东向基底构造和火山构造的双重控制,多为北东向狭长的山间盆地,沉积最厚的位置大体在盆地中心部位,地层分布对称性往往较好,其岩相分带呈环状,边缘粗、中间细。

早白垩世晚期构造盆地主要分布在浙东南地区,是在总体拉张的构造背景下,主要受北北东向断裂控制,形成的一系列断陷盆地单断的箕状凹陷和双断的地堑式凹陷,丽水—余姚一线以东也有火山构造盆地。箕状凹陷是由同生正断层导致的断陷，边断裂边沉积，其特征是沉积物的最大厚度不在盆地中心，而是偏于断裂一侧。盆地萎缩后，消亡前最后的沉积地层出现在近断裂一侧。地堑型盆地沿短轴方向的横切面，表现为两侧靠断裂处的沉积物为粗粒碎屑岩，向中间迅速变细，而沿盆地长轴方向的相带变化则较缓慢，并具明显的掀斜特征（通常是向北倾斜），沉积物一端粗、另一端细。盆地萎缩期最后的沉积地层仅出现在下倾的一端。

晚白垩世构造盆地主要分布在衢州—三门一线两侧，是继承或叠加在早白垩世盆地之上发展起来的，呈北东东—东西向展布，同时受北东向及东西向构造带的控制。盆地类型有地堑式及火山构造盆地，火山构造盆地主要分布在温州-镇海深断裂东侧，以小雄盆地为典型。晚白垩世拉张的构造环境更为明显。

## 四、地震与新构造活动

### 1. 地震活动

有历史记录以来的地震活动均属于新构造活动，与它相关的断裂带等可视为至今仍在活动。这种活动对地下热水的运移和地热异常的形成等会产生深刻的影响。地震活动可以引起断裂重新活动，使因充填等因素已堵塞或半封闭的断裂重新开启。浙江省有许多阵发性的热水事件，应与近期的构造活动有关。汶川地震发生前四五天，湍口盆地内作为地震观测井的临 19 孔，连续记录到井水温度升高，最大升高约 10℃。

从全国范围来说，浙江省的地震活动相对较弱。从地震活动分布（图 1-6、图 1-7）来看，仍有一定规律可循。

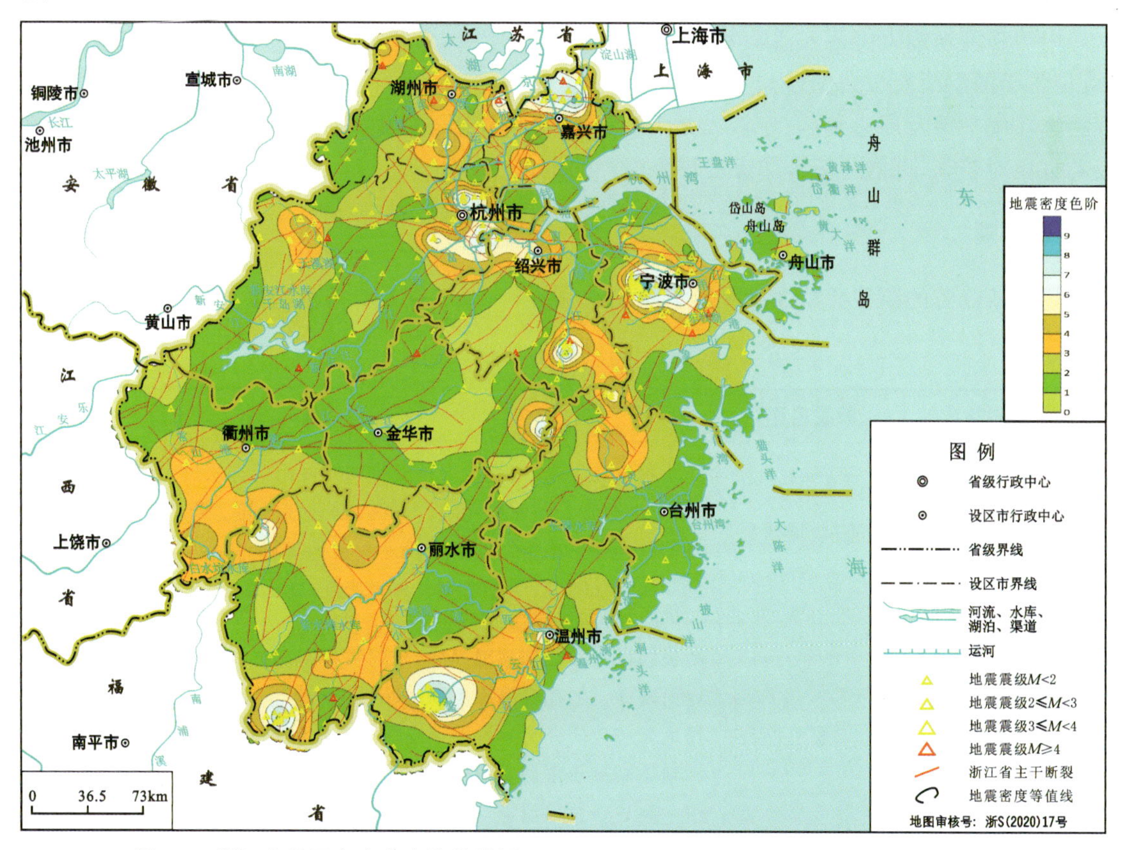


图 1-6　浙江省地震密度分布等值线图（数据来源：国家地震科学数据共享中心，2019 年 8 月）

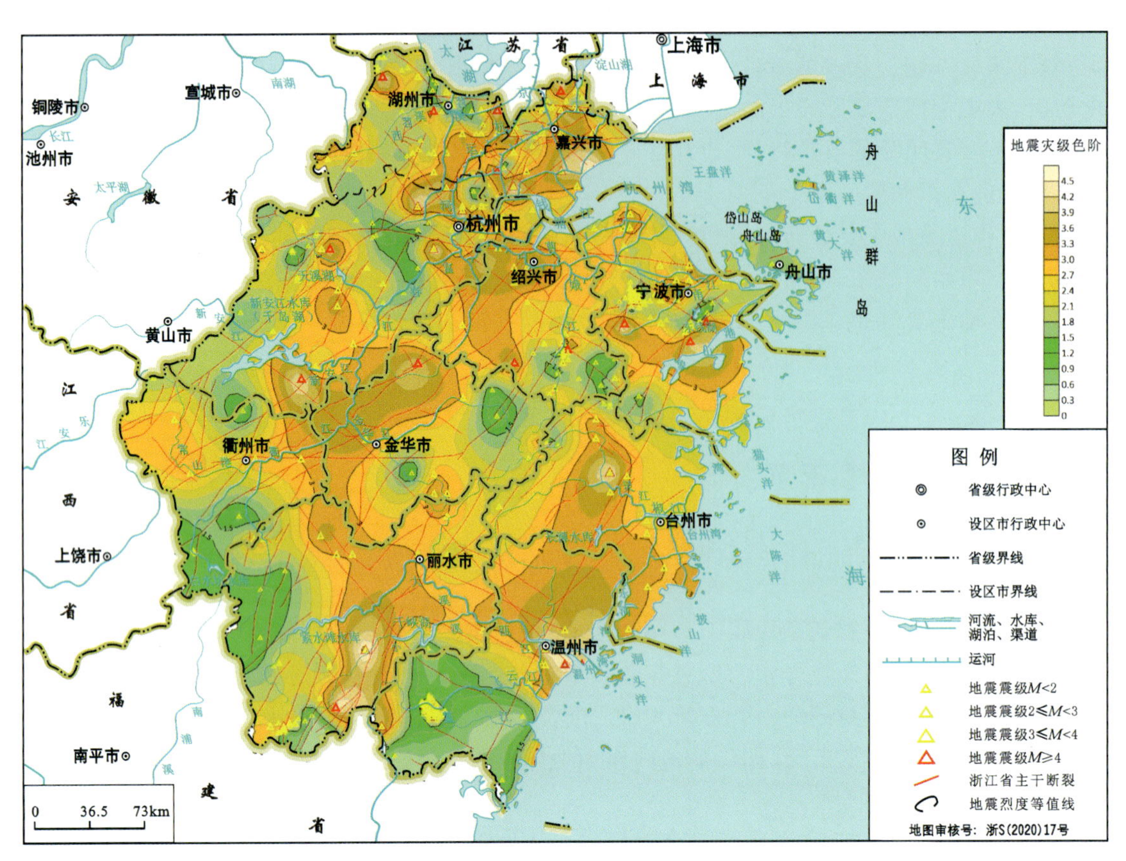


图 1-7　浙江省地震震级分布等值线图(数据来源:国家地震科学数据共享中心,2019 年 8 月)

(1)中等强度地震大多落入活动断层的交会部位,如淳安、温州、临安、萧山等地地震震级大于 4 的地震点均位于两组断裂交会位置。

(2)杭嘉湖平原及周边地区、宁波盆地、庆元—景宁、富阳—绍兴、温州、嵊州一带地震相对较为密集,级别也相对较高,可能为新构造运动较为强烈的地区。

## 2. 活动断裂

总体上,浙江省的断裂活动强度较低。根据现有资料,浙江省主要的活动断裂详见表 1-3。

表 1-3　浙江省活动断裂一览表

| 序号 | 断裂性质 | 断裂名称 | 主要特征 |
| --- | --- | --- | --- |
| 1 | 东西向断裂 | 转塘-观城断裂 | 断距可达几十米,南侧地层抬升见河姆渡组下部层位,北侧仅见其上部层位,大部分则为镇海组地层。同时,据钱江六桥、钱江四桥及下沙绕城公路稳定性评估中所勘探的浅层地震影像显示,该构造带在中更新世末有过一次较强活动,明显切割位移第四系,晚更新世以来断裂再无活动迹象 |
| 2 | | 湖州-嘉善断裂 | 断裂西段为山区与盆地界线,东段对第四纪沉积物有控制作用,第四系北厚而南薄。据在杨家山剖面采断层泥测年为(65.32±5.55)ka(中国地震局地壳应力研究所),说明该断裂构造在晚更新世中期仍有活动。第四系高精度高分辨率层序地层研究表明,该断裂最新可切割入中更新世前港组—晚更新世东浦组 |

续表 1-3

| 序号 | 断裂性质 | 断裂名称 | 主要特征 |
|---|---|---|---|
| 3 | 东西向断裂 | 桐乡-乍浦断裂 | 该断裂东段对第四纪沉积有一定的控制作用。据乍浦西 2km 沈家埭村附近的浅震勘探结果，断层北倾，并错断了基岩面，断面倾角约 63°。最新活动年代为中更新世中期 |
| 4 |  | 余杭-白塔山断裂 | 无地表出露记录，据第四系高精度高分辨率层序地层研究，该断裂应切割至更新统东浦组、宁波组层位 |
| 5 | 北东向断裂 | 萧山-平湖断裂 | 在海宁东山、盐官、钱江六桥和萧山跨湖桥等不同地段均显示其切割位移更新世($Qp_1$—$Qp_3$)地层；在萧山头蓬附近切割了晚更新世宁波组；钱江六桥该断裂构造带在宽约 1.5km 的范围内发育多条新构造断裂，断层倾角陡倾，性质以张性为主，表现为典型的断裂破碎带特征；海宁东山地震波影像显示，该构造带由多组断裂组成，并具不同性质、多期活动特征，其中倾向北西，视倾角较陡(约 80°)的断裂错断基岩并伸入上覆第四系上更新统下部，但上更新统中上部及全新统未见断错，表明其最新活动年代为第四纪晚更新世中期宁波组；该构造带的力学性质主要表现为压—压扭性的力学性质，切割错移更新世($Qp_1$—$Qp_3$)地层，全新世地层则未见断移，反映它在该处的最晚活动年代为晚更新世末 |
| 6 |  | 塘栖-乌镇断裂 | 大部分隐伏于杭嘉湖平原之下，基岩埋深等深线图中 80～120m 等值线与断裂走向近平行。区域范围内的热释光测年结果显示其在晚更新世中期(宁波期)有较强的黏滑活动 |
| 7 |  | 余姚-慈溪断裂 | 余姚-慈溪断裂以转塘—观城为界可分为两段。北段是长河凹陷第三系(古近系＋新近系)分布的南东边界，据在慈溪市四灶铺附近及慈溪市庵东以东两处的人工浅震资料，两处的基岩埋深 125～130m，可辨别出一断裂，北西倾，倾角 65°，断距较大，性质为正断裂，两侧岩性有差异。南段基岩出露处断层泥的热释光测定显示最新活动时代为(164.72±14.01)ka，即中更新世中晚期。综合考虑，余姚-慈溪断裂最新活动时期应为中更新世 |
| 8 | 北西向断裂 | 西塘-皇姑断裂 | 乍浦露头的断层泥测定年龄结果为(14.54±1.23)ka，为晚更新世晚期。针对该断裂所做的浅震成果也表明，该断裂于晚更新世晚期前结束断错地层的强烈活动 |
| 9 |  | 湖州-斜桥断裂 | 该断裂可能为长兴-奉化断裂的一段，分割了西部丘陵地区与东部第四纪凹陷盆地，大部分则隐伏于杭嘉湖平原之下，热释光测年表明该断裂在晚更新世早期有过活动 |

注：根据《中国区域地质志·浙江志》(2018)修改。

## 第四节　地球物理场特征

### 一、重力场特征

浙江省布格重力异常分析结果显示，全省重力场以负值为主；正异常分布范围很小，主要展布于杭州湾两岸及东部沿海地区。由北往南布格重力异常的强度呈阶梯状降低,而由西往东则为重力高与重力低相间排列。负异常中心位于泰顺、庆元一带,极小值达－80mGal;极大值分布在海宁、嘉兴附近(约＋18mGal),南北重力差值近100mGal。重力场的这种格局与地壳厚度由南往北逐渐变薄、莫霍面抬升有关。地势低者莫霍面高,地势高者莫霍面低,两者呈镜像反映。在温州—象山一带存在明显的北北东走向重力梯级带。

密度标本的测定结果表明,地层由新至老总的变化趋势是密度值增大。沉积盖层中的密度界面主要有两个:一个在新生界与中生界之间,密度差 $0.22\times10^3 kg/m^3$;另一个是在中生界与古生界之间,密度差 $(0.1\sim0.22)\times10^3 kg/m^3$。由于石炭系—二叠系的碳酸盐岩密度较大,与下伏的志留系—下石炭统的碎屑岩之间还存在一个负的密度界面,密度差约 $0.1\times10^3 kg/m^3$。花岗岩的密度值较低且最为稳定,普遍在 $(2.55\sim2.58)\times10^3 kg/m^3$ 之间。变质岩残块和古生代隆起、第四系覆盖下的中生代潜山将形成局部重力高,而中生代凹陷与规模较大中酸性岩体则往往形成闭合圈状的重力低。

通过对重力数据的处理,发现基底构造中近东西向的区域构造非常发育。这种东西向构造在地面地质体,特别是基底变质岩也有清楚的显示,它对浙北地区的地质构造发展的影响尤为明显。受东西向构造影响明显的另一地区是浙江省中部衢州—天台一带,重、磁场均有清晰的反映,地质调查也发现该区变质岩天窗、片理、金衢盆地的部分边界断裂、一些石英及萤石脉等的走向均为东西向。

## 二、磁场特征

浙江省的区域磁场除在浙东沿海外,相对比较平静,浙西和浙南表现尤为明显。叠加在区域背景场上的局部异常较为复杂,轴向多变,规律性差。强磁异常主要集中在浙东南火山岩地区。以江山—上虞为界,全省航磁异常以可分为两个一级磁场区,即浙西北磁场区和浙东南磁场区。

浙西北磁场区位于江山—上虞北西侧。磁场以平静的负背景场为主,上叠北东向条带状异常,正负相间排列。异常宽缓、幅值不大,一般100～300nT。异常水平梯度小,一般5～10nT/km。上延2km垂向二次导数无异常显示,化极上延后,异常普遍衰减较慢,说明磁性体的规模和延深较大。利用航磁所圈定的侵入体,84%为强磁性或中强磁性。用航磁所圈定的火山机构,有2/3属火山盆地,而火山盆地绝大多数为低磁、低密度,表明本区燕山期的岩浆活动以侵入为主,喷发次之。

浙东南磁场区位于江山—上虞南东侧。磁场特征表现为区域磁场被火山岩磁场强烈干扰。以金华—温州一线为界,其南、北两侧的区域场类型不同。金华—温州以北为负背景磁场区,以南为正波状磁场区。异常轴多为北东向和北西向,它反映了基底构造方向。局部异常形态复杂,方向多变,正负异常伴生,表明火山岩剩磁强、变化大。

象山、奉化和北雁荡山等地的弧状和环状异常比较醒目,表明火山构造相当发育。

# 第二章　区域地温场特征

研究区域地温场是地热系统研究中一个重要的问题。本次工作收集了近20年在浙江地区施工的近70眼(含出水和未出水)地热井测温成果,有连续测温资料的地热井有42眼(共计45组测温数据,其中宁波东钱湖HR01井测温2次,杭州湾新区长热1井测温2次,遂昌RT4孔不同深度测温2次),根据地温场研究要求,筛选出23组可用数据,结合收集的1992年浙江省石油勘探处测得的29组数据,对浙江省地温场特征进行了研究。

## 第一节　地温观测资料及处理

区域地温场研究最关键的问题是如何取得准确可靠的地温观测资料并进行正确的分析和整理。地下水及钻探过程中循环液均会对钻孔温度产生干扰。在没有地下水干扰、围岩的岩性均一且各向同性时钻孔的温度与深度曲线(以下简称测温曲线)为传导型,温度与深度为直线相关;在有地下水运动干扰时,钻孔的测温曲线为对流型,测温曲线出现突变,不能完全代表地下温度。钻探过程中的循环液会大量渗入裂隙中,从而改变岩层的热物理性质,在测温曲线上形成尖峰状异常。因此,排除地下水和循环液对钻孔温度的影响,是取得可靠地温观测资料的关键。

### 一、钻孔温度曲线类型判断及数据筛选

确定钻孔温度曲线类型,剔除对流型曲线,是地温观测资料数据整理的第一步。本次工作对收集的45组测温数据进行了统一分析整理,浙江省钻孔测温曲线主要有以下几种类型:

一是未受地下水影响的传导型。实际测温曲线很少呈现完全的直线形态,地层岩性变化、井身结构、钻探摩擦热都会使测温曲线产生变化,但整体上测温曲线仍表现为直线。细节上,由于地层岩性不同,导致岩石的热导率不同,在同样热背景情况下,热导率小的地层地温梯度会变高,热导率大的地层地温梯度会变小,表现在测温曲线上就呈现出较为均匀的分段线性特征(图2-1);与井身结构有关的测温曲线变化主要和套管有关,在短时间内套管与围岩未达到热平衡,会在套管端产生类似于岩性变化的特征;也有部分地热井的井段由于受钻探物理摩擦热不均影响,测温曲线会出现局部较缓的上凸或下凹。

二是受地下水对流影响的测温曲线,可以呈现多种形态(图2-1):①上凸型,含水层热水水头较高,产生全井段或部分井段对流;②下凹型,通常代表含水段水位较低或上部冷水下渗补给;③尖峰状异常型,通常由构造裂隙型水的出水段引起。

本次工作对收集的45组钻孔测温数据按照地级市进行了逐一的统计分类,并对测温数据进行了筛选,保留了传导型测温曲线以及少数浅部对流型测温曲线(指对流形态仅在测温曲线浅部呈现,曲线整

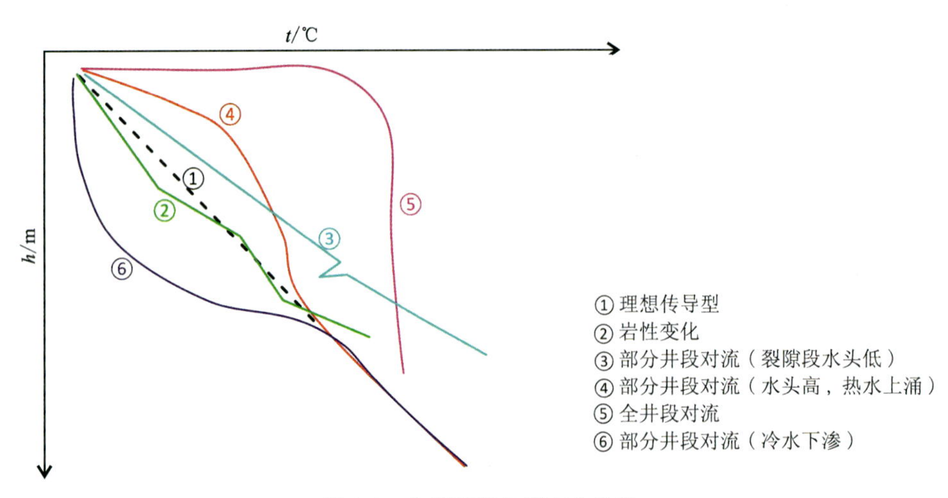


图 2-1 典型测温曲线变化类型

体呈直线形态,但对深部无影响的测温曲线)。对全省各地热井测温曲线及数据质量评述见图 2-2 和表 2-1。其中,23 个测温数据为传导型或局部对流但对深部数据影响不大的类型,数据质量好,可用于本次地温场研究。

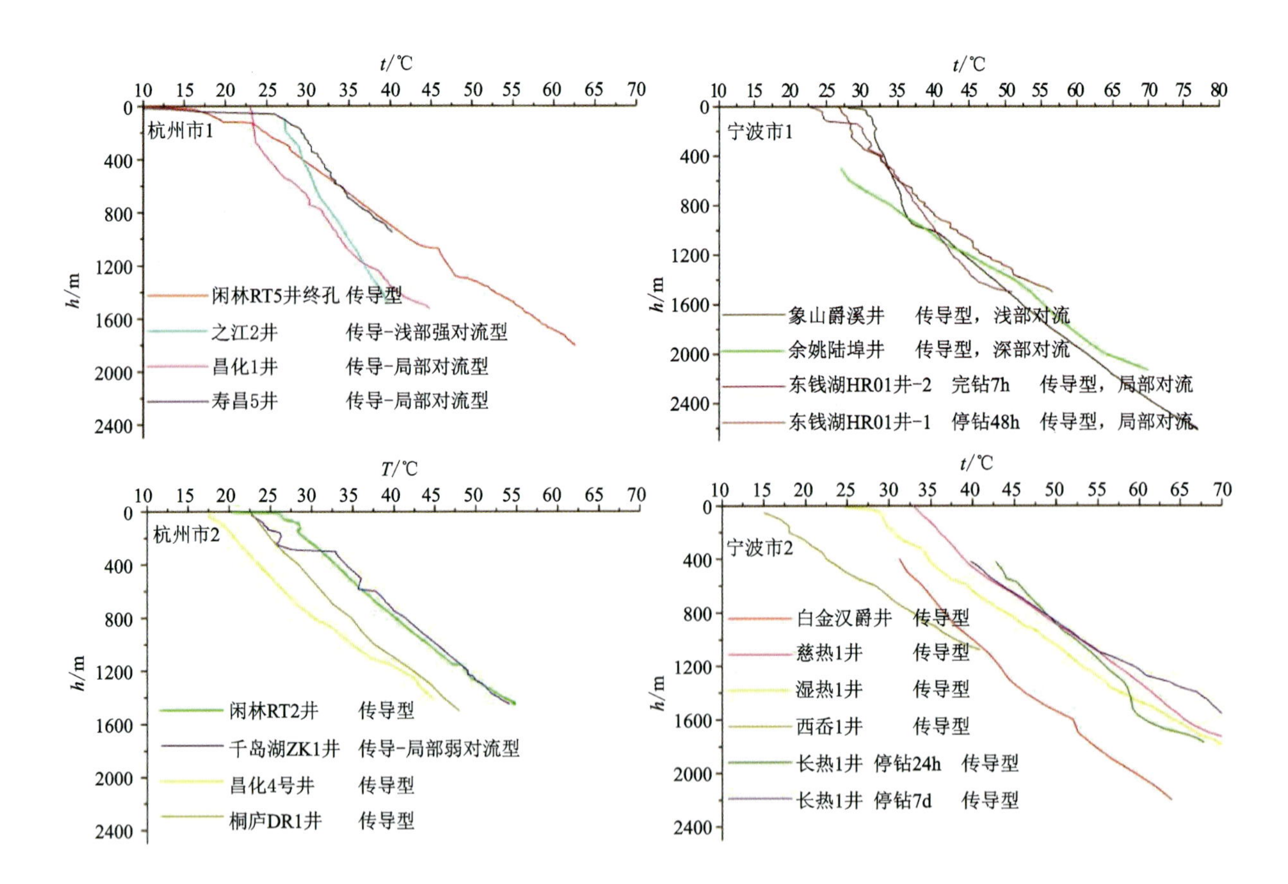

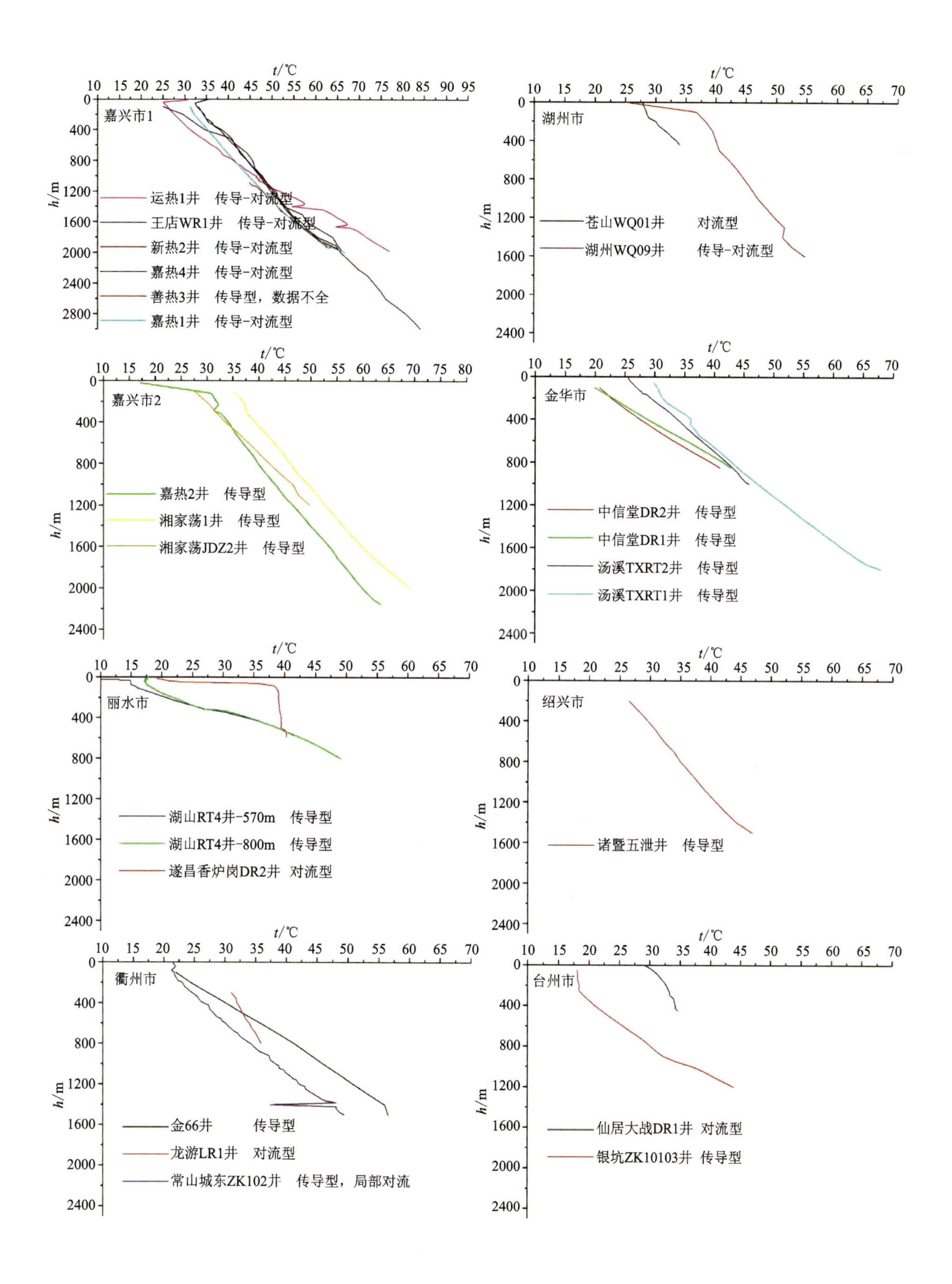
t/℃
h/m
嘉兴市1
运热1井　传导-对流型
王店WR1井　传导-对流型
新热2井　传导-对流型
嘉热4井　传导-对流型
善热3井　传导型，数据不全
嘉热1井　传导-对流型
湖州市
苍山WQ01井　对流型
湖州WQ09井　传导-对流型
嘉兴市2
嘉热2井　传导型
湘家荡1井　传导型
湘家荡JDZ2井　传导型
金华市
中信堂DR2井　传导型
中信堂DR1井　传导型
汤溪TXRT2井　传导型
汤溪TXRT1井　传导型
丽水市
湖山RT4井-570m　传导型
湖山RT4井-800m　传导型
遂昌香炉岗DR2井　对流型
绍兴市
诸暨五泄井　传导型
衢州市
金66井　传导型
龙游LR1井　对流型
常山城东ZK102井　传导型，局部对流
台州市
仙居大战DR1井　对流型
银坑ZK10103井　传导型

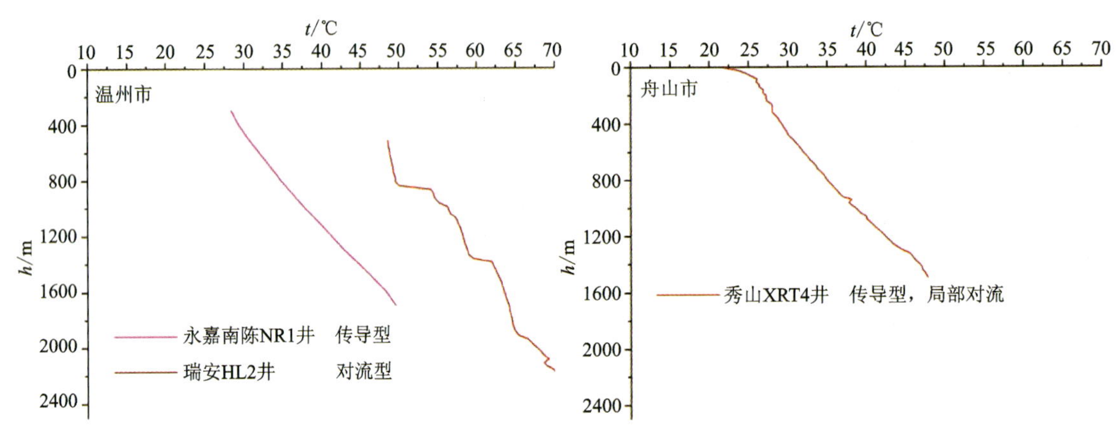


图 2-2　浙江省各市地热井测温曲线图

**表 2-1　浙江省地热井测温曲线分类及数据资料评价一览表**

| 序号 | 所属行政区 | 井编号 | 测温曲线类型 | 数据质量评述 | 是否利用 |
|---|---|---|---|---|---|
| 1 | 杭州市 | 千岛湖 ZK1 井 | 传导-局部弱对流型 | 深部、浅部均受地下水对流影响，但为冷水微量下渗，影响不大，质量较好 | 利用 |
| 2 | | 昌化 1 井 | 传导-局部对流型 | 浅部受冷水局部下渗影响，深部受地层变化产生曲线波动 | 不利用 |
| 3 | | 寿昌 5 井 | 传导-局部对流型 | 多段可能受地下水影响，数据质量不确定 | 不利用 |
| 4 | | 闲林 RT2 井 | 传导型 | 200m 以下受地下水影响小，数据质量好 | 利用 |
| 5 | | 闲林 RT5 井 | 传导型 | 深部受地下水影响小，数据质量较好 | 利用 |
| 6 | | 之江 2 井 | 传导-浅部强对流型 | 浅部受地下水影响大，数据质量不能确定 | 不利用 |
| 7 | | 昌化 4 井 | 传导型 | 200m 以下受地下水影响小，数据质量好 | 利用 |
| 8 | | 桐庐 DR1 井 | 传导型 | 受地下水影响小，数据质量好 | 利用 |
| 9 | 宁波市 | 象山爵溪井 | 传导型，浅部对流 | 1000m 以上受对流影响明显，深部数据受影响小，质量较好 | 利用 |
| 10 | | 东钱湖 HR01 井 | 传导型，局部对流 | 两次数据都受地下水影响，数据质量差 | 不利用 |
| 11 | | 白金汉爵井 | 传导型 | 受地下水对流影响小，数据质量好 | 利用 |
| 12 | | 余姚陆埠井 | 传导型，深部对流 | 中深部受地下水上涌影响，数据质量差 | 不利用 |
| 13 | | 慈热 1 井 | 传导型 | 受地下水对流影响小，数据质量好 | 利用 |
| 14 | | 湿热 1 井 | 传导型 | 受地下水对流影响小，数据质量好 | 利用 |
| 15 | | 西岙 1 井 | 传导型 | 受地下水对流影响小，数据质量好 | 利用 |
| 16 | | 长热 1 井 | 传导型 | 受地下水对流影响小，数据质量好，且存在两次测温数据，可利用程度较高 | 利用 |

续表 2-1

| 序号 | 所属行政区 | 井编号 | 测温曲线类型 | 数据质量评述 | 是否利用 |
|---|---|---|---|---|---|
| 17 | 嘉兴市 | 运热 1 井 | 传导-对流型 | 深部地下水对流明显，影响深部地温数据 | 不利用 |
| 18 | | 王店 WR1 井 | 传导-对流型 | 1600m 以上地下水对流明显，影响深部地温数据 | 不利用 |
| 19 | | 嘉热 4 井 | 传导-对流型 | 深部曲线下凹明显，可能受浅部地下水下渗影响，数据质量差 | 不利用 |
| 20 | | 善热 3 井 | 传导型 | 测温数据不全，深部可能受地下水对流影响，数据质量不确定 | 不利用 |
| 21 | | 嘉热 2 井 | 传导型 | 受地下水对流影响小，数据质量好 | 利用 |
| 22 | | 嘉热 1 井 | 传导-对流型 | 多段地下水对流明显，影响深部地温数据 | 不利用 |
| 23 | | 湘家荡 1 井 | 传导型 | 受地下水对流影响小，数据质量好 | 利用 |
| 24 | | 湘家荡 JDZ2 井 | 传导型 | 受地下水对流影响小，数据质量好 | 利用 |
| 25 | | 新热 2 井 | 传导-对流型 | 多段地下水对流明显，影响深部地温数据 | 不利用 |
| 26 | 湖州市 | 苍山 WQ01 井 | 对流型 | 推断全井段对流，受地下水影响大 | 不利用 |
| 27 | | 湖州 WQ09 井 | 传导-对流型 | 浅部、深部均受地下水运动影响 | 不利用 |
| 28 | 金华市 | 中信堂 DR2 井 | 传导型 | 受地下水对流影响小，数据质量好 | 利用 |
| 29 | | 中信堂 DR1 井 | 传导型 | 受地下水对流影响小，数据质量好 | 利用 |
| 30 | | 汤溪 TXRT2 井 | 传导型 | 井底事故，测温受干扰且测温数据不全 | 不利用 |
| 31 | | 汤溪 TXRT1 井 | 传导型 | 受地下水对流影响小，数据质量好 | 利用 |
| 32 | 丽水市 | 湖山 RT4 井 | 传导型 | 受地下水对流影响小，数据质量好 | 利用 |
| 33 | | 遂昌香炉岗 DR2 井 | 对流型 | 全井段对流井，受地下水影响大 | 不利用 |
| 34 | 衢州市 | 金 66 井 | 传导型 | 受地下水对流影响小，数据质量好 | 利用 |
| 35 | | 龙游 LR1 井 | 对流型 | 测井曲线不全，推断全井段对流井，受地下水影响大 | 不利用 |
| 36 | | 常山城东 ZK102 井 | 传导型，局部对流 | 深部存在地下水对流，影响井底段温度 | 不利用 |
| 37 | 绍兴市 | 诸暨五泄井 | 传导型 | 受地下水对流影响小，数据质量好 | 利用 |
| 38 | 台州市 | 仙居大战 DR1 井 | 对流型 | 全井段对流井，受地下水影响大 | 不利用 |
| 39 | | 银坑 ZK10103 井 | 传导型 | 受地下水对流影响小，数据质量好 | 利用 |
| 40 | 温州市 | 永嘉南陈 NR1 井 | 传导型 | 受地下水对流影响小，数据质量好 | 利用 |
| 41 | | 瑞安 HL2 井 | 对流型 | 多井段对流井，自流，受地下水影响大 | 不利用 |
| 42 | 舟山市 | 秀山 XRT4 井 | 传导型，局部对流 | 局部对流，对深部影响小，数据质量好 | 利用 |

## 二、准稳态曲线求取

根据汪集旸等(2015)的研究，要消除循环液对地温测量数据的影响，即使钻孔温度与围岩温度达到平衡(稳态)，所需的时间至少为钻探时间的10倍，而本次工作收集到的测温数据一般在停钻数小时至数天不等后测量(一般在停钻24h后测量)，这些钻孔的测温曲线不能直接真实反映深部地温场信息。事实上，目前绝大部分的钻探是生产性质的，和科学钻探不同，很难取得稳态测温数据。汪集旸院士团队等提出了一种替代方案，即利用井底温度、中性点温度、恒温层温度3个关键点来确定准稳态地温曲线，进而获取准稳态的测温曲线。相对而言，钻进过程中，井底段受到的干扰最小，恢复较快，在较短时间内可趋于准稳态，理论上停钻24h，可以恢复75%～80%(汪集旸等，2015)；同一钻孔，在同一深度不同时间的两次以上的测温曲线的交点称作中性点，该点井液与围岩温度处于平衡或十分接近平衡的状态，所以无需恢复很长时间；恒温层温度是一个浅部的稳态温度，不受外界钻探施工的影响。因此，在没有稳态测温数据的情况下，根据单个钻孔不同深度或不同时间测量的井底温度、同一深度不同时间测温曲线的交点即中性点温度，以及当地恒温层温度绘制准稳态测温曲线，进行地温梯度研究是可行的，科学处理后的准稳态数据是地温场研究的必要补充。

本次对于3个关键点数据选取说明如下：恒温层温度数据以地热井所处的县市区恒温层数据为准；对有两次以上相同深度连续测温数据的井求取中性点温度(图2-3)；部分地热井有不同深度的两次测温数据，并非同样地热井状态下的两次测温，其交点不代表中性点，但可利用两次井底的测温数据(图2-4)；对于大部分没有两次测温数据的，本次选取井底50～200m段的2～3个数据作为关键点(图2-5)。关键点数据提取后，采用Origin 2017软件进行趋势拟合，求取准稳态曲线。

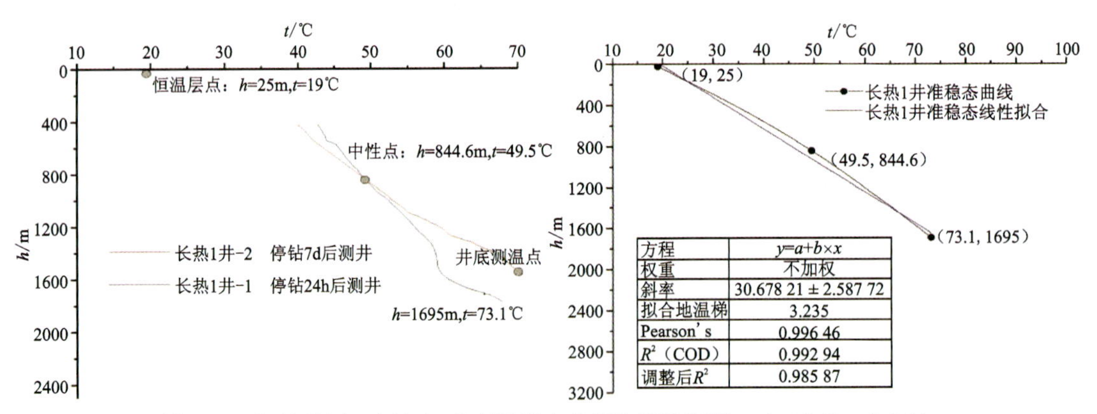


图2-3 通过恒温点、中性点、井底测温点求解地温梯度图(以宁波长热1井为例)

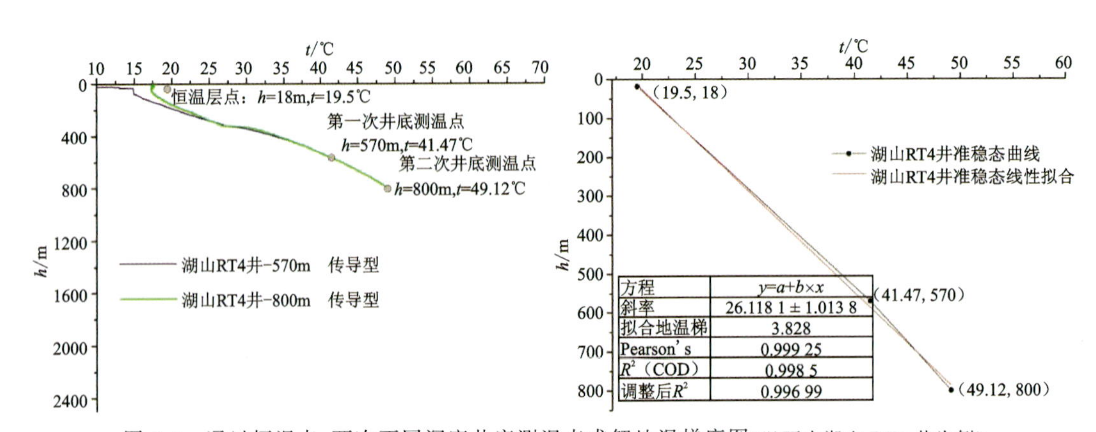


图2-4 通过恒温点、两次不同深度井底测温点求解地温梯度图(以丽水湖山RT4井为例)

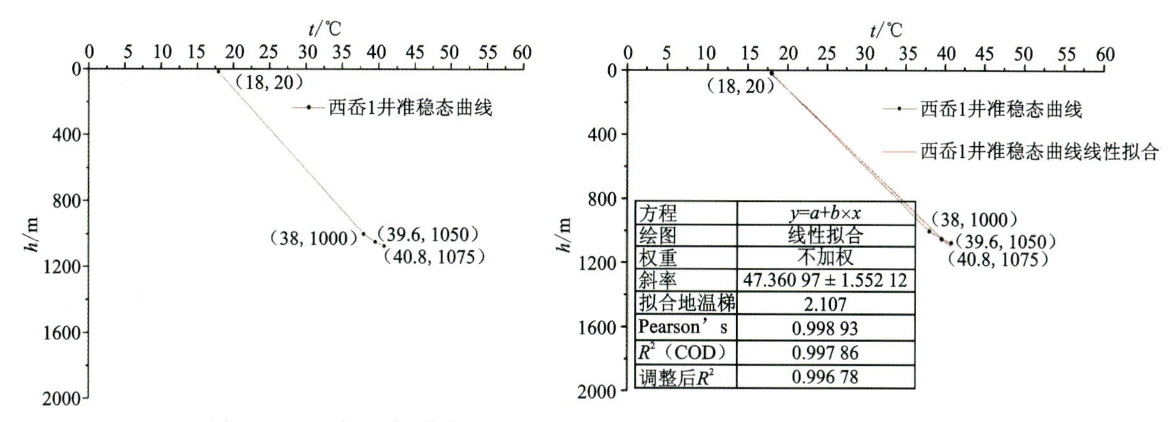


图 2-5　通过恒温点、井底段 2 个测温点求解地温梯度图(以宁波西岙 1 井为例)

# 第二节　地温梯度

## 一、地温梯度的求取

根据准稳态曲线进行全井段和井底段的线性回归分析，求取所需的地温梯度。全井段准稳态测温曲线线性拟合所得的地温梯度(表 2-2)反映区域地温梯度的变化趋势；井底段线性拟合得出的地温梯度(表 2-3)用于大地热流值的计算。

表 2-2　浙江省地热钻孔地温梯度值一览表

| 序号 | 井号 | 拟合平均地温梯度/℃ · $km^{-1}$ | 拟合方式 | 数据质量 |
|---|---|---|---|---|
| 1 | 嘉热 2 井 | 2.11 | 井底段测温点和恒温层点线性拟合 | 高 |
| 2 | 湘家荡 1 井 | 2.58 | 井底段测温点和恒温层点线性拟合 | 高 |
| 3 | 湘家荡 JDZ2 井 | 2.69 | 井底段测温点和恒温层点线性拟合 | 高 |
| 4 | 闲林 RT5 井 | 2.41 | 井底段测温点和恒温层点线性拟合 | 高 |
| 5 | 闲林 RT2 井 | 2.46 | 井底段测温点和恒温层点线性拟合 | 高 |
| 6 | 昌化 4 井 | 1.82 | 井底段测温点和恒温层点线性拟合 | 高 |
| 7 | 千岛湖 ZK1 井 | 2.40 | 井底段测温点和恒温层点线性拟合 | 高 |
| 8 | 桐庐 DR1 井 | 2.00 | 井底段测温点和恒温层点线性拟合 | 高 |
| 9 | 长热 1 井 | 3.24 | 井底测温点、中性点、恒温层点线性拟合 | 高 |
| 10 | 慈热 1 井 | 2.99 | 井底段测温点和恒温层点线性拟合 | 高 |
| 11 | 白金汉爵井 | 2.07 | 井底段测温点和恒温层点线性拟合 | 高 |

**续表 2-2**

| 序号 | 井号 | 拟合平均地温梯度/℃·$km^{-1}$ | 拟合方式 | 数据质量 |
|---|---|---|---|---|
| 12 | 湿热 1 井 | 3.14 | 井底段测温点和恒温层点线性拟合 | 高 |
| 13 | 象山爵溪井 | 2.25 | 井底段测温点和恒温层点线性拟合 | 高 |
| 14 | 西岙 1 井 | 2.11 | 井底段测温点和恒温层点线性拟合 | 高 |
| 15 | 诸暨五泄井 | 1.90 | 井底段测温点和恒温层点线性拟合 | 高 |
| 16 | 汤溪 TXRT1 井 | 2.70 | 井底段测温点和恒温层点线性拟合 | 高 |
| 17 | 中信堂 DR2 井 | 2.59 | 井底段测温点和恒温层点线性拟合 | 高 |
| 18 | 中信堂 DR1 井 | 2.84 | 井底段测温点和恒温层点线性拟合 | 高 |
| 19 | 银坑 ZK10103 井 | 2.02 | 井底段测温点和恒温层点线性拟合 | 高 |
| 20 | 永嘉南陈 NR1 井 | 1.76 | 井底段测温点和恒温层点线性拟合 | 高 |
| 21 | 湖山 RT4 井 | 3.70 | 两次测温曲线井底温度、恒温层点线性拟合 | 高 |
| 22 | 金 66 井 | 2.66 | 井底段测温点和恒温层点线性拟合 | 高 |
| 23 | 秀山 XRT4 井 | 2.02 | 井底段测温点和恒温层点线性拟合 | 高 |

## 二、地温梯度等值线图

利用本次计算得到的全井段地温梯度数据 23 个(表 2-2),结合收集的 1992 年浙江省石油勘探处测得的 29 组数据(表 2-3),共获得全省地温梯度 52 组,测点分布较均匀。利用 Surfer 软件、MapGIS 软件 DTE 分析功能,选用泛克里金插值网格化算法进行浙江省地温梯度等值线图的绘制(图 2-6)。

**表 2-3　浙江省前人已完成的地温测量、岩石热导率和热流数据及相关参数一览表***

| 序号 | 位置 | 计算段/m | 地温梯度/℃·$km^{-1}$ | 主要岩性 | 热导率 /W·$m^{-1}$·$K^{-1}$ | 热流/mW·$m^{-2}$ | 综合评级 |
|---|---|---|---|---|---|---|---|
| 1 | 宁波 | 2125～3147 | 28.32±4.6 | 凝灰岩 | 3.17±0.41(7) | 89.5 | A |
| 2 | 慈溪 | 80～360 | 30.95±6.1 | 砂岩、泥岩 | 2.58±0.20(4) | 79.9 | A |
| 3 | 长兴 | 700～1600 | 21.29±3.2 | 砂岩、灰岩 | 3.09±0.67(5) | 65.8 | C |
| 4 | 新昌 | 75～192.4 | 20.91±2.1 | 蚀变安玄玢岩 | 3.07±0.10(6) | 63.2 | C |
| 5 | 新昌 | 97～367 | 21.06±23 | 凝灰岩 | 3.20±0.59 | 67.4 | B |
| 6 | 新昌 | 171～241 | 21.18+1.4 | 凝灰岩 | 3.27±0.10 | 69.3 | C |
| 7 | 青田 | 188～358 | 21.02±0.9 | 凝灰岩、砂岩 | 3.39±0.28 | 71.2 | C |

续表 2-3

| 序号 | 位置 | 计算段/m | 地温梯度/℃·km$^{-1}$ | 主要岩性 | 热导率/W·m$^{-1}$·K$^{-1}$ | 热流/mW·m$^{-2}$ | 综合评级 |
|---|---|---|---|---|---|---|---|
| 8 | 青田 | 160～290 | 24.74±1.3 | 凝灰岩 | 2.93±0.39(8) | 72.6 | A |
| 9 | 桐乡 | 60～190 | 27.27±2.3 | 砂岩、泥岩 | 2.38±0.18(4) | 64.9 | B |
| 10 | 瑞安 | 20～130 | 33.52±1.1 | 花岗岩 | 2.20±0.10(2) | 73.7 | B |
| 11 | 诸暨 | 181～301 | 16.44±2.4 | 黑云片岩 | 4.33±1.52(7) | 71.1 | B |
| 12 | 龙游 | 2075～3214 | 27.54±3.6 | 砂岩、泥岩 | 2.84±0.33(9) | 78.2 | B |
| 13 | 衢州 | 300～470 | 18.71±1.9 | 粉砂质泥岩 | 4.13±0.60(6) | 77.3 | A |
| 14 | 遂昌 | 170～380 | 20.20±0.8 | 片麻岩 | 3.39±0.51(8) | 68.4 | B |
| 15 | 苍南 | 208～308 | 20.30±2.9 | 凝灰质砂岩 | 3.68±0.24 | 74.8 | C |
| 16 | 常山 | 93～453 | 27.50±4.1 | 灰岩 | 2.67±0.16(4) | 73.5 | C |
| 17 | 三门 | 209～367 | 20.65±5.6 | 流纹斑岩 | 3.33±0.46(3) | 68.8 | C |
| 18 | 温州 | 88～177.4 | 21.05±6.1 | 花岗岩 | 3.46±0.36 | 72.8 | C |
| 19 | 余杭 | 101～301 | 30.06±2.7 | 泥岩、灰岩 | 2.38±0.25(4) | 71.5 | C |
| 20 | 余杭 | 302～462 | 25.91±2.4 | 凝灰岩 | 2.71±0.31(4) | 70.2 | C |
| 21 | 仙居 | 107～217 | 17.74±3.1 | 凝灰岩 | 3.54±0.26(3) | 62.8 | C |
| 22 | 庆元 | 130～350 | 22.81±2.8 | 霏细岩 | 3.12±0.11(2) | 75.8 | B |
| 23 | 淳安 | 52～282 | 18.37±1.8 | 角岩、云英岩 | 3.58±0.12(4) | 65.8 | B |
| 24 | 衢州 | 100～240 | 19.93±2.1 | 细砂岩 | 3.64±0.25(7) | 72.6 | A |
| 25 | 景宁 | 122～322 | 27.95±3.9 | 片麻岩 | 2.71±0.21 | 75.5 | C |
| 26 | 长兴 | 200～460 | 20.40±4.4 | 细砂岩 | 3.17±0.75(4) | 64.7 | B |
| 27 | 湖州 | 390～540 | 22.50±6.8 | 砂岩 | 2.87±0.42 | 64.5 | B |
| 28 | 绍兴 | 140～410 | 18.44±3.6 | 变凝灰岩 | 3.66±1.3(12) | 67.5 | A |
| 29 | 富阳 | 38～188 | 18.14±1.9 | 花岗斑岩 | 3.59±0.18 | 65.1 | C |

* 数据来源于浙江省石油勘探处，1992。

根据地温梯度等值线图(图 2-6)可以发现,浙江省盖层平均地温梯度约为 2.3℃/100m,与地壳的近似平均地温梯度相当,表现为正常地温梯度。总体的趋势是东北部、西南部高,中间低,受长兴-奉化、淳安-温州等北西向区域大断裂控制。杭嘉湖平原、慈溪平原表现为近东西向地温梯度高异常,梯度值大于 2.5℃/100m;温州瑞安—衢州江山表现为北西向的条带状地温梯度高异常,梯度值大于 2.5℃/100m;金华—衢州一带表现为一近东西向地温梯度高异常,梯度值大于 2.4℃/100m;临安昌化—嵊州表现为北西向低异常,永嘉、仙居、临海、台州表现为近圆形低异常,梯度值小于 2.0℃/100m。

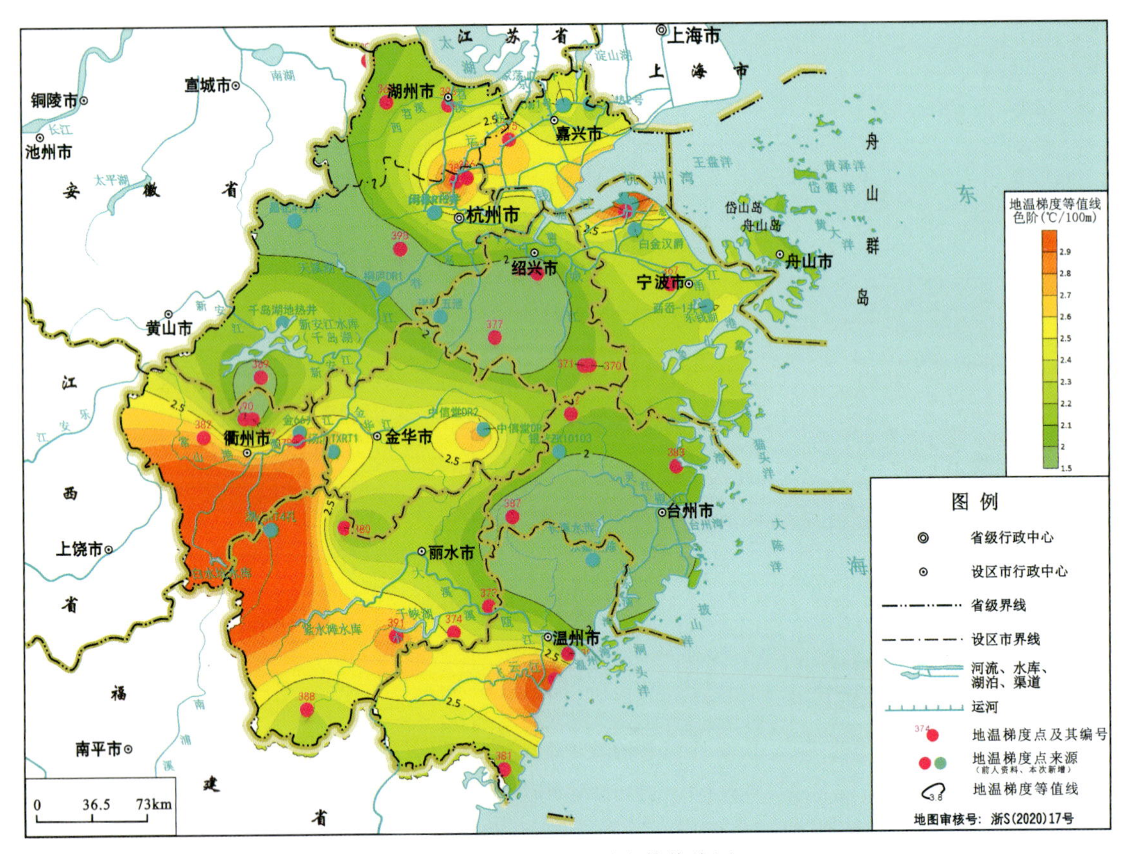


图 2-6　浙江省地温梯度等值线图

地温梯度异常与现代地壳运动和构造活动关系密切,很多高值异常都为长期沉降区或沉积盆地,如杭嘉湖地区、慈溪长河凹陷、金衢盆地等。浙南地区热流值高与地壳的急剧抬升隆起有关。

## 第三节　深部温度特征

通过以上 52 组数据,传导地温梯度下延求得 3000m 深度等温线图(图 2-7)。从图中可以看出,异常趋势与地温梯度等值线一致。杭嘉湖平原、宁波地区、江山—瑞安一线为明显高温区,在桐乡、德清、宁波杭州湾新区、温州瑞安、衢州大部地区 3000m 深度温度可达 100℃以上。温度等值线呈现较为明显的北西向、东西向展布趋势,与构造的活动性密切相关。

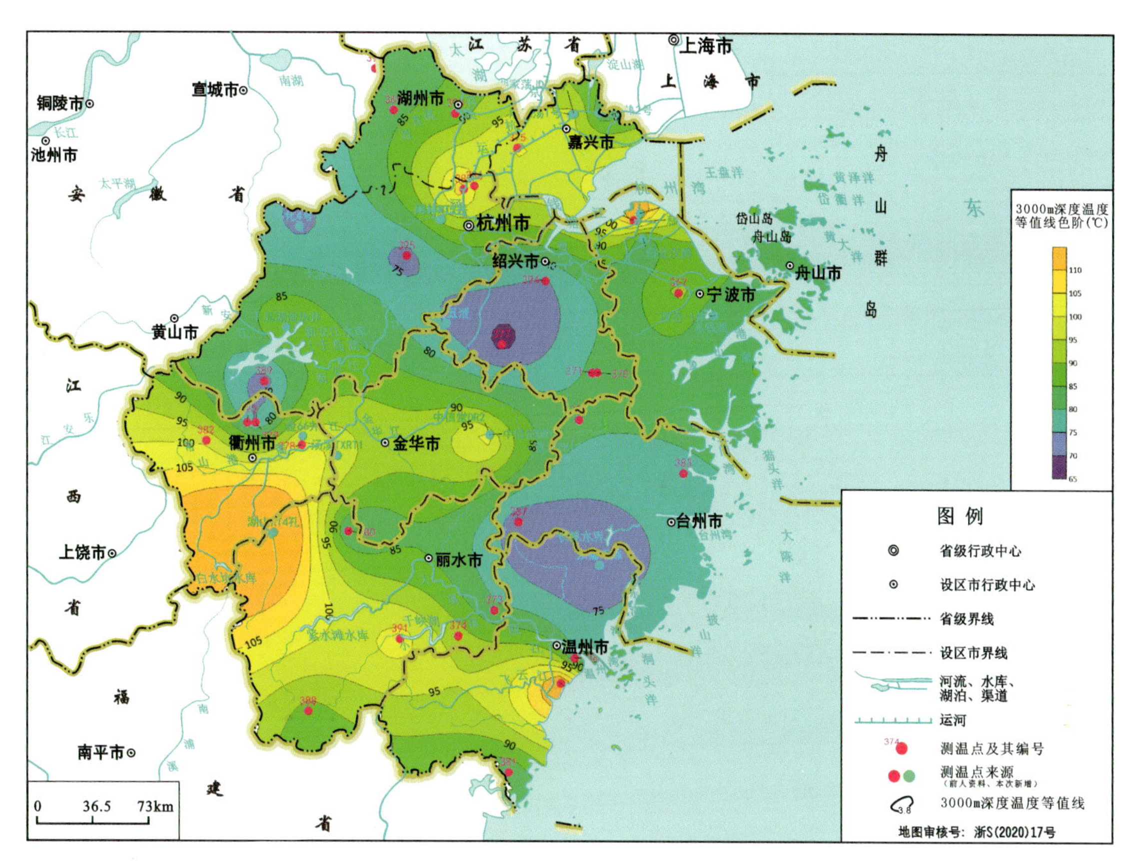

图 2-7　浙江省 3000m 深度等温线图

# 第四节　大地热流特征

大地热流是地球内部热能传输至地表的一种现象，反映的是单位时间内由地球内部通过单位地球表面积丧失的热量，是地球内热在地表可直接测得的物理量(单位为 $mW/m^2$)。大地热流包括两部分，一部分来自地球深部的地幔热流，另一部分来源于地壳岩石放射性蜕变产生的地壳热流。大地热流值系垂直地温梯度与岩石热导率的乘积，主要通过钻孔的温度测井和岩石热导率的测量获得。地温梯度采用第一节中计算的井底段地温梯度数据(表 2-2)，而浙江省地热井岩芯热导率系统测量很少，主要参考邻区测试结果及文献中的值。本次工作在系统整理了浙江省 23 个已知钻孔的地温梯度值和热导率值之后，计算出 23 个新的大地热流值，根据国际上对大地热流值数据质量的评价标准(表 2-4)，23 个新的大地热流值数据质量为 B 类或 C 类(表 2-5)。结合前人完成的 29 组数据(表 2-3)，对总计 52 组数据重新绘制了浙江省大地热流等值线图(图 2-8)。

表 2-4　大地热流值数据质量分类

| 分类 | 质量级别 | 分类依据 |
| --- | --- | --- |
| A 类 | 高质量 | 测温曲线属稳态热传导型，岩石热导率数据或来自测试段岩芯样品测试结果，或通过测区综合热物性柱状图确定；热流计算段深度区间一般大于 50m |
| B 类 | 较高质量 | 资料情况基本同上，但或是测温段（或热流计算段）长度较小；或是岩石热导率样品数量不足，岩石热导率数据采用邻区测试结果或文献值 |
| C 类 | 较差质量或不明 | 测量结果不确定性较大或热流测试参数报道不齐，无法判定其真实质量类别 |
| D 类 | 局部异常 | 测试结果明显存在浅层或局部因素的干扰，或测点位于明显地热异常区 |

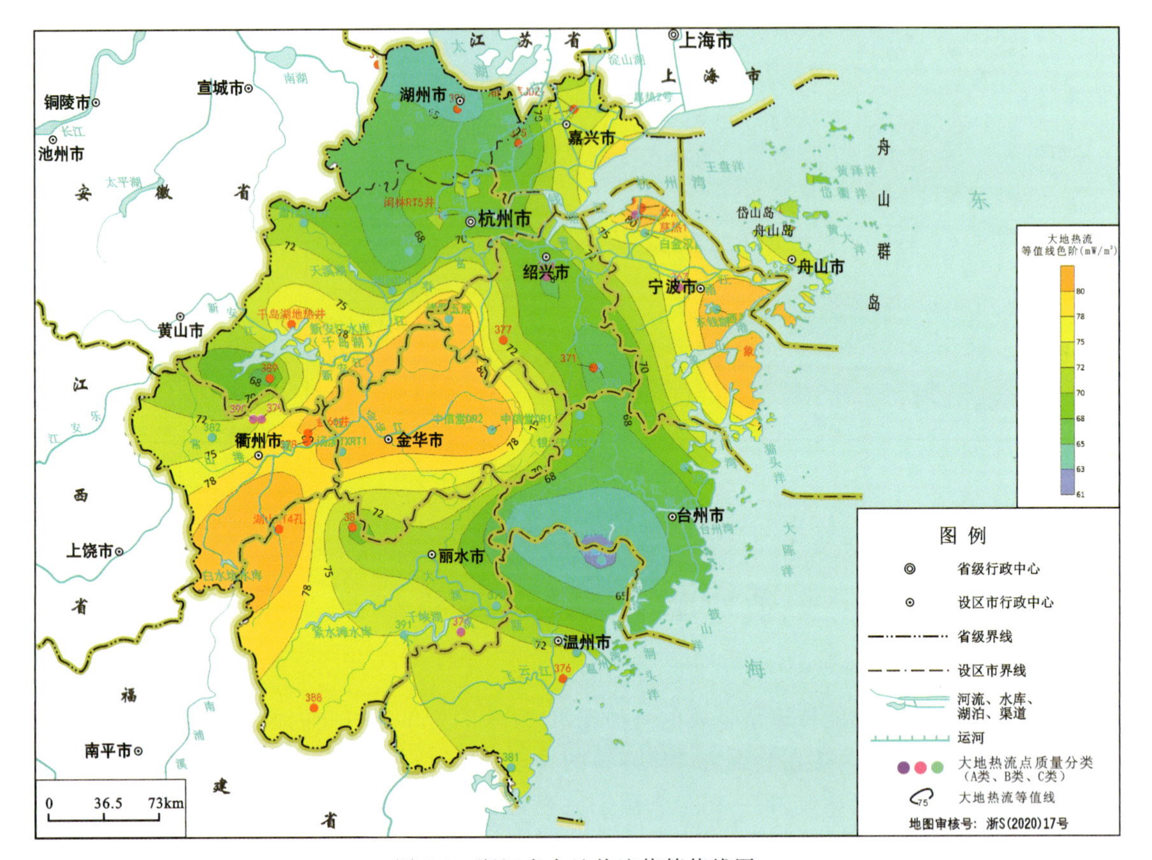


图 2-8　浙江省大地热流值等值线图

浙江省 52 个实测大地热流值变化介于 61.67～87.92mW/m$^2$之间，平均 73.74mW/m$^2$，高于全国的平均值 68mW/m$^2$。大地热流值等值线整体呈北西走向，嘉兴、宁波地区、衢州—温州一线为高热流值区（大于 70mW/m$^2$）；遂昌—龙游—浦江一带也为高值区，等值线呈北东向及近东西走向，受江山-绍兴深大断裂带及衢州-台州东西向大断裂控制，该高值区内发育一系列断陷盆地。浙西北及浙东南的永嘉、仙居一带为明显的低异常区（小于 70mW/m$^2$）。

大地热流值分布与构造的活动性密切相关。如浙西北山区大地热流值最低，航磁测量显示其磁场十分平静，代表构造和岩浆活动均较弱。嘉兴、宁波、龙游、浦江等地热流值高与深断裂有关，没有长期发展的深断裂，就不会有断陷盆地的形成。浙南地区热流值高与地壳的急剧抬升隆起有关，高热流值地区地震活动也比较集中（图 1-6、图 1-7）。

表 2-5 本次参与计算地热钻孔大地热流计算及质量综合评价

| 序号 | 井号 | 大地热流计算段深度范围/m | 大地热流计算段主要岩性 | 大地热流计算段拟合地温梯度/℃·$(100m)^{-1}$ | 大地热流计算段热导率/W·$m^{-1}$·$K^{-1}$ | 大地热流计算段热导率选值依据 | 大地热流计算段实测热流/mW·$m^{-2}$ | 数据质量评价 | 综合评级 |
|---|---|---|---|---|---|---|---|---|---|
| 1 | 嘉热2井 | 2000～2155 | $O_3c$ 泥岩、含泥质粉细砂岩 | 2.330 | 3.21 | 综合粉砂岩、泥质粉砂岩、地层时代、含水性 | 74.793 | 测温曲线传导型，地温梯度井底段准稳态拟合，岩性变化大，热导率取值参考邻区测试结果及文献值，不确定性较大 | C |
| 2 | 湘家荡1井 | 1900～2000 | $S_2t$ 含硅质粉砂质泥岩 | 2.400 | 3.20 | 综合粉砂质泥岩，石油孔测的砂岩、泥岩，地层时代 | 76.800 | 测温曲线传导型，地温梯度井底段准稳态拟合，岩性变化大，热导率取值参考邻区测试结果及文献值，不确定性较大 | C |
| 3 | 湘家荡JDZ2井 | 1100～1200 | $C_2h$ 碳酸盐岩 | 2.200 | 3.20 | 参考中国东南部灰岩、浙江常山灰岩、地层时代 | 70.400 | 测温曲线传导型，地温梯度井底段准稳态拟合，岩性变化小，热导率取值参考邻区测试结果及文献值 | B |
| 4 | 闲林RT5井 | 1795～1805 | $\epsilon_2y$ 灰岩 | 2.412 | 3.00 | 参考浙江省灰岩平均值、中国东南灰岩及地层时代 | 72.360 | 测温曲线浅部微对流，井深较深，井底段影响小，地温梯度井底段准稳态拟合，岩性变化小，热导率取值参考邻区测试结果及文献值 | B |
| 5 | 闲林RT2井 | 1400～1450 | $\epsilon_3hy$ 条带状灰岩 | 2.384 | 2.80 | 参考浙江省灰岩平均值、中国东南灰岩及地层时代 | 66.752 | 测温曲线传导型，中深部弱对流影响，地温梯度井底段准稳态拟合，岩性变化大，热导率取值不确定性较大 | C |
| 6 | 昌化4号井 | 1360～1404 | $K_1h$ 玻屑熔结凝灰岩 | 2.426 | 2.90 | 综合玻屑熔结凝灰岩实测值 | 70.354 | 测温曲线传导型，局部受摩擦生热影响，地温梯度井底段准稳态拟合，凝灰岩岩性差异大，热导率取值不确定性较大 | C |
| 7 | 千岛湖ZK1井 | 1400～1450 | $Z_2l$ 白云岩、泥质白云岩 | 2.670 | 3.00 | 参考浙江省灰岩平均值、中国东南白云岩及地层时代 | 80.100 | 测温曲线浅部微对流，井深较深，井底段影响小，地温梯度井底段准稳态拟合，岩性明确，热导率取值参考邻区测试结果及文献值 | B |

续表 2-5

| 序号 | 井号 | 大地热流计算段深度范围/m | 大地热流计算段主要岩性 | 大地热流计算段拟合地温梯度/℃·$(100m)^{-1}$ | 大地热流计算段热导率/W·$m^{-1}$·$K^{-1}$ | 大地热流计算段热导率选值依据 | 大地热流计算段实测热流/mW·$m^{-2}$ | 数据质量评价 | 综合评级 |
|---|---|---|---|---|---|---|---|---|---|
| 8 | 桐庐DR1井 | 1400～1500 | $S_2t$ 岩屑长石石英砂岩 | 2.000 | 3.50 | 综合石英砂岩 | 70.000 | 测温曲线传导型，地温梯度井底段准稳态拟合，岩性矿物含量不确定，变化大，热导率取值不确定性较大 | C |
| 9 | 长热1井 | 836～1695 | $E_3ch$ 泥质粉砂岩 | 2.777 | 2.90 | 综合泥岩、泥质粉砂岩及地层时代 | 80.533 | 测温曲线传导型，地温梯度井底段准稳态拟合，岩性明确，热导率取值参考邻区测试结果及文献值 | B |
| 10 | 慈热1井 | 1700～1791 | $K_1$泥岩、粉砂岩 | 3.694 | 2.38 | 综合泥岩、粉砂岩及地层时代 | 87.917 | 测温曲线传导型，地温梯度井底段准稳态拟合，岩性明确，热导率取值参考邻区测试结果及文献值 | B |
| 11 | 白金汉爵井 | 2000～2200 | $K_1$凝灰岩 | 2.300 | 3.30 | 综合浙江凝灰岩 | 75.900 | 测温曲线传导型，地温梯度井底段准稳态拟合，凝灰岩岩性变化大，热导率取值不确定性较大 | C |
| 12 | 湿热1井 | 2380～2475 | $K_1$玻屑凝灰岩 | 3.135 | 2.70 | 综合浙江凝灰岩 | 84.645 | 测温曲线传导型，地温梯度井底段准稳态拟合，岩性明确，热导率取值参考邻区测试结果及文献值 | B |
| 13 | 象山爵溪井 | 2554～2606 | $K_1$花岗岩 | 2.773 | 3.15 | 综合浙江花岗岩、中国东南部花岗岩 | 87.350 | 测温曲线浅部微对流，井深较深，井底段影响小，地温梯度井底段准稳态拟合，热导率取值参考邻区测试结果及文献值 | B |
| 14 | 西岙1井 | 900～1075 | $K_1$流纹岩 | 2.880 | 2.85 | 综合宁波地区流纹岩 | 82.080 | 测温曲线浅部微对流，井深较深，井底段影响小，地温梯度井底段准稳态拟合，流纹岩样品较少，热导率取值不确定性较大 | C |

**续表 2-5**

| 序号 | 井号 | 大地热流计算段深度范围/m | 大地热流计算段主要岩性 | 大地热流计算段拟合地温梯度/℃·$(100m)^{-1}$ | 大地热流计算段热导率/W·$m^{-1}$·$K^{-1}$ | 大地热流计算段热导率选值依据 | 大地热流计算段实测热流/mW·$m^{-2}$ | 数据质量评价 | 综合评级 |
|---|---|---|---|---|---|---|---|---|---|
| 15 | 诸暨五泄井 | 1400～1500 | $K_1$流纹斑岩 | 2.700 | 3.20 | 综合浙江流纹斑岩，石油钻孔实测流纹斑岩 | 86.400 | 测温曲线传导型，地温梯度井底段准稳态拟合，岩性矿物含量不清，参考值较多，热导率取值参考邻区测试结果及文献值 | C |
| 16 | 汤溪TXRT1井 | 1400～1800 | $K_1$凝灰岩 | 2.500 | 3.30 | 综合浙江凝灰岩 | 82.500 | 测温曲线传导型，地温梯度井底段准稳态拟合，凝灰岩岩性变化大，热导率取值不确定性较大 | C |
| 17 | 中信堂DR2井 | 800～850 | $K_1$流纹质玻屑熔结凝灰岩 | 2.590 | 3.30 | 综合浙江凝灰岩、化学成分 | 85.470 | 测温曲线传导型，地温梯度井底段准稳态拟合，凝灰岩岩性变化大，热导率取值不确定性较大 | C |
| 18 | 中信堂DR1井 | 800～850 | $K_1$流纹质玻屑熔结凝灰岩 | 2.560 | 3.30 | 综合浙江凝灰岩、化学成分 | 84.480 | 测温曲线传导型，地温梯度井底段准稳态拟合，凝灰岩岩性变化大，热导率取值不确定性较大 | C |
| 19 | 银坑ZK10103井 | 840～900 | $K_1$流纹质晶屑玻屑凝灰岩 | 2.150 | 3.23 | 综合浙江凝灰岩、化学成分 | 69.445 | 测温曲线中段对流，井底段受影响较小，地温梯度井底段准稳态拟合，凝灰岩岩性变化大，热导率取值不确定性较大 | C |
| 20 | 永嘉南陈1井 | 20～1700 | $K_1$流纹质晶屑玻屑凝灰岩 | 1.762 | 3.50 | 综合浙江凝灰岩、化学成分 | 61.670 | 测温曲线传导型，地温梯度井底段准稳态拟合，凝灰岩岩性变化大，热导率取值不确定性较大 | C |
| 21 | 湖山RT4井 | 750～800 | $K_1$钾长花岗斑岩 | 3.400 | 2.51 | 综合浙江花岗斑岩、矿物含量 | 85.340 | 测温曲线传导型，地温梯度井底段准稳态拟合，岩性明确，热导率取值参考邻区测试结果及文献值 | B |

**续表 2-5**

| 序号 | 井号 | 大地热流计算段深度范围/m | 大地热流计算段主要岩性 | 大地热流计算段拟合地温梯度/℃·$(100m)^{-1}$ | 大地热流计算段热导率/W·$m^{-1}$·$K^{-1}$ | 大地热流计算段热导率选值依据 | 大地热流计算段实测热流/mW·$m^{-2}$ | 数据质量评价 | 综合评级 |
|---|---|---|---|---|---|---|---|---|---|
| 22 | 金 66 井 | 1300～1400 | $C_2$碳酸盐岩 | 2.560 | 3.20 | 综合浙江省灰岩、地层时代 | 81.920 | 测温曲线传导型，地温梯度井底段准稳态拟合，岩性明确，热导率取值参考邻区测试结果及文献值 | B |
| 23 | 秀山 XRT4 井 | 1400～1495 | $K_1$霏细斑岩 | 2.015 | 3.50 | 综合石英霏细斑岩、霏细斑岩 | 70.525 | 测温曲线传导型，地温梯度井底段准稳态拟合，岩性明确，热导率取值参考邻区测试结果及文献值 | B |

# 第三章　地热资源分布与热储类型

## 第一节　地热资源分布

浙江省是以地下热水为主的水热型地热异常分布区，现存地热异常 50 余处(图 3-1)，大部分为钻井揭露，目前仅泰顺雅阳为温泉出露于地表。萤石矿坑开采中出现地热涌水是浙江地热的一大特色，武义、遂昌、龙泉八都、仙居等地地热资源均在萤石矿开采过程中被揭露。

图 3-1　浙江省地热资源分布图

1. WQ01 井；2. WQ05 井；3. WQ08 井；4. DR12 井；5. WQ09 井；6. WQ10 井；7. 昌化 ZK1 井；8. 温 6 井；9. 湍口 201 井；10. 千岛湖 ZK1 井；11. 桐庐 DR1 井；12. 坑西 KX1 井；13. 新热 2 井；14. 湘家荡 1 井；15. 善热 3 井；16. 嘉热 4 井；17. 嘉热 2 井；18. 王店 WR1 井；19. 运热 2 井；20. 运热 1 井；21. 寿 2 井；22. 寿 5 井；23. 龙游 LR1 井；24. 红星坪；25. 香炉岗 DR2 井；26. 汤溪 TXRT2 井；27. 唐风 WR2 井；28. 溪里 DR2 井(A 井、B 井)；29. 牛头山 ZK1 井；30. 横店 DR1 井；31. 磐安 PR1 井；32. 仙居大战 DR1 井；33. 新昌 QX－1 井；34. 嵊州 DR8 井；35. DR10 井；36. 湿热 1 井；37. 长热 1 井；38. 慈热 1 井；39. 白金汉爵 CRT1 井；40. 阳明－1 井；41. 晒 3 井；42. 西岙 1 井；43. 秀山 XRT4 井；44. 东铭 1 井；45. 天台；46. 永嘉南陈 1 井；47. 瑞安 HL2 井；48. 泰顺雅阳温泉；49. 龙泉 LQBD1 井

现存的 50 余处地热资源中，存在于浙西北褶皱区的 23 处，水温 25～64℃，主要集中分布在湖州太湖南岸和嘉兴地区，另外则零星分布在临安昌化、临安湍口、富阳、桐庐、寿昌、龙游等地。热储岩性以古生界碳酸盐岩和石英砂岩、岩屑砂岩、硅质岩类为主，火山活动区内也可揭露火山花岗岩类热储。浙东

南地区现存地热异常井(泉)点27处,水温29～58℃,分布较为零散,宁波、绍兴、金华、丽水、台州、温州等地均有分布,除位于宁波慈溪的长河凹陷内揭露新生代砂岩热储外,其余热储均为火山岩、花岗岩类。

除宁波慈溪长河凹陷内的新生代砂岩热储为层状,其余地热井(泉)均揭露构造裂隙型带状热储,地热点分布受区域断裂带影响,呈带状分布特征明显。

## 第二节 热储类型

热储是指能够富集和储存地热能,并使载热流体可以运移的地质体,是地热资源赋存的主要控制因素,它与地层岩石性质、构造形式关系密切。通过对已有地热资源热储模型的分析,浙江地热资源的赋存主要依靠构造活动在脆性地层和可溶性地层中形成的破碎空间,仅长河凹陷内为新生代碎屑岩类孔隙赋水,浙西以古生界碳酸盐岩、砂岩和硅质岩类为主,浙东则以火山岩、花岗岩类为主。浙江省经历了多期构造运动的叠加,形成了复杂多样的地质构造格架,为地热资源赋存创造了良好条件,构造隆起区内,受区域断裂影响的断裂构造是主要赋矿构造,白垩纪沉积盆地内,与盆地形成相关的断裂系统是地热重要的成矿控制条件,形成了浙江省独具特色的萤石矿伴生地热资源(表3-1)。

**表3-1 地热资源分布及热储类型统计表**

| 地级市 | 县(市、区) | 地热井名称 | 水温/℃ | 涌水量/$m^3 \cdot d^{-1}$ | 地质构造单元 | 热储 | 热储类型 |
|---|---|---|---|---|---|---|---|
| 杭州 | 临安区 | 临安湍口201井 | 28 | 346 | 构造隆起区 | 燕山期花岗岩类 | $L_{v+\gamma}$ |
| | | 湍口温6井 | 30 | 1416 | 构造隆起区 | 寒武纪碳酸盐岩类 | $L_c$ |
| | | 昌化九龙湖ZK1井 | 30.6 | 430 | 构造隆起区 | 下白垩统黄尖组火山岩类 | $L_{v+\gamma}$ |
| | 淳安县 | 千岛湖ZK1井 | 47.6 | 430 | 构造隆起区 | 震旦纪其他岩类(硅质岩) | $L_s$ |
| | 建德市 | 寿2井 | 27.8 | 239 | 白垩纪沉积盆地(寿昌盆地) | 下白垩统寿昌组其他岩类(砂岩) | $P_s$ |
| | | 寿5井 | 39 | 840 | 白垩纪沉积盆地(寿昌盆地) | 下白垩统黄尖组火山岩类 | $P_{v+\gamma}$ |
| | 桐庐县 | 桐庐阆里村DR1井 | 34.2 | 968.4 | 构造隆起区 | 志留纪—泥盆纪其他岩类(砂岩) | $L_s$ |
| | 富阳区 | 坑西KX1井 | 47 | 578.53 | 构造隆起区 | 震旦纪其他岩类(砂岩) | $L_s$ |
| 湖州 | 吴兴区 | WQ01井 | 31 | 1 191.7 | 构造隆起区 | 石炭纪—二叠纪碳酸盐岩类、其他岩类(砂岩) | $L_c$ |
| | | WQ05井 | 25.5 | 1 210.64 | 构造隆起区 | 石炭纪—二叠纪碳酸盐岩类、其他岩类(砂岩) | $L_c$ |

续表 3-1

| 地级市 | 县(市、区) | 地热井名称 | 水温/℃ | 涌水量/$m^3 \cdot d^{-1}$ | 地质构造单元 | 热储 | 热储类型 |
| --- | --- | --- | --- | --- | --- | --- | --- |
| 湖州 | 吴兴区 | WQ08 井 | 30 | 1 054.08 | 白垩纪沉积盆地(太湖南岸) | 石炭纪—二叠纪碳酸盐岩类、其他岩类(砂岩) | $P_c$、$P_s$ |
| | | DR12 井 | 45 | 720.2 | 白垩纪沉积盆地(太湖南岸) | 石炭纪—二叠纪碳酸盐岩类、其他岩类(砂岩) | $P_c$、$P_s$ |
| | | WQ09 井 | 44.8 | 401.9 | 白垩纪沉积盆地(太湖南岸) | 石炭纪—二叠纪碳酸盐岩类、其他岩类(砂岩) | $P_c$、$P_s$ |
| | | WQ10 井 | 63 | 1348 | 白垩纪沉积盆地(太湖南岸) | 石炭纪—二叠纪碳酸盐岩类、其他岩类(砂岩) | $P_c$、$P_s$ |
| 嘉兴 | 嘉善县 | 嘉热 2 井 | 45～45.6 | 330 | 构造隆起区 | 奥陶纪其他岩类(砂岩) | $L_s$ |
| | | 善热 3 井 | 41.5 | 340 | 白垩纪沉积盆地 | 寒武纪其他岩类(砂岩) | $P_s$ |
| | | 嘉热 4 井 | 42 | 320 | 构造隆起区 | 志留纪其他岩类(砂岩) | $L_s$ |
| | 秀洲区 | 运热 1 井 | 64 | 2000 | 白垩纪沉积盆地(桐乡凹陷) | 石炭纪碳酸盐岩类、白垩纪红层中砂岩和玄武岩夹层 | $P_c$、$P_k$ |
| | | 运热 2 井 | 52 | 302.17 | 白垩纪沉积盆地(桐乡凹陷) | 石炭纪碳酸盐岩类 | $P_c$ |
| | | 王店 WR1 井 | 39.1～39.6 | 371 | 白垩纪沉积盆地(桐乡凹陷东南边缘王店凸起) | 寒武纪碳酸盐岩类 | $P_c$ |
| | | 新热 2 井 | 34.4 | 500 | 白垩纪沉积盆地(新塍凹陷) | 奥陶纪其他岩类(砂岩) | $P_s$ |
| | 南湖区 | 湘家荡 1 井 | 40 | 125 | 构造隆起区 | 泥盆纪其他岩类(砂岩) | $L_s$ |
| 绍兴 | 嵊州市 | 嵊州 DR8 井 | 29 | 480 | 白垩纪沉积盆地(嵊州盆地北部边缘) | 下白垩统磨石山群火山岩类 | $P_{v+\gamma}$ |
| | | 嵊州 DR10 井 | 33.5 | 187 | 白垩纪沉积盆地(嵊州盆地北部边缘) | 燕山期花岗岩类 | $P_{v+\gamma}$ |
| | 新昌县 | 新昌 QX－1 井 | 40 | 资料待查 | 白垩纪沉积盆地(嵊州盆地西部边缘) | 下白垩统磨石山群火山岩类 | $P_{v+\gamma}$ |

**续表 3-1**

| 地级市 | 县(市、区) | 地热井名称 | 水温/℃ | 涌水量/$m^3 \cdot d^{-1}$ | 地质构造单元 | 热储 | 热储类型 |
|---|---|---|---|---|---|---|---|
| 宁波 | 宁海县 | 宁海畈 3 井 | 43.5～47 | 950 | 构造隆起区 | 下白垩统磨石山群火山岩类 | $L_{v+\gamma}$ |
| | 象山县 | 象山爵溪东铭 1 井 | 50.4～58.1 | 562.25 | 构造隆起区 | 下白垩统磨石山群火山岩类 | $L_{v+\gamma}$ |
| | 慈溪市 | 长热 1 井 | 53.5 | 528 | 新生代沉积盆地(长河凹陷) | 古近系长河组其他岩类(砂岩) | $P_e$ |
| | | 湿热 1 井 | 43 | 652.25 | 新生代沉积盆地(长河凹陷) | 古近系长河组其他岩类(砂岩) | $P_e$ |
| | | 慈热 1 井 | 58 | 453 | 新生代沉积盆地(长河凹陷) | 古近系长河组其他岩类(砂岩) | $P_e$ |
| | | 白金汉爵 CRT1 井 | 31 | 251.6 | 构造隆起区 | 下白垩统磨石山群火山岩类 | $L_{v+\gamma}$ |
| | 余姚市 | 余姚陆埠阳明-1 井 | 34～36 | 350 | 构造隆起区 | 下白垩统磨石山群火山岩类 | $L_{v+\gamma}$ |
| | 鄞州区 | 西岙 1 井 | 30.2 | 252 | 构造隆起区 | 下白垩统磨石山群火山岩类 | $L_{v+\gamma}$ |
| 舟山 | 岱山县 | 秀山 XRT4 井 | 27～28 | 80 | 构造隆起区 | 下白垩统磨石山群火山岩类 | $L_{v+\gamma}$ |
| 台州 | 仙居县 | 仙居大战 DR1 井 | 33.5 | 500 | 白垩纪沉积盆地(仙居盆地东侧边缘) | 下白垩统磨石山群火山岩类 | $P_{v+\gamma}$ |
| | 天台县 | 天台 | 39 | 300 | 白垩纪沉积盆地(天台盆地北侧边缘) | 下白垩统磨石山群火山岩类 | $P_{v+\gamma}$ |
| 金华 | 东阳市 | 东阳横店忠信堂 DR1 井 | 27.3～28.5 | 321.69 | 白垩纪沉积盆地(南马盆地东侧边缘) | 下白垩统磨石山群火山岩类 | $P_{v+\gamma}$ |
| | 婺城区 | 汤溪 TXRT2 井 | 45.1～45.3 | 1016 | 白垩纪沉积盆地(金衢盆地南侧边缘) | 下白垩统磨石山群火山岩类 | $P_{v+\gamma}$ |
| | 武义县 | 溪里 DR2(A)井 | 33 | 2100 | 白垩纪沉积盆地(武义盆地) | 下白垩统磨石山群火山岩类 | $P_{v+\gamma}$ |
| | | 溪里 DR2(B)井 | 41 | 2300 | 白垩纪沉积盆地(武义盆地) | 下白垩统磨石山群火山岩类 | $P_{v+\gamma}$ |
| | | 唐风 WR2 井 | 32～33 | 450 | 白垩纪沉积盆地(武义盆地) | 下白垩统磨石山群火山岩类 | $P_{v+\gamma}$ |
| | | 牛头山 ZK1 井 | 27.5～31.3 | 542 | 构造隆起区 | 下白垩统磨石山群火山岩类 | $L_{v+\gamma}$ |

续表 3-1

| 地级市 | 县(市、区) | 地热井名称 | 水温/℃ | 涌水量/$m^3 \cdot d^{-1}$ | 地质构造单元 | 热储 | 热储类型 |
|---|---|---|---|---|---|---|---|
| 金华 | 磐安县 | 磐安 PR1 井 | 31.2～33.5 | 300 | 白垩纪沉积盆地（磐安盆地北侧边缘） | 下白垩统磨石山群火山岩类 | $P_{v+\gamma}$ |
| 温州 | 永嘉县 | 永嘉南陈1井 | 48.3 | 400 | 构造隆起区 | 下白垩统磨石山群火山岩类 | $L_{v+\gamma}$ |
|  | 瑞安市 | 瑞安 HL2 井 | 52 | 1104 | 构造隆起区 | 下白垩统磨石山群火山岩类 | $L_{v+\gamma}$ |
|  | 泰顺县 | 泰顺雅阳 | 62 | 518 | 构造隆起区 | 下白垩统磨石山群火山岩类 | $L_{v+\gamma}$ |
| 衢州 | 龙游县 | 龙游 LR1 井 | 41 | 968.42 | 白垩纪沉积盆地（金衢盆地） | 侏罗系同山群其他岩类(砂岩) | $P_s$ |
| 丽水 | 遂昌县 | 香炉岗 DR2 井 | 40 | 1054 | 白垩纪沉积盆地（遂昌盆地） | 燕山期花岗岩类 | $P_{v+\gamma}$ |
|  |  | 红星坪 | 37～39 | 412 | 白垩纪沉积盆地（遂昌盆地） | 下白垩统磨石山群火山岩类 | $P_{v+\gamma}$ |
|  | 龙泉县 | 龙泉 LQBD1 | 35 | 1000 | 构造隆起区 | 下白垩统磨石山群火山岩类 | $L_{v+\gamma}$ |

注：热储类型中各代号的具体类型见表 3-2。

## 一、热储类型划分

依据《地热资源地质勘查规范》(GB/T 11615—2010)中的热储定义、分类及相关术语释义，结合浙江省地热资源温度、热储特征、地层岩石与构造特征、地热流体水理性质和富集条件，对浙江省热储类型进行分类，分类原则如下：

(1)以《地热资源地质勘查规范》(GB/T 11615—2010)第 6.1.1 款中的地热勘查类型划分为基础，划分为层状热储、带状热储及带状兼层状热储三大主要类型。

(2)根据地热资源赋存的地质构造单元特征，划分为构造隆起区、沉积盆地区两大类型；根据浙江省目前实际成功的地热井揭露的热储层岩性进行划分，主要分为碳酸盐岩类、花岗岩类、火山岩类和其他岩类 4 种类型，其中火山岩类和花岗岩类在成因、分布及赋水性上有很多相关性，合并为一类，其他岩类主要包括砂岩、硅质岩类。

(3)综合考虑地热资源赋存的地质构造单元特征、热储岩性、控矿的主要构造活动，确定热储亚型。

根据上述原则，将浙江省主要热储类型划分为三大类、八个亚类，详见表 3-2。

表 3-2　浙江省主要热储类型

| 热储类型 | 热储亚型 |
|---|---|
| 层状热储 | 新生代沉积盆地碎屑岩类孔隙亚型($P_e$) |
|  | 白垩纪沉积盆地盖层碎屑岩类夹玄武岩孔隙裂隙亚型($P_k$) |

续表 3-2

| 热储类型 | 热储亚型 |
| --- | --- |
| 带状热储 | 白垩纪沉积盆地火山岩(花岗岩)类构造裂隙亚型($P_{v+\gamma}$) |
| | 白垩纪沉积盆地其他岩类构造裂隙亚型($P_s$) |
| | 构造隆起区火山岩(花岗岩)类构造裂隙亚型($L_{v+\gamma}$) |
| | 构造隆起区其他岩类构造裂隙亚型($L_s$) |
| 带状兼层状热储 | 白垩纪沉积盆地基底碳酸盐岩岩溶裂隙亚型($P_c$) |
| | 构造隆起区碳酸盐岩岩溶裂隙亚型($L_c$) |

注:同一地热井可能揭露表中的两种或两种以上热储类型,成为复合型热储。

考虑到地质勘查工作程度及经济合理性,本书中热储层的研究深度控制在3000m以内。

新生代沉积盆地碎屑岩类孔隙亚型($P_e$):新生代沉积盆地中,沉积年代比较晚,成岩作用较弱,砂岩、砂砾岩的粒状碎屑格架间往往尚存原生的孔隙,为地下水的储存提供了空间,形成层状地热资源。

白垩纪沉积盆地盖层碎屑岩类夹玄武岩孔隙裂隙亚型($P_k$):以白垩纪盆地盖层内松散的石英砂岩层、钙质粉砂岩及玄武岩夹层作为热储层的地热资源。

白垩纪沉积盆地火山岩(花岗岩)类构造裂隙亚型($P_{v+\gamma}$):位于白垩纪沉积盆地内,上覆白垩纪红层作为盖层,以断陷盆地的控盆断裂及盆内断裂为地热资源赋存的主要控制因素,揭露热储层岩性主要为火山岩类或花岗岩类的地热资源。

白垩纪沉积盆地其他岩类构造裂隙亚型($P_s$):位于白垩纪沉积盆地内,上覆白垩纪红层作为盖层,地热资源赋存与盆地构造关系密切,以石英砂岩、岩屑砂岩等节理裂隙发育的碎屑岩构成热储的地热资源。

构造隆起区火山岩(花岗岩)类构造裂隙亚型($L_{v+\gamma}$):仅有第四系覆盖,缺失白垩系盖层,主要揭露热储为火山岩类或花岗岩类的地热资源,断裂构造为主要控矿构造。

构造隆起区其他岩类构造裂隙亚型($L_s$):缺失白垩系盖层,以砂岩、石英砂岩、硅质岩等脆性岩石类型为热储层的地热资源,区域断裂为主要控矿构造。

白垩纪沉积盆地基底碳酸盐岩岩溶裂隙亚型($P_c$):位于白垩纪沉积盆地内,地热资源赋存受断陷盆地的控盆断裂及盆内断裂系统控制,以石炭纪—二叠纪和寒武纪—奥陶纪及震旦纪碳酸盐岩为热储层的地热资源。

构造隆起区碳酸盐岩岩溶裂隙亚型($L_c$):缺失白垩系盖层,以石炭纪—二叠纪和寒武纪—奥陶纪及震旦纪碳酸盐岩为主要热储的地热资源,区域断裂及次级断裂系统是主要的控矿构造。

## 二、不同热储类型分布

以江山-绍兴深大断裂带为界,浙西北和浙东南热储类型存在明显差异,浙西北为古生代地层分布区,热储类型以碳酸盐岩类岩溶裂隙亚型($P_c$、$L_c$)和其他岩类构造裂隙亚型($P_s$、$L_s$)为主,早白垩世早期火山构造分布区内也存在火山岩(花岗岩)类构造裂隙亚型($P_{v+\gamma}$、$L_{v+\gamma}$);浙东南大面积出露中生代火山岩类、花岗岩类,热储类型以火山岩(花岗岩)类构造裂隙亚型($P_{v+\gamma}$、$L_{v+\gamma}$)为主,在北部的宁波慈溪一带发育一新生代沉积盆地(长河凹陷),为新生代沉积盆地碎屑岩类孔隙亚型($P_e$)热储的主要分布区。

白垩纪沉积盆地型热储分布受白垩纪盆地构造(图3-2)控制,浙东主要分布在丽水-宁波隆起带,热储类型为白垩纪沉积盆地火山岩(花岗岩)类构造裂隙亚型($P_{v+\gamma}$);浙西主要分布在金衢盆地、建德寿昌盆地、嘉兴桐乡凹陷和湖州太湖南岸地区，热储类型为白垩纪沉积盆地基底碳酸盐岩岩溶裂隙亚型($P_c$)和白垩纪沉积盆地其他岩类构造裂隙亚型($P_s$)。

白垩纪沉积盆地盖层碎屑岩类夹玄武岩孔隙裂隙亚型($P_e$)分布受白垩纪构造盆地(图 3-2)控制，多为次要热储。

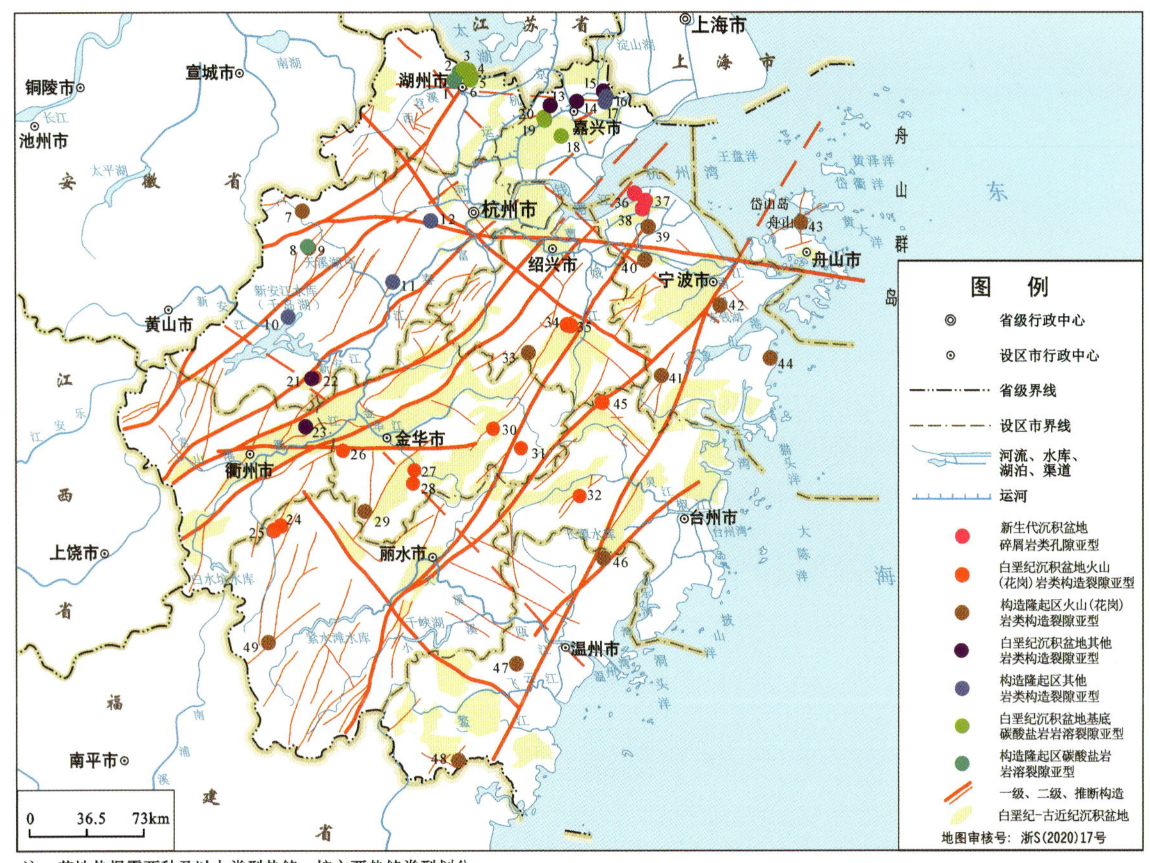


注：若地热揭露两种及以上类型热储，按主要热储类型划分。

图 3-2　浙江省不同热储类型地热点分布图

# 第四章 地热地质分区

## 第一节 地热地质分区及原则

根据浙江省地热成矿背景、地热资源赋存条件和成矿控制条件，进行地热地质分区。地热地质分区主要考虑全省构造单元及地热成矿控制条件，大区按Ⅰ级构造单元划定，亚区的划分原则为：

(1)单元间地层、岩浆活动、构造演化的差异性，基本以Ⅲ级构造单元范围为界；

(2)地热资源赋存条件及成矿控制条件的不同。

首先按Ⅰ级构造单元划定为浙西北和浙东南两大区；然后根据单元间地层、岩浆活动、构造演化的差异性以及地热资源赋存条件及成矿控制条件的不同划定亚区，亚区与部分Ⅲ级构造单元界线一致。划分原则及结果见表4-1。

表4-1 浙江省地热地质分区划分原则

| 地热分区 | | | 地热资源赋存条件（热储岩性特征） | 成矿控制条件（控矿构造特征） | 所属Ⅰ级构造单元 |
|---|---|---|---|---|---|
| 大区 | 亚区 | | | | |
| 浙西北褶皱带地热地质区(A) | 开化-湖州亚区($A_1$) | | 古生代地层（碳酸盐岩、砂岩、硅质岩） | 断裂构造控矿 | 扬子准地台 |
| | 杭州-嘉兴亚区($A_2$) | | 古生代地层（碳酸盐岩、砂岩） | 断裂构造和盆地构造控矿 | |
| | 常山-萧山亚区($A_3$) | | 火山岩类、花岗岩类 | 断裂构造控矿 | |
| | 衢州-绍兴亚区($A_4$) | | 古生代地层（碳酸盐岩、砂岩） | 断裂构造和盆地构造控矿 | |
| 浙东南隆起带地热地质区(B) | 龙泉-宁波亚区($B_1$) | 白垩纪沉积盆地区($B_{1-1}$) | 火山岩类、花岗岩类 | 盆地构造和断裂构造控矿 | 华南褶皱系 |
| | | 新生代沉积盆地区($B_{1-2}$) | 古近纪砂岩类 | 孔隙裂隙控矿 | |
| | 温州-定海亚区($B_2$) | | 火山岩类、花岗岩类 | 断裂构造控矿 | |

根据上述原则，浙江省地热地质分为2个大区、6个亚区，即浙西北褶皱带地热地质区(A)，包括开化-湖州($A_1$)、杭州-嘉兴($A_2$)、常山-萧山($A_3$)、衢州-绍兴($A_4$)4个亚区；浙东南隆起带地热地质区(B)，包括龙泉-宁波($B_1$)和温州-定海($B_2$)2个亚区，详见图4-1和表4-2。

图 4-1 浙江省地热地区分区示意图

**表 4-2 浙江省地热地质分区**

| 大区 | 亚区 | 位置 | 主要成矿因素及水化学特征 |
| --- | --- | --- | --- |
| 浙西北褶皱带地热地质区(A) | 开化-湖州亚区($A_1$) | 昌化-普陀断裂南部地区以球川-萧山断裂为东界，北部地区以马金-乌镇断裂为东界，西至浙江省界 | 1. 热储岩性为碳酸盐岩类、其他岩类(砂岩、硅质岩)、火山岩(花岗岩)类；<br>2. 区域断裂是主要的控矿构造，以北东向、北西向和近东西向为主；<br>3. 太湖南岸地区存在盆地构造控矿；<br>4. 侵入岩侵入接触带，优先考虑侵入岩与区域断裂构造交会处；<br>5. 水化学特征：$HCO_3$-Na 型水为主，pH 6.11～9.36，F、$H_2SiO_3$、Rn、游离 $CO_2$ 异常 |

**续表 4-2**

| 大区 | 亚区 | 位置 | 主要成矿因素及水化学特征 |
| --- | --- | --- | --- |
| 浙西北褶皱带地热地质区(A) | 杭州-嘉兴亚区($A_2$) | 马金-乌镇断裂以东，昌化-普陀断裂以北区域 | 1. 热储岩性以碳酸盐岩类和其他岩类(砂岩)为主；<br>2. 区域断裂是主要的控矿构造，以北东向、东西向和北西向为主；<br>3. 水化学特征：$HCO_3$ · Cl－Na 型水为主，溶解性总固体 738～6328mg/L，pH 6.44～8.66，F、$H_2SiO_3$、Rn、游离 $CO_2$、Ba、Li 异常 |
| | 常山-萧山亚区($A_3$) | 昌化-普陀断裂以南的球川-萧山断裂和常山-漓渚断裂之间 | 1. 热储主要为火山岩类、花岗岩类、碳酸盐岩类；<br>2. 区域断裂和火山构造共同控矿；<br>3. 水化学特征：目前仅寿昌盆地有地热井，$HCO_3$－Na 型水为主，溶解性总固体 647～1026mg/L，pH 8.8～9.17，F、$H_2SiO_3$、$H_2S$ 异常 |
| | 衢州-绍兴亚区($A_4$) | 昌化-普陀断裂以南的常山-漓渚断裂和江山-绍兴深大断裂之间 | 1. 热储岩性涵盖碳酸盐岩类、火山岩类、其他岩类(砂岩)；<br>2. 盆地构造和区域构造联合控矿；<br>3. 水化学特征：目前仅金衢盆地内有地热井，$HCO_3$ · $SO_4$－Na 型水为主，溶解性总固体 8746mg/L，pH 6.97，F、Li、游离 $CO_2$ 异常 |
| 浙东南隆起带地热地质区(B) | 龙泉-宁波亚区($B_1$) | 西侧界线为江山-绍兴深大断裂带，仙居以北(含仙居盆地)以温镇断裂带为东侧界线，仙居以南以丽水-余姚断裂为东侧界线 | 1. 热储类型以花岗岩类和火山岩类构造裂隙型为主($P_{v+r}$、$L_{v+r}$)，主要为盆地型，兼顾构造隆起型；北部长河凹陷一带为新生代碎屑岩类孔隙型层状热储($P_e$)；<br>2. 地热资源主要受断陷盆地边缘断裂及其延伸系统控制，个别盆地内地堑式断裂系统也可控矿；<br>3. 该区萤石矿发育，地热与萤石矿关系密切；<br>4. 火山构造与区域断裂也是控矿因素之一；<br>5. 水化学特征：长河凹陷内水质类型以 $HCO_3$－Na 型水为主，溶解性总固体 7188～14 566mg/L，pH 7.4～8.22，F、Fe、I、$H_2SiO_3$、Li、$HBO_2$、Rn 异常；其他地区以 $HCO_3$－Na 型水为主，溶解性总固体 183～4117mg/L，pH 6.7～8.77，F、$H_2SiO_3$、游离 $CO_2$、Rn 异常 |
| | 温州-定海亚区($B_2$) | 位于东部沿海，仙居以北(含仙居盆地)以温镇断裂带为界，仙居以南以丽水-余姚断裂为界 | 1. 热储类型以隆起区花岗岩类和火山岩类构造裂隙型为主($L_{v+r}$)；<br>2. 火山构造(破火山、火山穹隆)和区域断裂为主要的控矿构造；<br>3. 仙居以北(含仙居盆地)主要控矿的区域构造以北北东向为主，仙居以南主要控矿的区域构造以北西向为主；<br>4. 水化学特征：长河凹陷内水质类型以 $HCO_3$－Na 型水为主，溶解性总固体 237～477mg/L，pH 7.92～8.88，F、$H_2SiO_3$、Rn 异常 |

## 一、浙西北褶皱带地热地质区(A)

浙西北褶皱带地热地质区(A)Ⅰ级构造单元属于江山-绍兴深大断裂带以西的扬子准地台，该区基底之上沉积巨厚的古生代沉积，主要发育北东向构造行迹，包括北东向复式褶皱构造和北东向区域断裂构造。热储岩性以古生代碳酸盐岩、砂岩、硅质岩类为主，受区域断裂控制的北东向、北西向、近东西向断裂是主要的控矿构造。在整体较为一致的构造背景下，次级构造单元之间地质演化的差异性，特别是燕山期断块构造、断陷盆地、火山洼地，火山喷发及岩浆侵入活动的差异，对地热赋存及成矿控制条件的影响较大。

(1)开化-湖州亚区($A_1$)，在昌化-普陀断裂南部地区以球川-萧山断裂为东界，在北部地区以马金-乌镇断裂为东界，西至浙江省界。该区域燕山期火山喷发及侵入活动虽具有一定规模，但主要局限在几个火山洼地内，该亚区仍以古生代地层为主要热储、断裂系统为主要控热构造。

(2)杭州-嘉兴亚区($A_2$)，位于马金-乌镇断裂以东、昌化-普陀断裂以北区域。燕山期白垩纪断陷盆地发育，形成区内北东向和东西向隆凹相间的构造格局，喜马拉雅期地壳呈整体下降趋势，接受第三系(古近系＋新近系)碎屑岩和第四系松散堆积物沉积。白垩纪沉积盆地内以盆地断裂系统控矿为主，构造隆起区以区域断裂及其次级断裂系统控矿为主。

(3)常山-萧山亚区($A_3$)、衢州-绍兴亚区($A_4$)位于球川-萧山断裂和江山-绍兴深大断裂带之间，两者以常山-漓渚断裂为界。受开化-桐庐地幔鼻状隆起影响，地壳减薄，表现出较强的火山活动和大面积白垩纪盆地的出现。其中常山-萧山亚区大面积分布早白垩世早期火山岩，火山岩类、花岗岩类形成了本区的主要热储岩性；强烈的火山活动自北向南形成一系列火山构造，火山构造形成的环状、放射状断裂系统是区内重要的控矿构造。衢州-绍兴亚区则主要表现为一系列北东向发育的白垩纪断陷盆地，与白垩纪断陷盆地形成相关的盆边及盆内断裂系统是区内重要的控矿构造因素。

## 二、浙东南隆起带地热地质区(B)

浙东南隆起带地热地质区(B)Ⅰ级构造单元属于江山-绍兴深大断裂带以东的华南褶皱系，该区盖层以中生代火山岩为主，其刚性强，构造形变以整体的隆升和块断作用为主，出现了众多的断陷盆地。火山岩类、花岗岩类是该区主要的热储岩性，与断陷盆地相关的断裂系统是重要的成矿控制因素。

龙泉-宁波亚区($B_1$)和温州-定海亚区($B_2$)在仙居以北(含仙居盆地)以温镇断裂带为界，仙居以南以丽水-余姚断裂为界。龙泉-宁波亚区($B_1$)集中反映了中生代晚期的“断陷”特色，浙江省40余个白垩纪沉积盆地大部分分布在该区，地热成矿受盆边及盆内断裂系统控制是本区的主要特征。温州-定海亚区($B_2$)白垩纪沉积主要受火山洼地控制，区域断裂及火山断裂系统是主要成矿控制因素。

龙泉-宁波亚区($B_1$)进一步划分为白垩纪沉积盆地区($B_{1-1}$)和新生代沉积盆地区($B_{1-2}$)，主要是因为该区北东端发育一新生代(古近纪)沉积盆地，有厚约1700m的半胶结砂岩、泥岩分布，形成了全省唯一的孔隙型层状热储。

# 第二节　开化-湖州亚区($A_1$)

## 一、主要特征

(1)位置:昌化-普陀断裂南部地区以球川-萧山断裂为东界,北部地区以马金-乌镇断裂为东界,西至浙江省界。

(2)地质构造特征:主体为一系列复向斜和复背斜呈北东向相间排列。组成向斜轴部地层以志留纪、泥盆纪碎屑岩为主,及石炭纪—二叠纪碳酸盐岩。组成背斜轴部地层为震旦纪、寒武纪碎屑岩及碳酸盐岩。背向斜两翼为长坞组($O_3c$)、于潜组($O_3y$)等奥陶纪砂泥岩大面积分布。东天目山以北由2～3条宽缓的复式向斜构造组成,地层由西南向北东依次为震旦系、寒武系、奥陶系、志留系、泥盆系,在向斜轴部分布石炭纪—二叠纪、三叠纪碳酸盐岩及煤系地层。志留纪砂泥质岩类大面积分布。区内自北向南分布天目山-莫干山火山构造隆起、清凉峰-白牛桥火山构造隆起、桐庐-新登火山构造洼地、金紫尖火山构造洼地、甘坞火山构造洼地、淳安火山构造洼地。断裂构造以北东向为主,如马金-乌镇、球川-萧山等区域性断裂,淳安-温州、长兴-奉化北西向断裂及衢州-天台、湖州-嘉善东西向断裂。该区西南端苏庄隆起带基底变质岩大片分布。北部发育苍山推覆构造和太湖南岸白垩纪断陷盆地。

(3)地热地质特征:褶皱带内热储主要为寒武系—奥陶系及震旦系灯影组、石炭系—二叠系碳酸盐岩热储,志留系—泥盆系石英砂岩热储、震旦系硅质岩热储;另外在火山活动区内揭露火山岩类、花岗岩类热储。地热主要受区域断裂控制,热水主要储存在北东向、北西向、东西向区域断裂及其低序次构造活动形成的破碎带中。太湖南岸白垩纪断陷盆地盆边断裂也控制了该地区地热资源的赋存和运移。

(4)地热流体水化学特征:地热水中阴离子以$HCO_3^-$为主,阳离子以$Na^+$为主,个别碳酸盐岩热储地热水受浅部冷水影响,阳离子以$Ca^{2+}$为主。pH为6.11～9.36,呈弱酸性—碱性,碳酸盐岩热储中呈弱酸性的地热水通常含较高的游离$CO_2$。F、$H_2SiO_3$、Rn含量较高,能达到理疗矿水或命名矿水浓度标准。在震旦系等较老地层中赋存的地热水Ba、$HBO_2$含量也较高。

## 二、典型地热点(区)

开化-湖州亚区内的湖州太湖南岸地热田和杭州临安湍口镇湍口盆地地热田是浙江省历史较为悠久的地热田,地热勘查开发工作均始于20世纪60年代,一直持续至今。2010年以后,相继在临安昌化九龙村、淳安千岛湖、桐庐阆里村和富阳坑西村取得了地热勘查的突破。

### (一)太湖南岸

湖州太湖南岸隶属于杭垓-长兴复式向斜北东端,北西向仁皇山-苍山背斜与北东向云峰顶-小梅山背斜及南皋桥向斜交会,长兴-奉化北西向大断裂、学川-湖州北东向大断裂和湖州-嘉善东西向大断裂在此交会,构造复杂(图4-2)。西侧基岩出露区,存在多口地热井或地热异常井,东侧隐伏于白垩纪红层之下的南皋桥向斜中沿北东向断裂带也存在多处地热资源,热储主要为上古生界碳酸盐岩和其中所夹碎屑岩,包括石炭系—二叠系灰岩、白云岩,或泥盆系、志留系石英砂岩等,是浙江省重要的地热田之一。太湖南岸地热田涵盖了构造隆起区碳酸盐岩类($L_c$)、构造隆起区其他岩类($L_s$)、白垩纪沉积盆地碳酸盐岩类($P_c$)和白垩纪沉积盆地其他岩类($P_s$)四大热储类型。

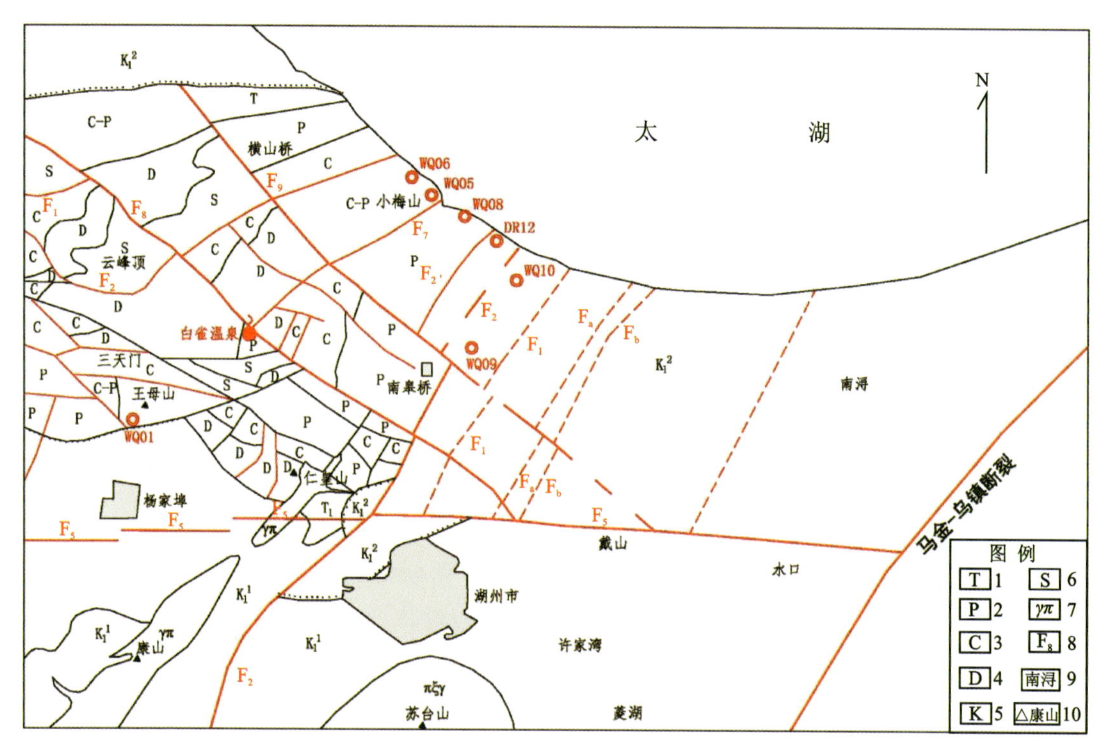


图 4-2 太湖南岸地区构造纲要图

1. 三叠系;2. 二叠系;3. 石炭系;4 泥盆系;5. 白垩系;6. 志留系;7. 花岗斑岩;8. 断层编号;9. 地名;10. 山峰

### 1. 白雀温泉

早在 1959 年,湖州白雀某寺庙一侧发现上升温泉,溢出口水温 28.5℃。温泉出自北西向断裂($F_8$)南西侧残留的向斜轴部的栖霞组灰岩中。1961—1962 年间在其周围施工 7 孔,致温泉消失。其中,2 号孔热水段深 106.5～122.96m(井底),水温 28℃,自流量 236$m^3$/d;3 号孔水温 25℃(1990 年已降至 22.3℃)。

### 2. WQ01 井

1975 年浙江煤田地质部门在湖州杨家埠煤田普查勘探时,计有 5 个钻孔见低温热水,水温 25.8～31℃(表 4-3),其中 ZK413 孔后改造成地热井 WQ01 井,井深 421.76m,0～10.67m 为第四系,10.67～65.60m 为二叠系龙潭组($P_2l$)煤系地层,65.6～182.34m 为二叠系堰桥组($P_1y$)煤系地层,182.34～275.65m 为长兴组灰岩($P_3c$),275.35～410.95m 为二叠系龙潭组($P_2l$),410.95～421.76m 为泥盆系五通组砂岩、泥质砂岩。

表 4-3 苍山—仁王山一带钻孔地热特征(1972—1977 年)

| 钻孔原编号 | 井口水温/℃ | 涌水量/$m^3\cdot d^{-1}$ | 水位埋深/m | 热水段位置/m | 地质构造特征 |
|---|---|---|---|---|---|
| CK5 | 26 | 113.2 | 涌出孔口 | −332.23 | 北西向推覆构造,上盘砂岩($P_2g$),下盘灰岩($P_3c$) |
| ZK103 | 29 | 98.4 | 涌出孔口 | −870.79 | 北西向断裂,围岩龙潭组($P_2l$)砂岩 |
| ZK412 | 25.8 | 60.0 | 涌出孔口 | 281～342 | 北西向推覆构造,上盘砂岩($P_2g$),下盘灰岩($P_3c$) |

续表 4-3

| 钻孔原编号 | 井口水温/℃ | 涌水量/$m^3 \cdot d^{-1}$ | 水位埋深/m | 热水段位置/m | 地质构造特征 |
|---|---|---|---|---|---|
| ZK413 | 31 | 871.3 | 20 | −410.95 | 北西向断裂，围岩砂岩($P_2g$) |
| ZK09 | 26 | 76.9 | 1.72 | 431～433.2 | 推覆构造，下三叠统青龙组灰岩($T_1q$) |

WQ01 井处于北西向仁皇山-苍山短轴背斜南西翼，背斜由志留系与泥盆系碎屑岩类及石炭系碳酸盐岩类等地层组成。地下热水分布在北西向苍山断裂(为长兴-奉化北西向大断裂的组成部分)及缓倾角推覆构造交接处，构造复杂(图 4-2)。

WQ01 井揭露断裂破碎带两处，形成上、下两个热储构造(图 4-3)。井深 182.34m 处遇 $F_6$ 逆断层，将二叠系堰桥组($P_1y$)逆掩在长兴组($P_3c$)灰岩之上，断层使灰岩破碎更为强烈、溶洞裂隙更加发育，并发生漏水，漏水段(破碎带)位置为 202.47～236.00m，其漏水量为 3.33L/s。井深 410.95m 处遇 $F_{15}$ 断层，该断层出露在苍山南麓 WQ01 井北西约 100m 处，断距 85～130m。该断层把矿区分割成南、北两个块段，使北块段抬起，南块段下降，破坏了地层的连续性。$F_{15}$ 断层导致 WQ01 井孔深 365～410.95m 处二叠系龙潭组砂页岩、砂岩及其下部泥盆系五通组砂岩强烈破碎，形成一个良好的储水带。ZK413 孔施工至 410.95m 时发生涌水，当时静水位高出地面 20.2m，涌水量为 870.9$m^3$/d。

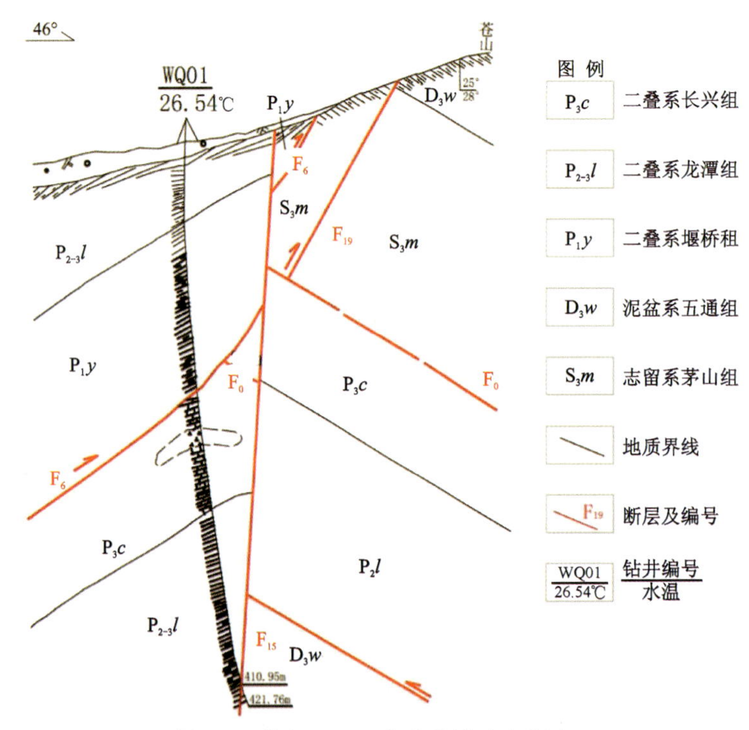


图 4-3　苍山 WQ01 井地质剖面示意图

抽水试验表明，WQ01 井单井涌水量达 1 191.7$m^3$/d，水位降深 19.28m。水质物化溶解性总固体含量 886mg/L，偏硅酸含量 35.1mg/L，游离 $CO_2$ 含量 529mg/L，氟含量 1.72mg/L，锶含量 0.62mg/L，氡含量 23.9Bq/L，井口水温 31℃。

### 3. WQ05 井

近年来，浙江省煤炭地质局在南皋桥向斜西翼(图 4-2)，北东向区域性断裂($F_7$)西侧船山组灰岩中凿井数口，井口水温介于 25～30℃之间。其中小梅口 WQ05 井，井深 552.18m，井口水温 25.5℃，降深 4.80m，探明的可开采量 1208m³/d，水化学类型为 $HCO_3$－Ca 型，溶解性总固体含量 455mg/L，氟含量 3.2mg/L，锶含量 0.4mg/L，氡含量 23.9Bq/L。

WQ05 井揭露地层：0～26.36m 为第四系（Q）；26.36～77.03m 为二叠系栖霞组（$P_2q$）；77.03～227.61m为上石炭统（$C_2$）；227.61～269.50m 为石炭系高骊山组（$C_1g$）；269.50～300.93m 为二叠系栖霞组（$P_2q$）；300.93～442.69m 为上石炭统（$C_2$）；442.69～512.19m 为石炭系高骊山组（$C_1g$）；512.19～519.07m 为二叠系栖霞组（$P_2q$）；519.07～552.18m 为上石炭统（$C_2$），如图 4-4 所示。主要揭露 3 个出水段，均为灰岩热储：Ⅰ出水段深度为 26.36～227.61m，地热流体储存于北东向 $F_7$ 断裂带与其下的栖霞组、船山组、黄龙组灰岩岩溶裂隙中；Ⅱ出水段深度为 269.50～442.69m，地热流体储存于 $F_{7-1}$ 断裂带与其下的栖霞组、船山组、黄龙组灰岩岩溶裂隙中；Ⅲ出水段深度为 512.19～519.07m，地热流体储存于 $F_{7-2}$ 断裂带中。

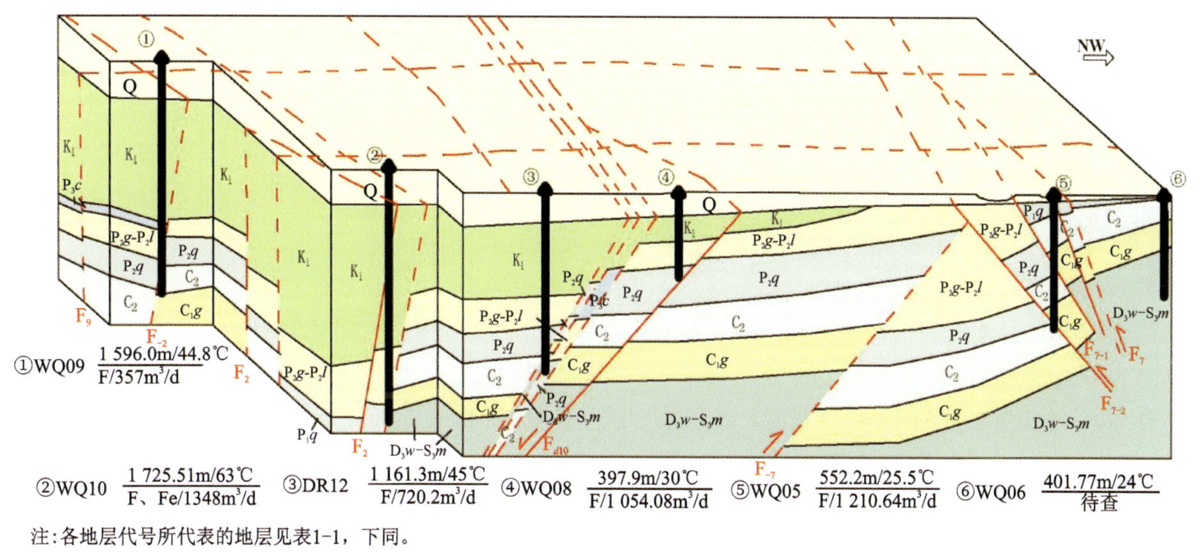


注：各地层代号所代表的地层见表1-1，下同。

图 4-4 太湖南岸地热井地热模式图

#### 4. WQ08 井

2002 年湖州西舍（雷迪生度假酒店）供水井 WQ08 井深 397.9m，栖霞组（$P_2q$）灰岩段顶板埋藏深度 286.8m，上覆二叠系孤峰组（$P_2g$）泥页岩夹砂岩层（190～286.8m），白垩系（$K_1$）紫红色粉细砂岩及泥岩（91.5～190m）及第四系（Q）黏土与砂砾石互层（0～91.5m）。灰岩段溶蚀明显，井底见溶洞，洞高 13.71m。经抽水试验 3 次降深证实该井水量丰富，最大降深 7.5m，涌水量 809.91m³/d，单位涌水量 108m³/(d·m)。井口水温 30℃，水质特征：水化学类型 $HCO_3$－Ca 型，溶解性总固体含量 485mg/L，氟含量 3.5mg/L，锶含量0.53mg/L。

#### 5. DR12 井

DR12 井位于 WQ08 井东南约 700m，为白垩纪断陷盆地西侧边缘（图 4-4），井深 1238m。其中 1～160m 为第四系（Q），160～520m 为白垩系朝川组（$K_1cc$）砂质页岩、泥岩、砂砾岩、细砂岩及页岩，521～715m 为中二叠统孤峰组（$P_2g$）泥岩、粉砂岩、细砂岩、砂质页岩、碳质页岩及硅质页岩，716～1020m 为中二叠统栖霞组（$P_2q$）灰岩、硅质灰岩、含碳质泥质灰岩，1021～1168m 为上泥盆统五通组（$D_3w$）细粒石英砂岩，1169～1238m 为中二叠统栖霞组（$P_2q$）灰岩及砂岩（图 4-4）。根据测井和录井成果，出水段有 4 段，其中 1086～1 115.6m 的五通组砂岩段为主要的出水层段之一，其余 3 段为上古生界碳酸盐岩热储。该井控制的可采资源量为720m$^3$/d,井口水温45℃,溶解性总固体含量1708～2124mg/L,氟含量3.39～3.7mg/L,达到理疗热矿水命名标准。

**6. WQ09井**

WQ09井揭露北东向$F_2$断裂带(区域上属学川-湖州大断裂)(图4-2)。该井井深1596m,0～160m为第四系(Q),160～520m为白垩纪红层($K_1$),520～986.95m揭露二叠系长兴组($P_3c$)灰岩,986.95～1 354.80m为二叠系龙潭组($P_2l$)、孤峰组($P_2g$)煤系地层,1 354.80～1 579.35m为二叠系栖霞组($P_2q$)灰岩,1 579.35～1596m为石炭系高骊山组($C_1g$)粉砂岩、泥(页)岩。长兴组灰岩钻进中,发生严重漏水,其中974.85～975.62m判断为溶洞(钻具基本上直接放入);在1 425.65～1 427.2m段钻进速度很快,测井曲线反映视电阻率突然变低,似有灰岩碎块、黏土质充填,为主要含水层,构成碳酸盐岩热储(图4-4)。

WQ09井混合抽水,涌水量357m$^3$/d,水位降深130m。水质特征:水温44.8℃,水化学类型为Cl·$HCO_3$-Na·Ca型,氟含量3.07mg/L,总Fe含量8.12mg/L,达到理疗热矿水命名标准,偏硅酸含量3mg/L,游离$CO_2$含量218～584mg/L。

**7. WQ10井**

WQ10井也位于北东向$F_2$断裂带上(图4-2),岩溶发育受$F_2$断裂带控制。该井井深1 725.51m,0～1120m为白垩纪红层($K_1$),1120～1 614.5m为二叠系龙潭组($P_2l$)煤系地层,1 614.5～1670m为二叠系栖霞组($P_2q$)灰岩,1674～1 725.51m为泥盆系五通组($D_3w$)砂岩、泥质粉砂岩。其在1 632.8～1 635.05m段钻进中速度很快,测井曲线反映视电阻率突然变低,可判定为溶洞;在1 657.7～1 661.60m段发生严重漏水,钻进中进尺快,也判定为溶洞,钻具未直接放入,判断有灰岩碎块,构成碳酸盐岩热储,为主要含水层(图4-4)。

WQ10井井口水温62.5℃,涌水量1348m$^3$/d,水位降深130.4m,水化学类型为$HCO_3$-Na·Ca型,氟含量3.3～4.6mg/L,总Fe含量13.3mg/L,达到理疗热矿水命名标准,偏硅酸含量32.4mg/L,游离$CO_2$含量137～265mg/L。

**8. 小结**

连接岩溶裸露区(白雀温泉)—覆盖型岩溶区(小梅口WQ05热水井)—沉积盆地边缘埋藏型岩溶区(WQ08、DR12、WQ09、WQ10),环系统的水温、溶解性总固体及特征组分递增的特点,太湖南岸西部隆起区地热资源可能来自深部石炭纪—二叠纪碳酸盐岩热储,沿碎屑岩断裂通道上升涌出。深部碳酸盐岩热储分布在苍山西南的建德群火山构造盆地基底或苍山-仁皇山北西向断裂与东部北东向断裂构造的复合部位。因其埋藏浅,盖层厚度薄且不稳定,受地表冷水混入影响较大,湖州西部隆起区古生代层状碎屑岩类或碳酸盐类难以构成水温超过40℃的地热资源。

2016年,严金叙等提交了《浙江省湖州市太湖南岸地热田地热资源研究评价报告》,综合钻探成果及可控源剖面,提出沿$F_2$北东向大断裂形成了北东向的岩溶发育带,北东向岩溶发育带沿$F_{-2}$、$F_{-1}$北东向断裂(区域上属于学川-湖州大断裂)发育,被WQ09井、WQ10井控制,这是浙江省内目前唯一有资料支撑可能存在碳酸盐岩岩溶发育带的地区。另外,严金叙等也提出沿$F_8$北西向断裂(区域上属于长兴-奉化大断裂)存在北西向岩溶带,可控源剖面经过该区域均显示成片低阻,但该岩溶发育带尚待钻探进一步验证。

太湖南岸地区岩溶发育带的形成,也是沿断裂构造破碎进一步溶蚀破坏形成,与区内多期的构造作用和复杂的地质构造环境关系密切。学川-湖州大断裂($F_2$)、长兴-奉化大断裂($F_8$)与湖州-嘉善大断裂

($F_5$)在区内交会,成为岩溶发育的主要控制因素。

## (二)湍口盆地

1976年,浙江省水文地质工程地质大队在该区开展区域水文地质普查时发现东西相距200m的温泉两处,东泉(134-1)自流量0.27L/s,水温31℃;西泉(134-2)自流量0.095L/s,水温28℃。东泉水质氡含量27.2Bq/L、偏硅酸含量27.3mg/L,钡含量5.1mg/L,锶含量0.9mg/L,矿化度263mg/L,水化学类型为$HCO_3$-Ca型;测得气体成分为$N_2$81%,$CO_2$18%~19%,甲烷0.03%~0.04%。1978—1979年施工地热普查孔2个(临18、临19),1982—1984年开展水文地质测绘与勘查,计施工11个测温孔和8个勘探试验钻孔,其中6个钻孔及1个浅孔见低温热水,水温29~34.5℃(表4-4,图4-5)。勘探期间对温泉进行约每周1次的动态监测,134-1泉温12.5~31.5℃,平均温度27.2℃;134-2泉温13.5~31.0℃,平均温度26.6℃。1989—1992年浙江省物探队再度在该地进行物化探工作,并先后施工7个浅孔和2个勘探孔,其中CK5孔水温31℃,涌水量超过2000$m^3$/d。历次勘探均未能实现预期目标。

表4-4 湍口地热点主要热水井成井时抽水试验及测温结果

| 编号 | 孔深/m | 试验位置/m | 静水位/m | 降深/m | 流量/$m^3\cdot d^{-1}$ | 单位涌水量/$m^3\cdot d^{-1}\cdot m^{-1}$ | 水温/℃ | 矿化度/$mg\cdot L^{-1}$ | $CO_2$/$mg\cdot L^{-1}$ | $SiO_2$/$mg\cdot L^{-1}$ |
|---|---|---|---|---|---|---|---|---|---|---|
| 临19 | 201.89 | 13.61~41.67 | 1.25 | 5.9 | 628.91 | 106.6 | 29 | — | — | — |
| | | 43~107 | 1.47 | 5.97 | 919.04 | 154 | 30.5 | — | — | — |
| | | 151~184 | 1.47 | 19.61 | 363.74 | 18.6 | 29 | — | — | — |
| 临20 | 360.53 | 23~146 | 0.21 | 8.56 | 1 549.58 | 181.03 | 27.5 | — | — | — |
| | | 146~206.65 | 1.12 | 38.322 | 140.49 | 3.68 | 29 | — | — | — |
| | | 225~360.53 | 1.26 | 21.14 | 336.44 | 15.92 | 34.6 | — | — | — |
| 温1 | 400.10 | 102.21~131.15 | 1.41 | 12.66 | 751.33 | 59.35 | 30.5 | 666 | 30.1 | 18 |
| | | 113.8~211.29 | 1.41 | 17.78 | 1 019.52 | 57.34 | 30.2 | 835 | 19.4 | 20 |
| | | 280~310 | 0.91 | 32.39 | 56.16 | 1.73 | 30 | 871 | 10.8 | 2 |
| 温2 | 426.49 | 18.87~65.32 | 0.04 | 6.58 | 984.96 | 149.69 | 29.5 | 897 | 40.3 | 16 |
| | | 182.18~426.29 | 0.55 | 36.23 | 51.93 | 1.43 | 26.5 | 799 | 20.7 | 24 |
| 温5 | 200.01 | 45~199.96 | 1.42 | 13.84 | 1 308.1 | 94.52 | 29 | 778 | 42.8 | 16 |
| 温6 | 650.08 | 125~650.08 | 1.09 | 6.68 | 843.44 | 126.26 | 29.8 | 752 | 18.3 | 10 |
| | | 348~650.08 | 0.62 | 32.88 | 26.18 | 0.80 | 30 | 836 | 38.8 | 14 |
| CK5 | 124.06 | 74~95 | 0.1 | 0.13 | 2 148.3 | — | 31 | 984 | 296 | 20 |

注:表中"—"表示未测得该项数据。

此后临19孔改建为地震观测井。温6井再次评价,确定为锶、偏硅酸、碳酸型饮用矿泉水,投产后数年,因运输成本告停。温2井曾作为牛蛙养殖使用,现作为湍口供水井,用水时间已逾25年,水温随季节变化在30℃左右波动,2011年5月25日测得井口水温31℃(气温23℃),水位埋深1.2m左右,据访问雨季地下水溢出井口,水温略有降低。

2014—2015年，浙江省水文地质工程地质队再度对湍口盆地开展矿泉水资源勘查工作，发现较20世纪80—90年代的水质分析资料，湍口盆地内各井游离$CO_2$含量变化较大，主要水质指标(偏硅酸、锶、$HCO_3^-$、溶解性总固体、总硬度等)略有下降，水温、水化学类型未发生变化，详见表4-5。

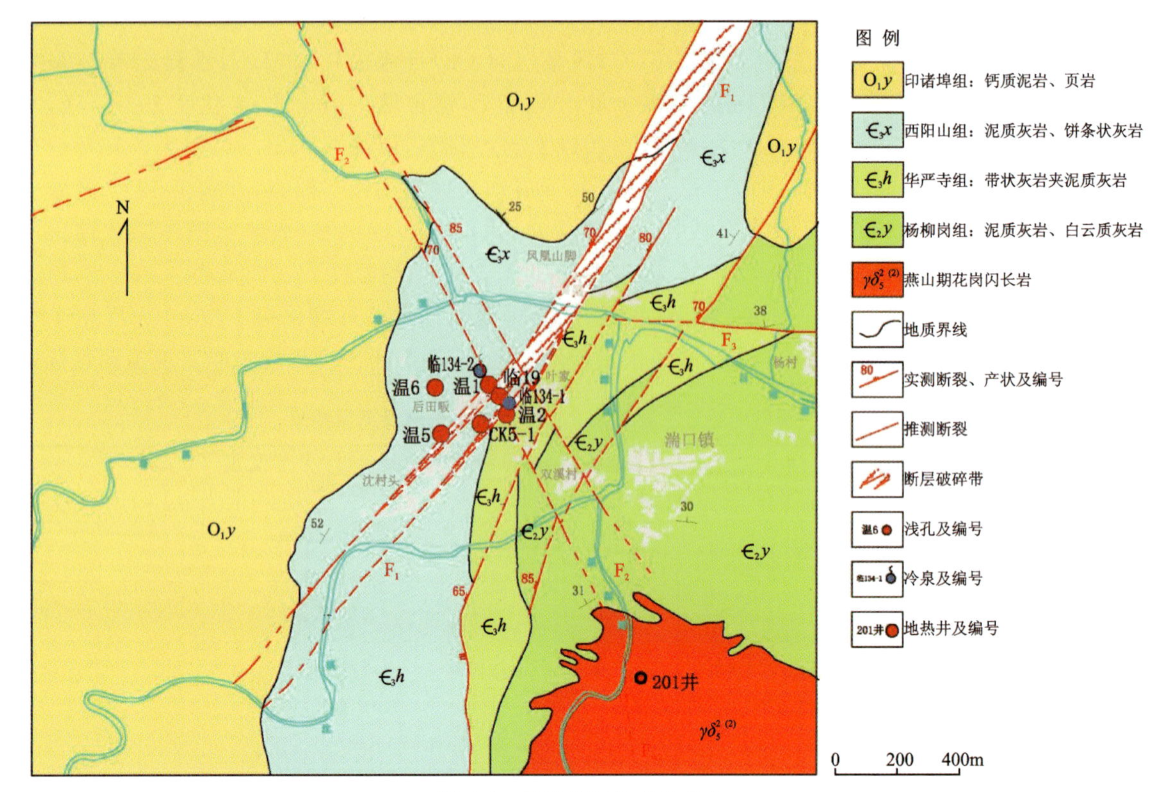


图4-5　临安湍口地热地质图

**表4-5　20世纪80—90年代与2014—2015年温6井主要水质指标对比**

| 项目 | 20世纪80—90年代 | 2014—2015年 |
|---|---|---|
| 水温 | 29.30～31.0℃ | 29.30～31.00 |
| pH | 6.70～7.50 | 6.73～7.41 |
| 溶解性总固体/mg·L$^{-1}$ | 858.7～921.78 | 836～857 |
| $HCO_3^-$/mg·L$^{-1}$ | 625.4～670.18 | 603～634 |
| 总硬度 | 523.00 | 485.00 |
| 水化学类型 | $HCO_3$-Ca型 | $HCO_3$-Ca型 |
| $SiO_2$/mg·L$^{-1}$ | 20.00 | 17.70～18.69 |
| 游离$CO_2$/mg·L$^{-1}$ | 296.30～347.11 | 94.50～183.00 |
| 锶/mg·L$^{-1}$ | 0.76～1.24 | 0.70～0.77 |

2011年，浙江省第一地质大队在湍口盆地南侧花岗岩体边缘施工地热井201井，井深600.60m，全井岩芯编录均为花岗闪长岩。岩屑编录显示390～460m段为最主要含水层，揭露$F_{w2}$南北向推测断裂。根据抽水试验及动态监测，201井"探明的"储量436m$^3$/d，"控制的"可开采量346m$^3$/d，抽水试验期间井口稳定水温26.6℃。地热水中含氡、偏硅酸和氟。偏硅酸含量22.8～34.3mg/L，达到矿水浓度标准；

氡含量 76.2～80Bq/L，达到矿水浓度标准；氟含量 4.6～13.0mg/L，达到了理疗热矿水的命名浓度标准；属含偏硅酸、氡的氟水。

湍口温泉位于面积约不足 $2km^2$ 的山间河谷平原内（图 4-5），地质构造单元为于潜向斜侧翼边缘，第四系以冲洪积为主的孔隙潜水含水层，厚度约 10m，下伏西阳山组（$\in_3x$）、华严寺组（$\in_3h$）和杨柳岗组（$\in_2y$）条带状碳酸盐岩构成覆盖型岩溶裂隙含水组。湍口一带受多组北东向或近南北向断层切割，缺失印渚埠组盖层，碳酸盐岩出露，并形成浅部岩溶带。背斜西翼及轴部特有的构造部位，岩溶裂隙发育，构成地下热水富集空间。受水压驱动，热水向东缓慢运移时，受断层及东部花岗岩体阻隔，向上与浅部岩溶水混合，构成湍口地热异常区，热储模式如图 4-6 所示。

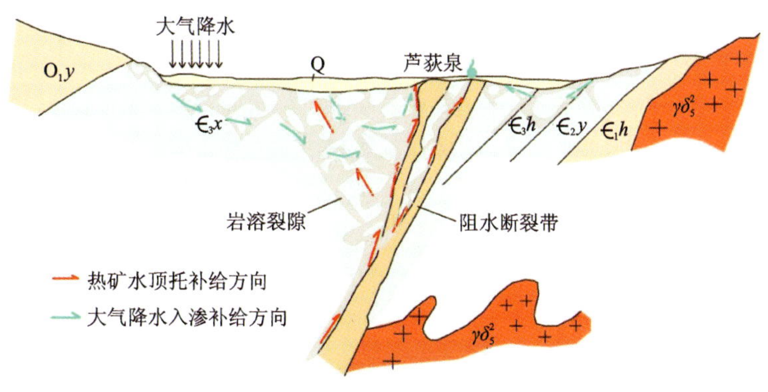


图 4-6　临安湍口热储模式图

岩溶水与孔隙潜水联系密切，深受降水及地表水补给的影响。当地岩溶水水温应在 18℃左右，矿化度一般不超过 500mg/L，显然要形成单井涌水量超过 $1000m^3/d$ 的地下水温度提升 10℃以上，必有高温热水自深部补给浅部岩溶含水层。1984 年 5 月 21 日 21 时 38 分南黄海发生地震，历来动态稳定的测 5 孔，在 5 月 16 日和 5 月 22 日两次观测水位上升 0.07m，温度升高 0.4℃，此次变化小，未引起注意。汶川地震前四五天，临 19 地震观测井连续记录到井水温度升高，最高升高 10℃，即井水温度可能达到 40℃（资料记录现存杭州市地震办公室）。这些证据充分表明在勘查区外深部存在水温至少在 60℃以上的热储。

吕清等（2016）基于混合模型估算了湍口温泉热储水温范围为 150～200℃，冷水混入比例为 93%～96%，冷水混入比例 2014 年均较 1992 年有所增大。温 6 井抽水试验资料（表 4-6）表明，2014 年、2015 年温 6 井涌水量较 1992 年、1993 年有明显增长。由此认为，主要特征组分指标下降与盆地内浅部岩溶水水量增大，深部顶托补给热矿水比例降低，稀释了深部热矿水的特征组分有关。

**表 4-6　湍口温 6 井抽水试验结果简表**

| 试验时间 | 静水位埋深/m | 降深/m | 涌水量/$m^3\cdot d^{-1}$ | 单位涌水量/$m^3\cdot d^{-1}\cdot m^{-1}$ |
|---|---|---|---|---|
| 1992 年 | 1.42 | 7.07 | 1 089.7 | 154.14 |
| 1993 年 | 1.01 | 9.24 | 1 219.2 | 131.93 |
| 2014 年 | 1.01 | 9.15 | 1423 | 155.52 |
| 2015 年 | 1.01 | 9.42 | 1416 | 150.32 |

### （三）千岛湖 ZK1 井

2014—2015 年，浙江省地球物理地球化学勘查院在千岛湖北侧的亚山一带开展地热资源勘查工作，先后施工地热井两眼（ZK1、ZK2），其中 ZK1 井成功探得地热资源。ZK1 井井口标高 153.07m，井深

1452m，0～440m揭露上寒武统华严寺组($\in_3h$)灰岩，440～1330m依次揭露中寒武统杨柳岗组($\in_2y$)碳质硅质泥岩夹泥质灰岩、下寒武统大陈岭组($\in_1d$)白云质灰岩与荷塘组($\in_1h$)碳质硅质岩，1330～1452m揭露震旦系皮园村组($Z_2p$)硅质岩和蓝田组($Z_{1-2}l$)白云岩。ZK1井完井后测得静水位埋深59m，标高94.07m。根据多次抽水试验确定，ZK1井井口水温47.6℃，“探明的”开采量为430$m^3$/d(降深137m)。地热水中氟含量5.0～7.1mg/L、钡含量9.76～37.2mg/L、总硫化氢含量2.72～5.71mg/L，达到理疗热矿水命名矿水浓度标准；锂含量2.74～3.677mg/L、偏硅酸含量33.1～37.8mg/L，达到矿水浓度标准；偏硼酸含量2.584～6.032mg/L，超过有医疗价值浓度(1.2mg/L)；个别达到矿水浓度(5.0mg/L)。

ZK1井位于断陷盆地边缘，北部为背斜构造南东翼，南部为火山断陷盆地(图4-7、图4-8)。背斜核部为杨柳岗组($\in_2y$)，背斜轴走向北东，两翼依次为华严寺组($\in_3h$)、西阳山组($\in_3x$)、下奥陶统($O_1$)；中生界与古生界呈断层接触。受北东向马金-乌镇深断裂、东西向淳安-浦江断裂影响，区内主要发育北西西向断裂($F_1$)和北东向断裂($F_5$)。$F_1$断裂贯穿勘查区，倾向南南西，倾角55°，为正断层，为中生界与古生界地层的接触界线。$F_5$断裂两侧围岩为华严寺组($\in_3h$)，推测与背斜构造同期(印支期)形成，后期(燕山晚期)又重新活动。

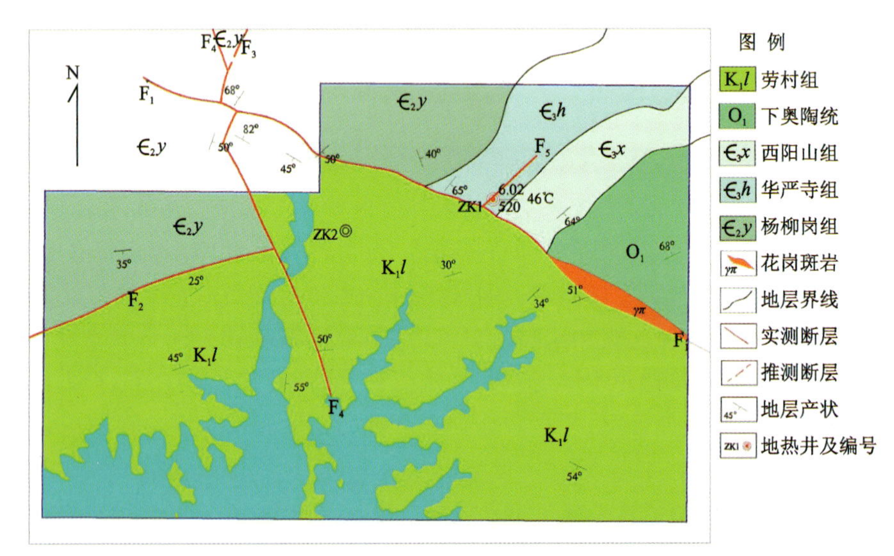


图4-7　淳安县千岛湖镇进贤湾旅游度假区亚山区块地质简图

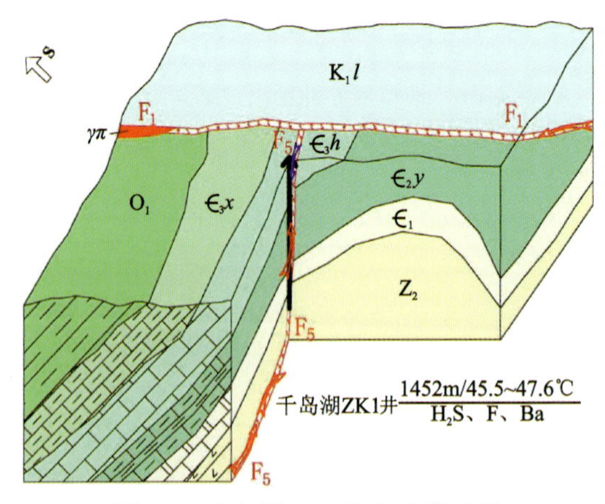


图4-8　千岛湖ZK1井热储模式图

结合测井资料及岩屑编录资料，ZK1井含水段两层，1 031.56～1 156.6m为寒武系灰岩，1 213.3～

1 429.01m 为震旦系皮园村组($Z_2p$)硅质岩,硅质岩段为主要热储层。钻井位于 $F_1$ 断裂北北东盘,在地表距离 $F_5$ 断裂 1m 左右,赋水层的形成主要与 $F_5$ 断裂形成的断裂破碎带有关。

## (四)富阳坑西 KX1 井

KX1 井位于杭州市富阳区西北部,距离城区约 18km。地质上位于浙西北扬子准地台东南缘,夹持于区域性北东向马金-乌镇断裂带和北东向球川-萧山断裂带之间,近东西向昌化-普陀断裂带横穿勘查区中南部,北西向孝丰-三门湾断裂带从勘查区北东外围通过,共同组成了勘查区的主要构造格架。褶皱构造以北东向复式向斜为主,断裂构造使印支期褶皱构造大部分两翼保存不完整,卷入这一褶皱体系地层为寒武系—志留系。KX1 井周边出露震旦系、寒武系、奥陶系、志留系及泥盆系等地层(图 4-9)。

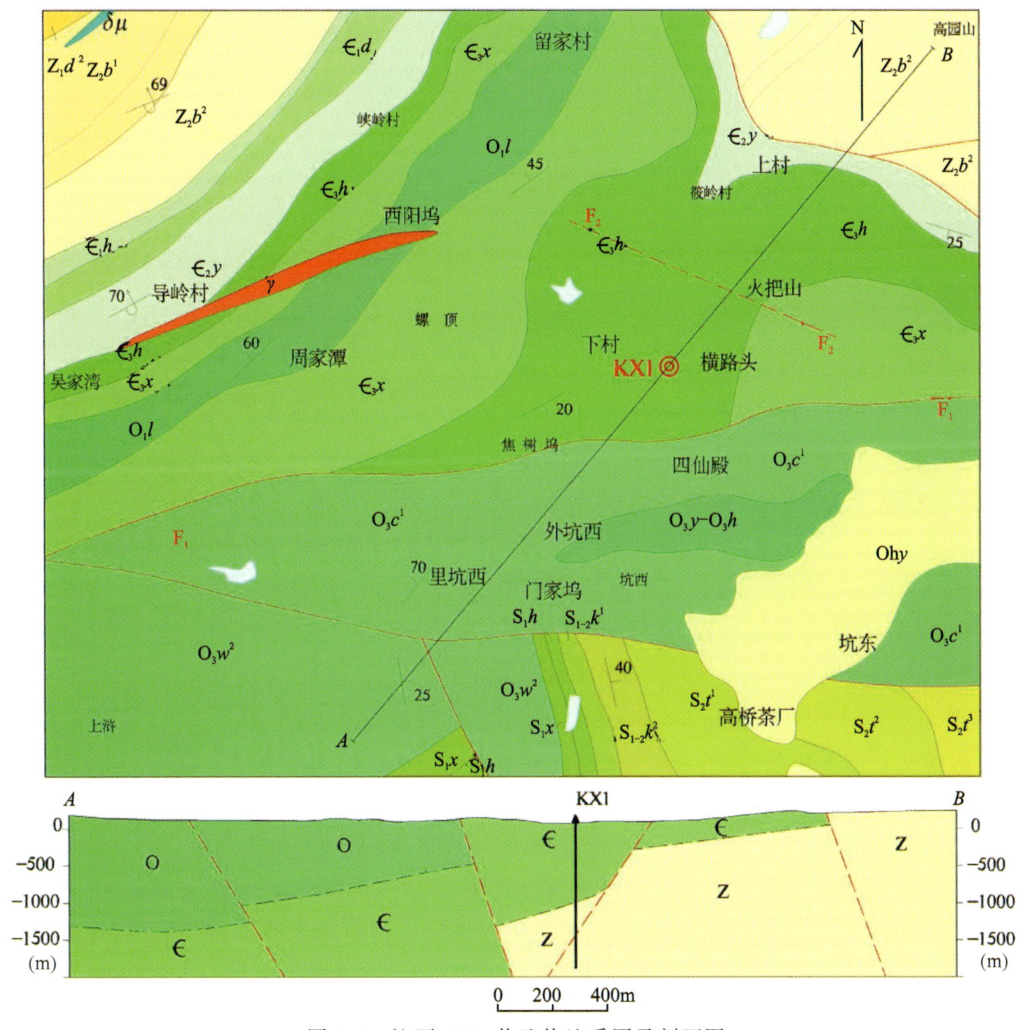


图 4-9 坑西 KX1 井地热地质图及剖面图

KX1 井周边主要发育两条断裂构造(图 4-9)。$F_1$ 断裂为近东西向断裂,总体倾向北,倾角 60°~75°,断裂破碎带宽 40~50m,断裂北侧出露寒武系华严寺组($\in_3h$)、西阳山组($\in_3x$)碳酸盐岩;南侧出露奥陶系长坞组($O_3c$)砂泥质岩。区域资料显示,$F_1$ 断裂是近东西向昌化-普陀断裂带的一部分,是本区形成早、末期活动最晚的一组断裂,断裂性质具先压后张的特征。$F_2$ 断裂为物探解译的断裂,总体走向 300°,倾向南西,倾角约 70°,推测为张性断裂,属近东西向昌化-普陀断裂带的次一级断裂。多条可控源音频大地电磁测深剖面显示 KX1 井周边存在低阻条带(图 4-10)。

KX1 井井深 2 096.0m,0~8m 为第四系(Q);8~1220m 为严寺组($\in_3h$)、杨柳岗组($\in_2y$)和大陈

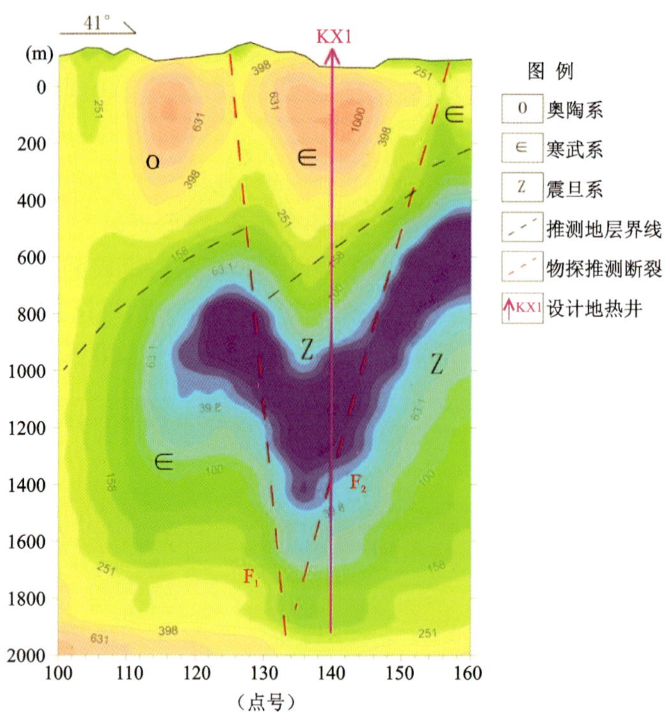


图 4-10　富阳坑西 1 井可控源音频大地电磁测深剖面

岭组($\in_1d$)，岩性为灰色、深灰色灰岩和泥质灰岩；1220～1340m 为寒武系荷塘组($\in_1h$)，岩性为灰黑色碳质泥岩、硅质岩；1340～1584m 为震旦系板桥山组二段($Z_2b^2$)，岩性为浅灰白色白云岩、白云质灰岩及石英砂岩，白云岩和白云质灰岩点酸起泡较强烈；1584～2096m 为震旦系板桥山组一段($Z_2b^1$)(未见底)，岩性为浅灰白、灰色白云质灰岩、泥质灰岩夹石英砂岩，白云质灰岩、泥质灰岩点酸起泡。

综合测井成果显示，井深 1510～1717m 段节理裂隙较发育，一类裂隙主要分布在 1510～1572m，该层位是主要赋水层，岩性为石英砂岩。区域地质资料结合物探成果表明，KX1 井地热资源主要受北西向 $F_2$ 断裂控制。

KX1 井井口水温 47℃，涌水量 578.53$m^3$/d，水化学类型为 $HCO_3$—Ca · Mg 型，氟含量 4.34～4.72mg/L，达到命名矿水浓度标准，偏硅酸含量 30.4～31.2mg/L，氡含量 53.4Bq/L，均达到矿水浓度标准。

千岛湖 ZK1 井和富阳坑西 KX1 井均位于浙西北褶皱带内、碳酸盐岩隆起区，两口井的主要赋水层位均位于震旦系内，岩性为硅质岩、硅质砂岩或石英砂岩，上覆下古生界碳酸盐岩地层，以条带状泥质灰岩为主，岩溶裂隙不发育，泥质含量较高，起到盖层的作用。这两口井地热勘查的突破，拓展了浙西地热资源勘查的思路，震旦系作为潜在热储，是浙西北今后重要的找热方向。

### (五)桐庐 DR1 井

桐庐 DR1 井位于桐庐-新登火山构造盆地东侧边缘，桐庐-新登火山构造盆地基底构造是由古生界组成的断陷带，断裂较发育。以火山构造洼地内古生代地层之上未见有早中生代沉积物，显示出断陷盆地的形成时代可能始于白垩纪早期的地壳拉伸张裂，火山喷发作用受盆地基底及盆地边缘断裂控制。

DR1 井受盆地边缘北东向断裂系统控制，井深 1500m，0～66m 为泥盆系珠藏坞组($D_3z$)，66～394m 为白垩系劳村组($K_1l$)，394～854m 为泥盆系西湖组($D_3x$)，854～1500m 为志留系唐家坞组($S_2t$)。岩屑录井结合测井曲线表明，主要储水层为劳村组、西湖组及唐家坞组的构造裂隙破碎带(图 4-11、图 4-12)。井口水温 34.2℃，涌水量 968.4$m^3$/d，降深 117.4m。

2004 年,在 DR1 井以南 160m 左右,浙江省第四地质大队施工的 ZK1 井,孔深 495m,涌水量 95m³/d,出水温度 29℃,也受北东向盆边断裂系统控制。

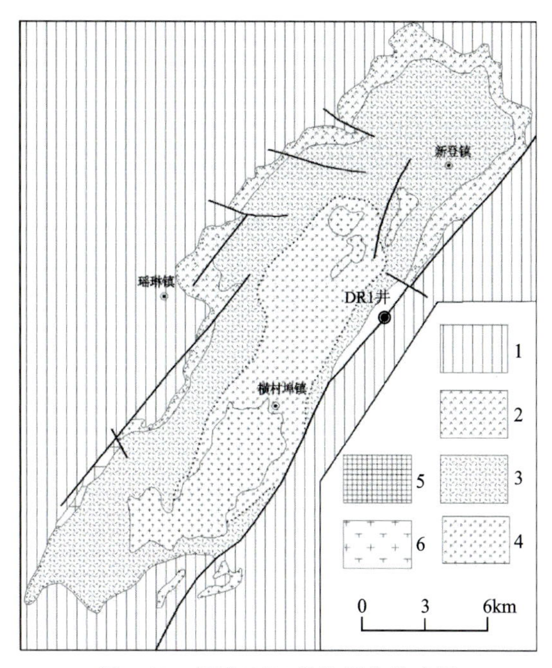


图 4-11　桐庐 DR1 井地质构造略图

1. 古生界;2. 劳村组;3. 黄尖组;4. 倾出岩穹;5. 潜火山岩;6. 火山侵入岩

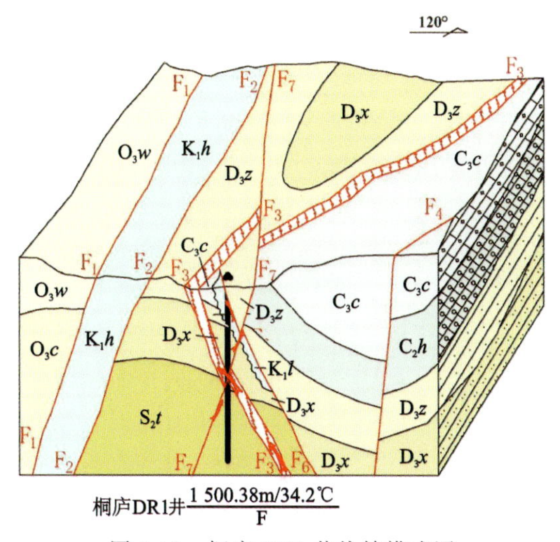


图 4-12　桐庐 DR1 井热储模式图

## (六)临安昌化 ZK1 井

ZK1 井位于临安昌化九龙村,地质构造上属北东向学川-湖州大断裂以西,东西向昌化-普陀大断裂北侧,清凉峰-白牛桥火山构造隆起区内。火山构造隆起区内发生多次强烈的燕山期中酸性—酸性岩浆侵入和火山喷发活动,形成清凉峰破火山、天池破火山和昌化火山穹隆。区内火山喷发受北东向、北西向两组断裂交会点制约,属于串珠状裂隙式喷发。火山构造区内北西向断裂发育。火山构造隆起区外围出露早古生代沉积岩地层,褶皱、断裂构造发育,沿断裂构造有岩浆侵入(图 4-13)。

亭子山断裂($F_{Ⅲ}$)发育于黄尖组火山岩内,总体走向北西 310°。根据遥感解译结果(周乐尧等,

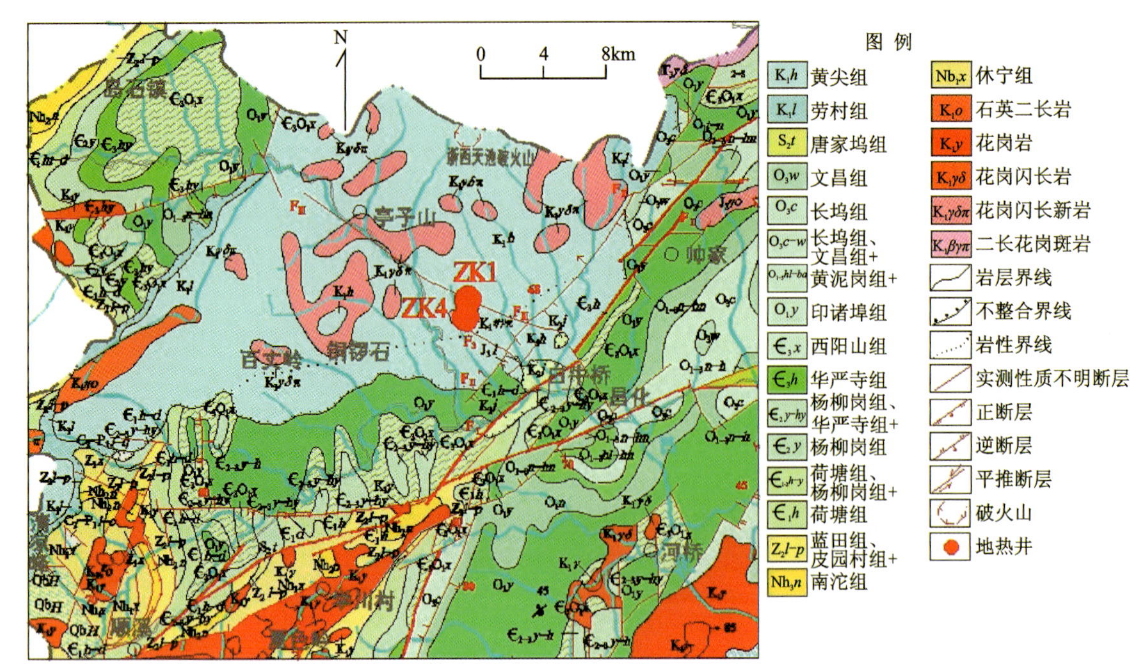


图 4-13　临安昌化 ZK1 井构造纲要图

2016)，该断裂长 15km 左右，卫星影像图上线性构造明显，野外调查见多处节理密集带，且发育与构造线平行的陡坎。南西侧可见另一条平行的北西向断裂($F_3$)，延伸长度约 4km，负地形明显，构造带内可见断层泥、擦痕、构造角砾，断裂两侧节理裂隙中可见宽 10～20cm 的石英脉，亦有见石英晶簇。该断裂在南西侧为金华组($K_2j$)与黄尖组($K_1h$)的接触界线，说明该断裂在晚白垩世仍有活动。

ZK1 井深度 1 526.34m，地面标高 701.13m。井深 660.50～673.45m、678.70～771.35m 和 847.15～880.90m 为主要裂隙发育段，岩性为下白垩统黄尖组($K_1h$)晶屑玻屑凝灰岩，受北西向断裂($F_3$)控制(图 4-14)。确定 ZK1 井控制的可开采量为 $449m^3/d$($S=40.63m$)，探明的可开采量为 $420m^3/d$($S=38m$)，水温 30.8℃。

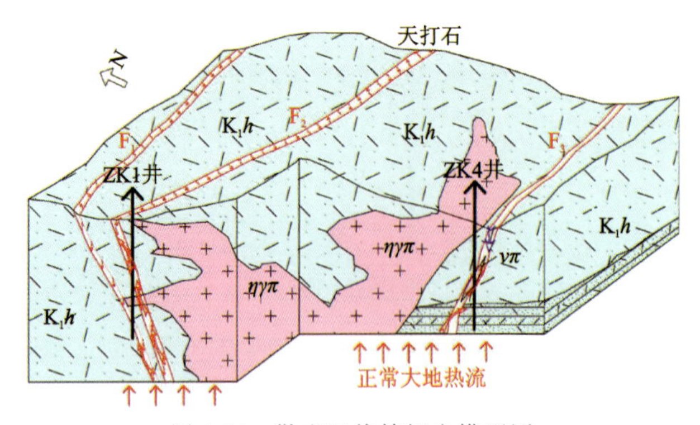


图 4-14　勘查区热储概念模型图

ZK4 井位于 ZK1 井南侧，受北西向断裂($F_3$)控制，井深 1600m，在井深 680～1050m 的见多条破碎带和一条霏细岩脉(855～930m)，显示断裂破碎带主体已被岩脉充填，仅是旁侧断裂的赋水性较差，赋水段岩性为下白垩统黄尖组($K_1h$)晶屑玻屑凝灰岩。经抽水试验，该井涌水量 $98m^3/d$，水温 33℃。

ZK4 井抽水时，ZK1 井水位不发生变化，判断两者为相对独立的地热水系统，沿各自断裂系统深循环径流。但沿断裂带，地热资源的分布变化很大，受断裂性质、充填情况影响较大。

以江山-绍兴深大断裂带为界，浙江省地质构造单元分为浙西北和浙东南，浙西北以古生代地层为主，但地质历史时期，浙西北也存在岩浆活动，形成火山构造，该处地热区即位于清凉峰-白牛桥火山构造内，该处地热资源的突破，是浙西北火山构造分布区地热勘查的典型。北部的天目山-莫干山火山构造隆起区、南部的新登-桐庐-甘坞火山构造隆起区，都可以根据该处热储模式，探索找矿思路。

## 第三节　杭州-嘉兴亚区($A_2$)

### 一、主要特征

(1)范围：马金-乌镇断裂以东，昌化-普陀断裂以北区域。

(2)地质构造特征：全区几乎为第四系覆盖，厚度由南向北从40～50m增至150～200m，最大厚度超过300m。南部杭州、余杭一带有震旦系、石炭系-二叠系碎屑岩与碳酸盐岩及白垩系火山岩出露。据区域地质、物探和钻探资料分析，本区以北东向和东西向隆坳相间的构造格局为特色(图4-15)，由北向南依次为震泽-天凝坳陷、乌镇-嘉兴隆起，桐乡-平湖坳陷、海宁-乍浦隆起及杭州三墩、乔司坳陷。坳陷区由白垩系和局部古近系组成，一般厚度超过1000m，最大厚度在4000m以上。隆起区广泛分布白垩系火山岩，并覆盖在古生代地层之上，但厚度不均，嘉兴、嘉善等地第四系之下直接揭露古生代地层。

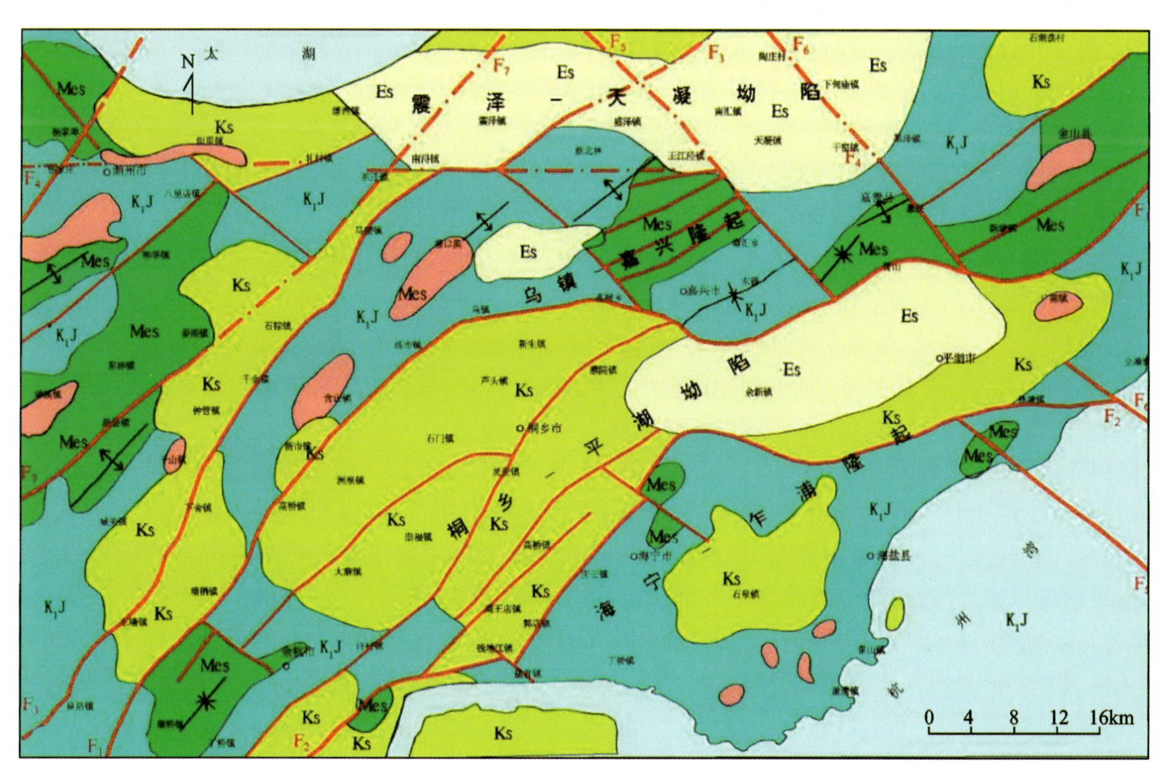

图4-15　嘉兴地区构造纲要图

区域性断裂构造以北东向、东西向和北西向断裂构造为主。北东向、东西向构造活动时间较早，具多期活动特点，常构成隆坳构造的边界，北北东、北西向断裂时代相对较晚。不同时期、不同规模和性质的断裂纵横交错，将全区切割成形态各异的断块体系。

(3)地热地质特征：经地质、物探及地热地质勘查成果，本区主要热储类型为超峰组、杨柳岗组及灯影组碳酸盐岩和石炭系—二叠系碳酸盐岩岩溶裂隙型带状兼层状热储，并圈定相应的范围。前者包括嘉善惠民、嘉兴王店与秀洲区新塍、余杭闲林埠、德清等地以及海宁-王店的基底隆起部位。石炭系—二叠系岩溶裂隙热储主要分布于桐乡-平湖坳陷内的里王庙—桐乡及嘉兴湘家荡一带。此外,在嘉善嘉热4井、湘家荡XR1井均揭露泥盆系、志留系石英砂岩裂隙型带状热储。嘉善嘉热2井以奥陶系长坞组粉细砂岩段为热储。另外,湘家荡XR1井还揭露白垩系火山碎屑岩热储。

地热资源分布主要受区域断裂控制,控制区内隆坳相间构造格局的北东向断裂、东西向断裂有可能是主要的导热构造,区域北西向断裂对整体的隆坳格局产生切错、规模较大,也可能是很好的导水导热通道。沉积凹陷中的"洼中隆"以及盆边断裂、隆坳相间部位都是热水重要的储存、运移空间,地热勘查中应重点关注这些部位多组断裂交会位置。

(4)地热流体水化学特征:地热水中阴离子以$HCO_3^-$为主,其次是$Cl^-$,个别井中$SO_4^{2-}$含量也较高,阳离子以$Na^+$为主。溶解性总固体含量738～6328mg/L,pH为6.46～8.66,呈弱酸性—碱性,碳酸盐岩热储中呈弱酸性的地热水通常含较高含量的游离$CO_2$。氟、偏硅酸含量能达到理疗矿水或命名矿水浓度标准,个别地热井氡、钡、锂含量异常,能达到理疗矿水浓度标准。

## 二、典型地热点(区)

### (一)运热1井

运热1井为浙江省地质调查院于2010—2012年在嘉兴市秀洲区新塍镇运河农场一带进行地热资源勘查时施工的地热井。运热1井井深2 003.78m,0～234m为第四系(Q)粉砂、砂砾石,234～1400m为白垩系(K)砂岩、泥质砂岩、玄武岩和角砾凝灰岩,1400～2 003.78m为石炭系(C)白云质、硅质白云岩、灰岩。根据测井曲线判断含水层主要有4段,第一段1290～1340m,厚50m,主要为白垩系砂岩、粉砂岩;第二段1387～1393m,厚6m,为白垩系中的玄武岩夹层;第三段1400～1550m,厚150m,主要石炭系白云岩、灰岩,岩石破碎,断裂构造发育,灰岩上部有溶洞迹象,为主要含水层;第四段1640～1910m,厚270m,为较密集的破碎带,主要岩性为白云岩、灰岩,为主要含水层。

根据抽水试验成果,运热1井探明的可采资源量2000$m^3$/d,水位降深35m,井口稳定出水温度为64℃。热水中$F^-$含量4.7～8.49mg/L,达到命名矿水浓度,硅、硼、硫化氢含量达到有医疗价值浓度,地下热水可命名为含锂、硅、硼、硫化氢的氟热矿水。

运热1井构造上属桐乡凹陷,为白垩纪断陷盆地,面积约760$km^2$。前人根据综合物探成果,将桐乡凹陷分为2个向斜带和1个背斜带(图4-16、图4-17)。北部向斜带,对应洲泉次凹,南被$F_5$断裂所切,走向北东—北北东向,向斜带西侧为$F_1$断裂。向斜带中白垩系最大厚度超过3000m,主要为晚白垩世红层、早白垩世碎屑岩和火山岩,杭探1井钻至2961m,未打穿白垩系。中部背斜带,对应李王庙次隆,南宽北窄,呈楔形镶嵌于2个向斜带之间。西侧为$F_3$断裂,东侧为$F_4$断裂,走向北东,背斜带白垩系厚度1200～1600m,且由北东向南西减薄。运热1井在1400m打穿白垩系,揭露石炭系黄龙组灰岩。南部向斜带,对应濮院次凹,走向北东,向斜带东侧为$F_2$断裂。东与平湖凹陷相连,东南与海宁隆起相接。杭38井钻至1001m仍未打穿白垩系。

运热1井位于中部背斜带(李王庙次隆),1400m即揭露碳酸盐岩地层,沿断裂带岩溶发育,构成良好的碳酸盐岩热储。上覆白垩系砂质泥岩、粉砂岩隔水隔热,构成良好的盖层。运热1井是浙江省目前仅有的水温超过60℃的3口地热井之一。

勘查区内尚施工运热2井,井深2 200.36m,1465m揭露石炭系白云岩、灰岩,至终孔未揭穿。运热2井水温52℃,涌水量302.17$m^3$/d,较运热1井差距较大,与揭露的断裂发育情况关系密切。地质构造上,运热1井更靠近李王庙次隆北侧断裂($F_3$),在重力异常等值线图上,运热1井位于重力高值异常区边缘,而运热2井位于内部,这也说明碳酸盐岩岩溶主要沿断裂构造发育。

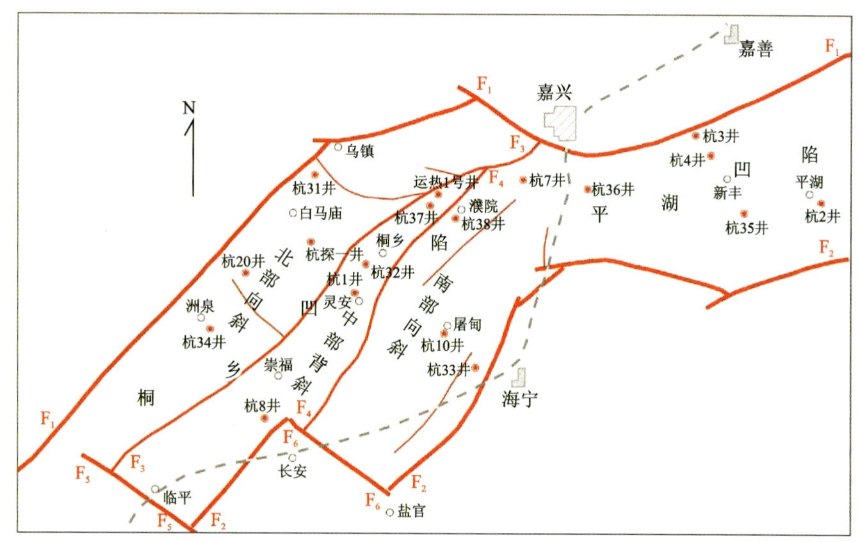


图 4-16 桐乡-平湖坳陷构造纲要图(据浙江省地质调查院,2013 年)

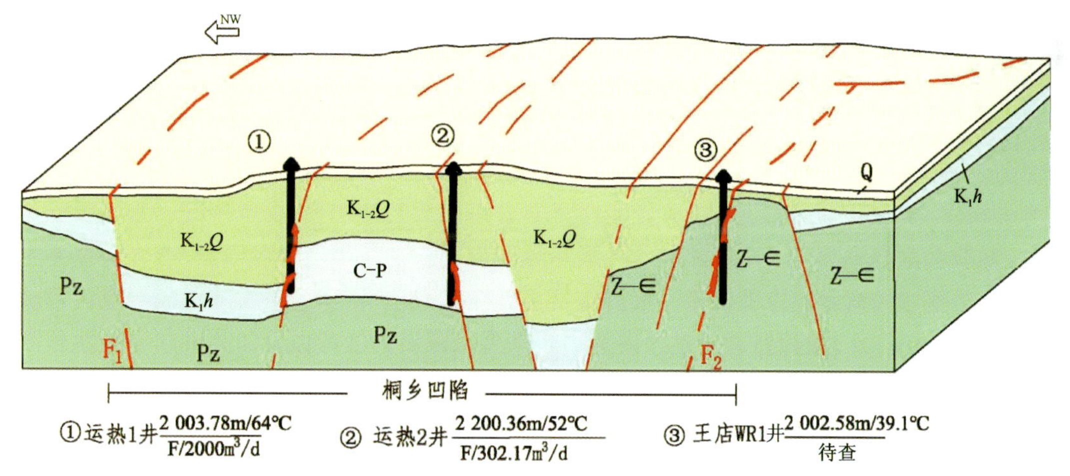


图 4-17 运热 1 井及王店 WR1 井地热地质模式图(据浙江省地质调查院,2013)

### (二)王店 WR1 井

桐乡凹陷东侧与海宁-乍浦隆起的次级构造王店凸起相邻处为王店-建设断阶,两者以断层($F_2$)相接触(图 4-16、图 4-17)。经重力测量、电磁测深和地震勘探判断为一隐伏的北东-南西向延伸的潜山,白垩纪红层之下为寒武系超峰组碳酸盐岩,地层倾向北西。顶板埋藏深度由近王店凸起 250m 左右,向西递增至 1400m,乃至更深,并可能出现寒武系之上的奥陶系碎屑岩类或白垩系火山岩。

2013 年,浙江省地质调查院在王店凸起开展地热勘查工作,施工 WR1 井,井深 2 002.58m,0~432m 为白垩纪红层,432m 至终孔为寒武系碳酸盐岩。测井资料显示 664~774m、1040~1050m、1095~1115m、1280~1320m、1420~1430m、1866~1926m 等井段地层破碎、裂隙发育,主要受 $F_2$ 断裂控制,是地下水贮存的良好空间。

经动态监测,WR1 井地热流体水化学类型为 $HCO_3 \cdot Cl-Na$ 型,pH 7.24~7.58,总硬度(以 $CaCO_3$ 计)203~213mg/L,溶解性总固体含量 570.7~753mg/L,地热井井口温度 39.1~39.6℃,属低温地热资源,“探明的”可开采量为 310m³/d,“探明的”+“控制的”可开采量为 371m³/d。根据国土资源部杭州矿产资源监督检测中心和南京矿产资源监督检测中心检测结果,WR1 井地下热水中氟含量(0.84~1.24mg/L)接近有医疗价值浓度,偏硅酸含量(22.97~26.8mg/L)达到或接近矿水浓度。

### （三）嘉善大云-惠民桥

勘查区位于乌镇-嘉兴隆起带北东端的胥山凸起，南面为桐乡-平湖坳陷的次一级构造单元——平湖凹陷，北部为震泽-天凝坳陷（图 4-18）。附近除胥山有古生代地层零星出露外，其余均为第四系覆盖区。该区施工 3 口地热井，根据区域地质资料分析，设计目标是揭穿第四系和奥陶系砂泥岩盖层后，能钻遇寒武系超峰组碳酸盐岩热储，但最终 3 口井揭露热储各不相同。

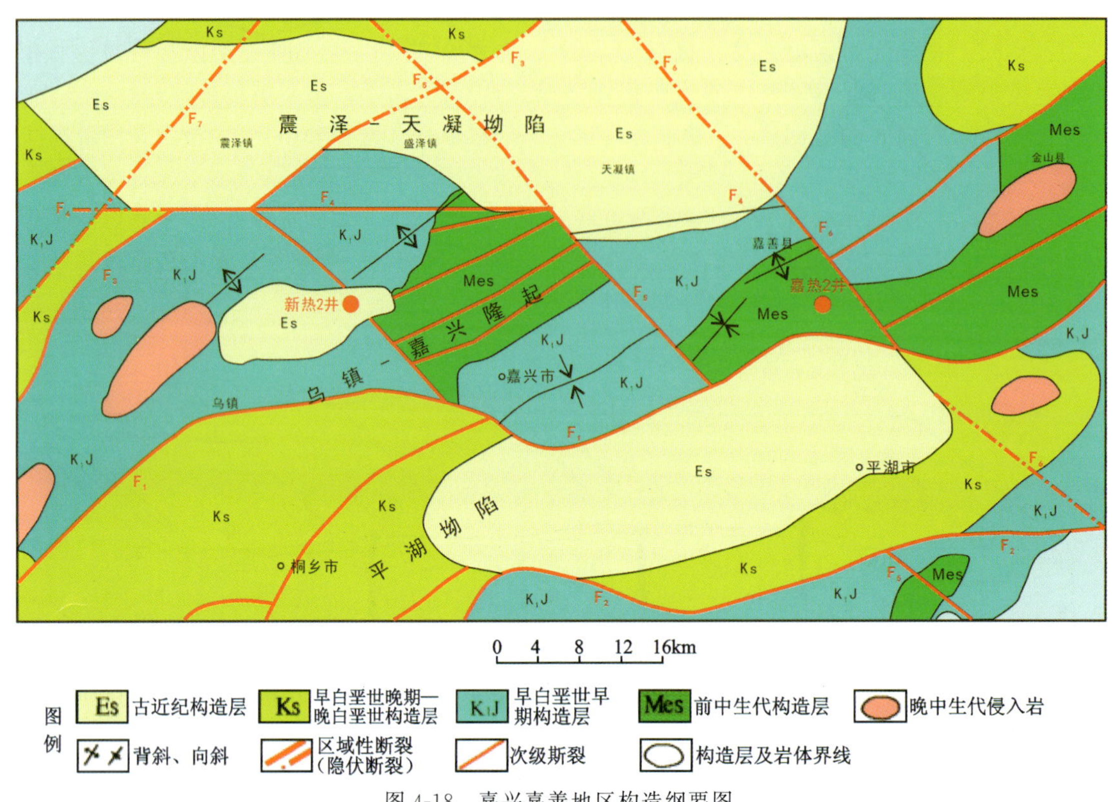

图 4-18　嘉兴嘉善地区构造纲要图

#### 1. 嘉热 2 井

嘉热 2 井位于勘查区南侧，井深 2 161.81m。据可控源音频大地电磁测深成果显示，地热资源受北东向断裂控制，第四系（0～293m）之下主要钻遇地层为奥陶系长坞组（$O_3c$）的一套泥质砂岩、砂质泥岩、钙泥质粉砂岩、砂岩。根据测井录井资料判断，主要含水层有 4 层：1210～1220m、1440～1450m、1525～1550m、1710～1745m，井温 55℃，含水段岩性以砂岩、岩屑砂岩为主。经长期动态监测，嘉热 2 井“探明的”可采资源量为 360$m^3$/d，降深 231.9m，井口出水温度 45～45.6℃，偏硅酸含量 50.4～54.5mg/L，达到命名矿水浓度，锂含量 1.02～1.24mg/L，达到矿水浓度，可命名为含锂的硅水（图 4-19、图 4-20）。

嘉热 2 井揭露长坞组砂岩段构造裂隙带状热储渗透性弱，单井涌水量小，但扩大了地热勘探的视野。之后在嘉兴新塍地区施工的新热 2 井的地热资源勘查中，0～280m 为第四系，280～690m 为白垩系，690～1050m 为奥陶系。测井资料显示，720～760m 和 1050m 以下多段赋水，但 720～760m 的奥陶系砂岩为主要热储层，也证实了嘉兴地区的奥陶系砂岩层具备赋水潜力。目前奥陶系砂岩赋水仅分布在嘉兴地区，奥陶系在浙西褶皱区广泛分布，但从目前浙西地区已有地热井勘查成果来看，浙西奥陶系砂岩段并不适宜作为热储层考虑。

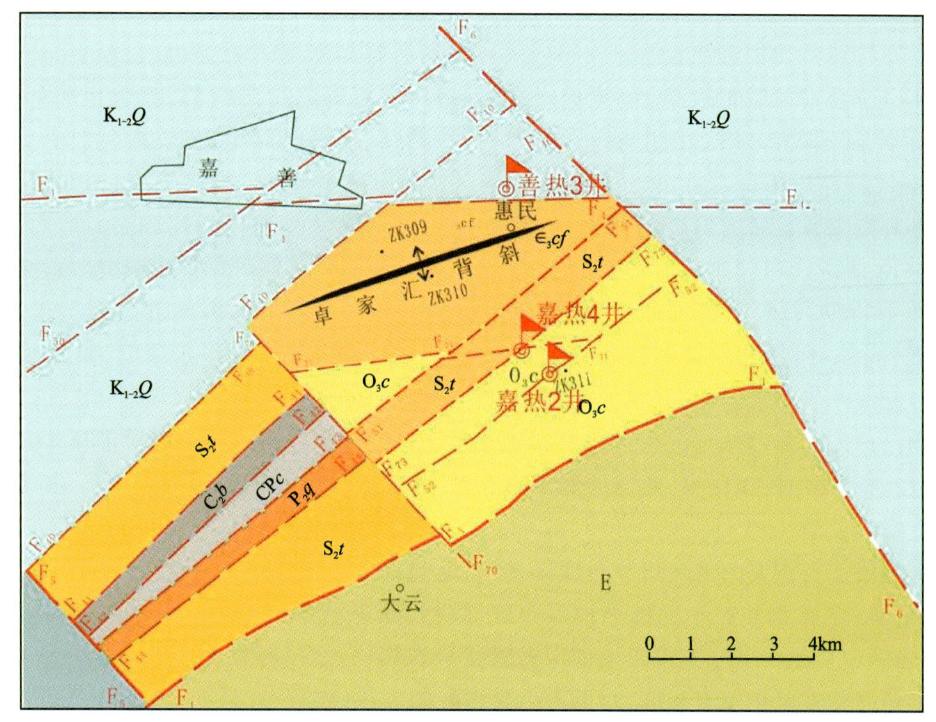


图 4-19　嘉善县惠民地区基岩地质构造纲要图(据浙江省地质调查院,2016 年)

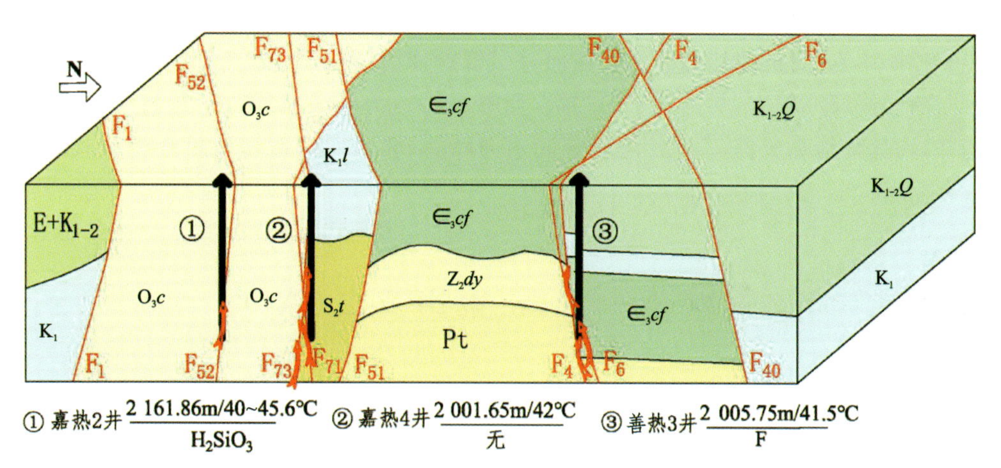


图 4-20　嘉热 2 井、4 井地热模式图

**2. 嘉热 4 井**

嘉热 4 井位于嘉热 2 井北侧,北东向隐伏断裂是该井主要控热和储水断裂。据物探资料推测,该隐伏断裂倾向南东,倾角为 60°～80°。断裂长约 7000m,宽 200m 左右,深度超过 3000m。嘉热 4 井井深 2 001.65m,0～275m 为第四系黄灰色砂土、黏土,276～880m 为下白垩统劳村组紫红色泥岩、含砾钙质长石、石英砂岩,881.00～2 001.65m 为志留系唐家坞组($S_2t$)泥岩、泥质砂岩、石英砂岩。综合物探和测井资料分析显示,嘉热 4 井在井深 880～1020m、1070～1280m、1340～1415m、1470～1790m、1850～2000m 共 5 个井段,岩石有含水破碎带,为主要出水层段,揭露热储为唐家坞组石英砂岩。嘉热 4 井"探明的"可采资源量为 320$m^3$/d,降深 300m,井口水温 42℃,偏硅酸含量 21.8～23.9mg/L,接近医疗热矿水的标准(图 4-19、图 4-20)。

**3. 善热 3 井**

善热 3 井位于勘查区最北侧，乌镇-嘉兴隆起与震泽-天凝坳陷过渡地带，除受北东向断裂影响外，尚受近东西向断裂影响。善热 3 井井深 2 005.75m，0～285m 为第四系(Q)，285～861m 为上白垩统衢江群($K_2Q$)细砂岩、泥质砂岩，861.00～1045m 为下白垩统下段细砂岩、粉砂岩，1045～2 005.75m 为寒武系灰岩、砂岩，及志留系唐家坞组($S_2t$)泥岩、泥质砂岩、石英砂岩。综合物探和测井资料分析，储层包括1 081.5～1 113.3m、1 136.9～1 184.2m、1 307.4～1 346.8m、1 450.1～1 468.5m 和 1 923.7～1 934.4m共 4 个井段，岩性以粉细砂岩、灰质细砂岩、粉砂岩为主。善热 3 井"探明的"可采资源量 $340m^3/d$，降深 300m，井口水温 41.5℃，氟含量 2.74～5.7mg/L，达到命名矿水浓度，偏硅酸含量 21.8～23.9mg/L，接近医疗热矿水的标准(图 4-19、图 4-20)。

善热 3 井已进入北部白垩纪沉积盆地内，根据《浙江省嘉善县惠民街道优家村善热 3 井地热资源勘查评价报告》(2016)中的测试结果，热储层属于寒武系，岩性以砂岩、粉砂岩为主，属于白垩纪沉积盆地其他岩类构造裂隙亚型。

嘉兴地区是浙江省重要的地热田分布地区之一，地热勘查工作程度相对较高，第四系之下呈"两坳两隆"的构造格架，主要为北东向、近东西向展布。早期的勘查思路是希望在隆起区寻找下古生界碳酸盐岩热储，坳陷区白垩纪红层之下揭露上古生界碳酸盐岩热储。目前，坳陷区内(桐乡-平湖坳陷)上古生界碳酸盐岩热储勘查取得巨大突破，而下古生界碳酸盐岩热储的勘查难度很大，寒武系碳酸盐岩或者埋深很大，2000 余米尚未揭露(嘉热 2 井、嘉热 4 井)；或者赋水性较差(新热 2 井)，但意外探得了古生界碎屑岩类热储，特别是长坞组砂岩层构成热储是嘉兴地热地质的特色。但无论热储岩性如何，断裂构造仍是最主要的控矿因素，目前地热井以受北东向、近东西向断裂控制为主，与嘉兴主要的构造格局一致，但区内北西向断裂规模亦较大，切割北东向构造，使褶皱构造为断块状残存。嘉善大云-惠民勘查区施工 3 口地热井，均探得地热资源，3 口井均毗邻北西向断裂，北西向构造与地热资源的关系值得进一步探讨。

## 第四节　常山-萧山亚区($A_3$)

### 一、主要特征

(1)范围：位于昌化-普陀断裂以南的球川-萧山断裂和常山-漓渚断裂之间。

(2)地质构造特征：大面积分布早白垩世早期火山岩，呈北东向展布。其下为复式背斜，轴部断续出露青白口系平水组和双溪坞群，其上为南华纪、震旦纪和古生代地层。区内发育众多的火山穹隆、火山构造洼地和破火山，如华家塘-马剑、蟠山-朱家和白菊花尖-九华山火山穹隆，孙家山、檀头、寿昌火山构造洼地，湄池、夏履桥破火山。火山穹隆中间发育潜火山岩和侵入岩，以形成典型的火山-侵入杂岩为特征。早白垩世晚期在破火口内及山间低洼地带接受间歇期喷发-沉积(寿昌组)。

区内区域断裂和火山构造发育。区域断裂以北东向、北北东向断裂为主，北西向断裂亦有发育。北东向断裂控制了火山岩及火山喷发作用，北北东向断裂形成时间较晚，切割、破坏了火山构造。

(3)地热地质特征：热储主要为火山岩类、花岗岩类，主要分布在寿昌-马剑火山构造隆起内，以及破火口内及山间低洼地带沉积的寿昌组粉砂岩、粉砂质泥岩裂隙型带状热储中，寿昌盆地西侧基底推断存在石炭系—二叠系碳酸盐岩岩溶裂隙型带状兼层状热储。

区域断裂和火山断裂共同控矿，区内燕山期火山活动强烈，形成的环状、放射状断裂，以张性为主，多次活动，是重要的控矿构造。区域断裂与火山断裂的复合部位，易形成高渗透性的储水层，地热地质条件较好。

(4)地热流体水化学特征：目前仅寿昌盆地内有地热井，地热水中阴离子以 $HCO_3^-$ 为主，个别井中 $SO_4^{2-}$ 含量也较高，阳离子以 $Na^+$ 为主。溶解性总固体含量 647～1026mg/L，pH 为 8.8～9.17，呈碱性。氟含量均能达到命名矿水浓度标准，偏硅酸含量能达到理疗矿水标准，个别地热井硫化氢含量能达到命名矿水浓度标准。

## 二、典型地热点(区)

### 寿昌盆地

寿昌盆地发育于球川-萧山断裂带上，为一剥蚀残留盆地。原始沉积盆地向东延伸较长，后被南北向的金姑山断层所切，东侧抬升，遭到剥蚀破坏。通常以寿昌组的底界圈定其边界，则盆地呈北东走向，近长方形，长 12km，宽 8km，面积约 100km$^2$。在水平压力作用下盆地形成一个北西翼陡、南东翼缓的不对称复式向斜。盆地内的地层除第四系松散沉积之外，自上而下为横山组、寿昌组、黄尖组和劳村组。其中黄尖组为火山岩，其余地层以碎屑沉积岩为主夹火山岩，皆为整合接触，而劳村组底部则以明显的角度不整合，覆于古生界及更老的地层之上。寿昌组及以上地层总厚 800 余米。

寿昌盆地的地热资源最早发现于 1986 年浙江石油地质大队所钻的寿 1 井(图 4-21)。该井井深 852.67m。在钻至 560m 井深时开始涌水，完钻后经测井，显示主要含水层有 2 层：上层，457.4～472.8m，厚 14.4m，岩性为晶屑玻屑凝灰岩；下层，688.8～706m，厚 17.2m，岩性为灰黑色粉砂质泥岩，皆为寿昌组地层中的裂隙水。该井当时未进行抽水试验，仅在井口测定其自流量为 32m$^3$/d，水头高出地面大于 8.63m。水很清，井口有浓烈的硫化氢臭味，经测定硫化氢含量为 3.07mg/L。

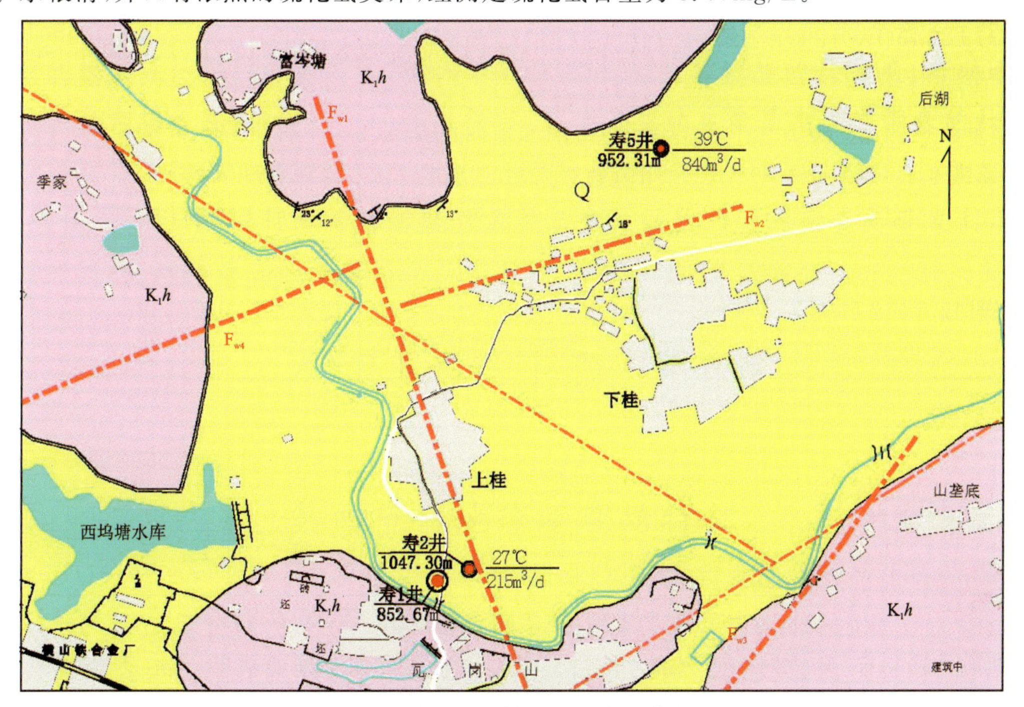


图 4-21　寿昌盆地勘查区地热地质略图

中化地质矿山总局浙江地质勘查院2009年以来在寿1井附近施工寿2井、寿5井，发现地热资源(图4-21、图4-22)。寿2井井深1 407.3m，其中453.25～460.5m为主要出水段，岩性为灰白色凝灰岩。根据《浙江省建德市寿昌县桂花村寿2井地热资源勘查与评价报告》，热储属于下白垩统劳村组($K_1l$)沉积岩中的火山岩夹层。区域内，寿1井、寿5井揭露下白垩统寿昌组($K_1s$)最大埋深均超过800m，寿2井距寿1井较近，两井之间无区域性大构造，不排除寿2井揭露热储层位为寿昌组($K_1s$)中火山岩夹层的可能性。井口水温27.8℃，涌水量239m$^3$/d，氟含量6.69mg/L、硫化氢含量3.54mg/L。

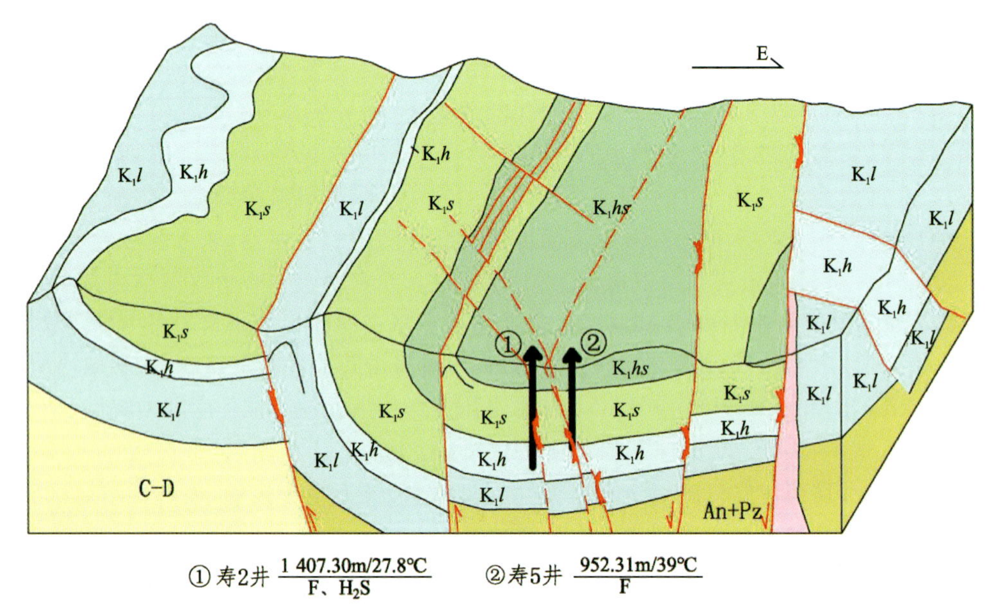


图4-22　寿昌盆地勘查区地热模式图

寿5井井深952.31m，0～5.8m为第四系(Q)，5.8～161m为下白垩统横山组($K_1hs$)泥质粉砂岩、粉砂质泥岩，161～832m为下白垩统寿昌组($K_1s$)泥岩、钙质泥岩夹泥质粉砂岩，832～951.31m为下白垩统黄尖组($K_1h$)凝灰岩。综合测井资料显示，833～854m、871～897m、904～950m为主要含水层，属于白垩纪沉积盆地火山岩类构造裂隙型热储。井口水温39℃，涌水量840m$^3$/d，氟含量9.8mg/L、硫化氢含量0.12mg/L。

此外，从外缘出露的地层和构造来推断，寿昌盆地西侧基底为由上古生界组成的向斜，受断裂影响，可能存在碳酸盐岩热储，重点可关注金姑山断层附近。其埋深不大，根据地表露头，寿昌组之下的黄尖组厚度变化较大，盆地东南侧厚近千米，北西侧厚度锐减，仅175m。再加上劳村组的厚度，预计1500m以内的井深可钻达石炭系—二叠系碳酸盐岩。

# 第五节　衢州-绍兴亚区($A_4$)

## 一、主要特征

(1)范围：位于昌化-普陀断裂以南的常山-漓渚断裂和江山-绍兴深大断裂带之间。

(2)地质构造特征：复式向斜的大部分被白垩纪火山岩和沉积盆地所覆盖，仅在西南和东北两端出露和保存古生代、元古宙地层。浦江、诸暨、墩头以及金衢盆地龙游—兰溪段白垩纪沉积盆地多以北东走向斜列其间。

(3)地热地质特征:热储主要为石炭系—二叠系碳酸盐岩岩溶裂隙型带状兼层状热储及火山岩类构造裂隙型带状热储。前者主要分布在金衢盆地内,属于衢州-兰溪复向斜核部,后者分布在墩头、浦江、诸暨盆地一线。白垩纪盆地盖层中的砂砾岩及玄武岩夹层以及中侏罗统同山群所夹的砂岩层也可能构成热储层。

盆地构造是区内主要的控矿构造,白垩纪沉积盆地盆边断裂及盆内断裂以及区域北东向断裂及近东西向、北西向断裂联合控制了地热水的储存和分布。

(4)地热流体水化学特征:目前仅金衢盆地内有地热井,地热水中水化学类型为 $HCO_3 \cdot SO_4-Na$ 型,pH 为 6.97,呈弱酸性,游离 $CO_2$ 含量较高。氟、锂含量较高,达到理疗热矿水命名矿水浓度标准。

## 二、典型地热点(区)

### 龙游 LR1 井

龙游 LR1 井位于金衢盆地钱家凸起内,揭露同山群砂岩热储(图 4-23、图 4-24)。主要揭露地层为:0～772m,白垩系中戴组($K_2z$)紫红色粉砂岩、泥质粉砂岩、细砂岩,底部见砂砾岩;772～840.26m,侏罗系同山群($J_1T$)浅灰绿色泥质粉砂岩、灰白色长石石英砂岩,其中 760～804m 多段地层密度相对低、自然伽马相对低、声波时差异常,推测地层破碎;804m 以下为漏失段,地层破碎严重。龙游 LR1 井主要揭露侏罗系同山群构造裂隙型带状热储。根据抽水试验,LR1 井水温 41℃,涌水量 968.42m$^3$/d(降深 106.12m),水化学类型为 $HCO_3 \cdot SO_4-Na$ 型,pH6.97～7.98,溶解性总固体含量 6764～8746mg/L,氟含量 2.28～2.90mg/L、锂含量 5.30～5.80mg/L,均达到理疗热矿水命名矿水浓度标准。

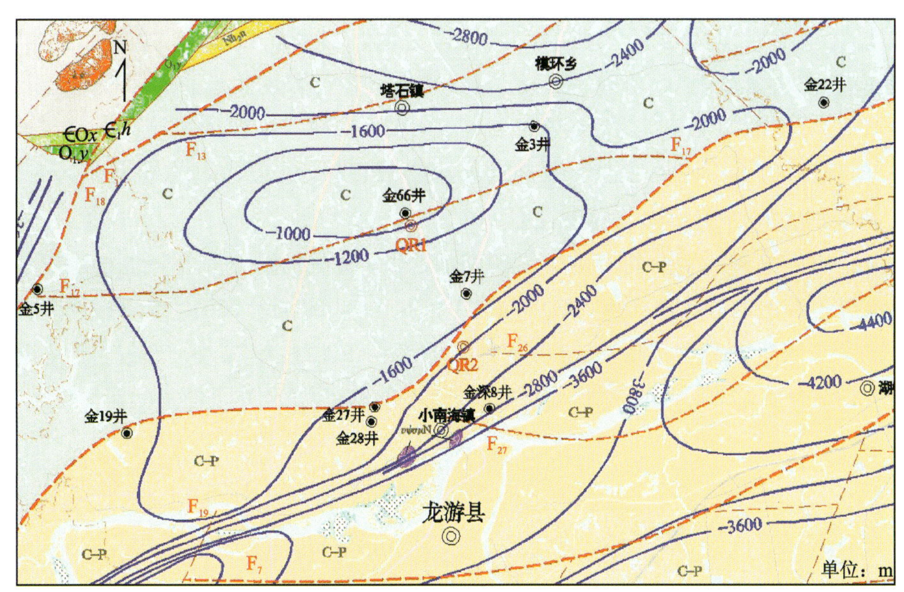


图 4-23　钱家凸起区白垩系底板埋深等值线图

龙游 LR1 井的目标热储为上古生界碳酸盐岩,设计预估在 900m 左右揭露石炭系碳酸盐岩,但施工至 804.05m 泥浆漏失严重,827.60m 有热水涌出,828～840m 多处严重卡钻,最终提前终孔,目前地热资源和深部碳酸盐岩的关系需要进一步研究。

距 LR1 井约 200m 的 QR1 井(图 4-23、图 4-24),井深 2 401.98m,0～2m 为第四系(Q),2～1006m 为白垩系金华组($K_2j$)粉砂质泥岩、泥质粉砂岩,1006～1860m 为侏罗系渔山尖组($J_2y$)石英砂岩、砂砾岩,1860～2068m 为侏罗系马涧组($J_2m$)粉砂岩、粉砂质泥岩,2068～2 401.98m 为石炭系船山组(CPc)碳酸盐岩。QR1 井实际钻遇石炭系地层埋深超过 2000m,较设计多出 1000m,且断裂构造不发育,孔内

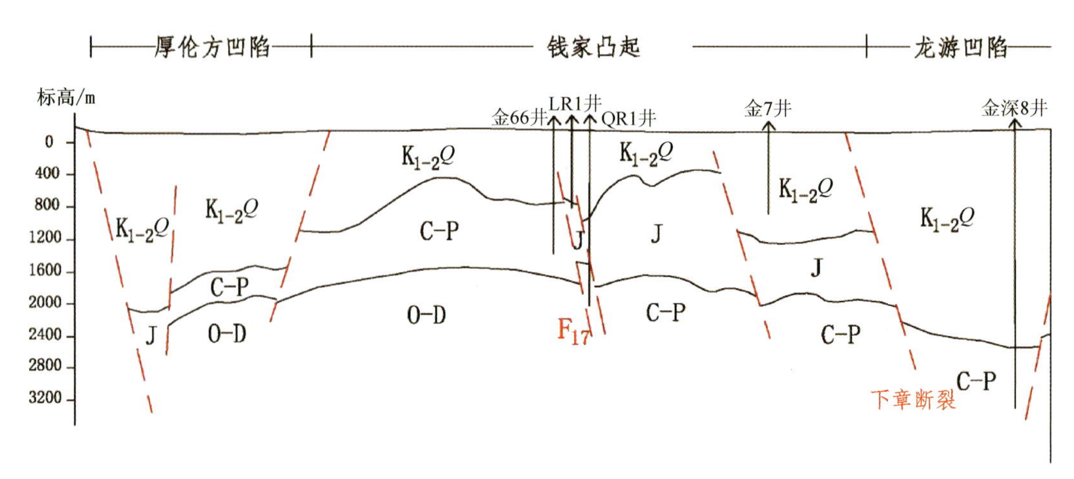


图 4-24　龙游-钱家地质剖面图(据林清龙等,2017)

揭露的碳酸盐岩岩溶不发育。

距 QR1 井约 400m 的金 66 井(图 4-23、图 4-24),井深 1500m,858m 揭穿白垩系后直接钻遇石炭系碳酸盐岩,未见侏罗系。金 66 井钻孔资料显示,所取灰岩岩芯裂隙、裂缝及溶洞发育,裂缝多被方解石充填,溶洞最大 5cm×12cm,一般为 2cm×6cm。

3 口井的地热勘查成果证实了该区地质构造非常复杂。金衢盆地位于浙江省中部,呈北东东走向,长约 190km,宽 10～35km,面积约 3500km$^2$,是发育在江山-绍兴深大断裂带上的晚白垩世断陷型沉积盆地。江山-绍兴深大断裂带走向偏北东向,将盆地斜切分割为西北和东南两个部分,西北侧盆地基底存在古生代地层,特别是近千平方千米的上古生界碳酸盐岩分布,东南侧则在晚白垩世红层之下为磨石山群火山碎屑岩,无古生代地层分布。区域资料显示,盆地边界呈北断南超的箕状,盆地中部下章断裂的活动,使南北向的横切面呈现"两个箕状夹一凸起(钱家凸起带)"的构造格局,下章断裂南侧为深凹陷带,上白垩统碎屑岩厚度超过 4000m,靠盆地北缘断裂的凹陷较浅,上白垩统厚度 2000～3000m,钱家凸起一带上白垩统厚度一般为 1000～2500m。通过地热勘查工作,认为真正的钱家凸起南侧界线应由下章断裂北移至 $F_{17}$ 断裂,$F_{17}$ 断裂以南为侏罗纪盆地。

盆地基底内能构成热储的主要为上古生界碳酸盐岩、中侏罗统同山群煤系地层中所夹的砂岩层,以及衢县组和兰溪组上部的砂岩。从 LR1 井、金 66 井和 QR1 井的情况来看,无论哪种热储岩性,断裂构造形成的断裂破碎都是热水赋存的重要控制条件。另外,LR1 井、QR1 井施工过程中,均出现多次塌孔、卡钻等事故,在该区开展地热勘查工作,如何降低堵漏剂对含水层的影响,也是钻探施工非常值得注意的问题。

# 第六节　龙泉-宁波亚区($B_1$)

## 一、主要特征

(1)范围:西侧以江山-绍兴深大断裂带为界,仙居以北(含仙居盆地)以温镇断裂带为东侧界线,仙居以南以丽水-余姚断裂为东侧界线。

(2)地质构造特征:大面积巨厚的白垩纪火山岩覆盖于元古宇八都岩群和陈蔡群基底变质岩之上。

岩浆活动和构造运动强烈，燕山期以花岗岩类为主的侵入岩和以萤石矿为代表的低温热液矿床，以及白垩纪沉积盆地的形成，是本区与地热有关的地质构造特色。不同形式的众多白垩纪沉积盆地内有厚1000～3000m不等的砂泥质碎屑岩（红层）夹中酸性火山岩及玄武岩夹层。形成于古近纪的慈溪长河凹陷有厚约1700m的半胶结砂岩、泥岩分布。新近纪大体沿断裂带有玄武岩喷溢。河谷及山麓地带的第四纪松散沉积物堆积，厚度一般不超过30m。总面积约2500km$^2$的钱塘江滨海-河口平原及宁波平原由陆相及海相地层组成，最大厚度约120m。

(3)地热地质特征：热储类型以花岗岩类和火山岩类构造裂隙型为主，主要为盆地型，兼顾构造隆起型；北部长河凹陷一带为新生代碎屑岩类孔隙型层状热储。

盆地构造是区内主要的控矿构造，地热资源主要受断陷盆地边缘断裂及其延伸系统控制，个别盆地内地堑式断裂系统也可控矿。该区萤石矿发育，是地热勘查重要的找矿标志。另外，火山构造与区域断裂也是控矿因素之一。

(4)地热流体水化学特征：长河凹陷内地热水中阴离子以$SO_4^{2-}$为主，阳离子以$Na^+$为主。溶解性总固体含量7188～14 566mg/L，pH为7.4～8.22。氟、铁、碘含量能达到命名矿水浓度标准，偏硅酸、锂、偏硼酸、氡能达到矿水浓度标准。其他地区地热水中阴离子以$HCO_3^-$为主，阳离子以$Na^+$为主。溶解性总固体含量183～4117mg/L，除个别井外，均为低矿化度的淡水。pH为6.7～8.77，以弱碱性—碱性为主，仅嵊州两处地热井呈弱酸性，游离$CO_2$含量较高。氟、偏硅酸含量基本都能达到命名矿水浓度标准，个别地热井氡能达到矿水浓度标准。

## 二、白垩纪沉积盆地区典型地热点(区)

浙江40余个白垩纪沉积盆地大部分分布在浙东南隆起区，尤以龙泉-宁波隆起带为最多。因其特有的地质构造、岩浆活动演化历史，形成独特的新型热储。

区内地热（温泉）点和地热异常点众多，武义盆地、湖山盆地、嵊州盆地、仙居盆地以及金华汤溪、磐安和横店均揭露沉积盆地火山岩（花岗岩）类热储。

### （一）武义盆地

武义盆地是浙江省地热资源开发利用规模最大的地区（图4-25），2012年被国土资源部评为“中国温泉之城”。武义热矿水的发现起源于武义萤石矿开采中的矿坑突水。1971年9月武义溪里矿区在273m深度矿体顶板施工探矿穿脉时沿裂隙带涌水，并造成淹井事故。据记载，初始矿坑水呈黑色，伴浓烈硫化氢气味，后渐减弱，坑道总排水量3340m$^3$/d，先后两次再度突水，水温最高时达44℃。矿坑突水和热害造成矿山地质灾害。随着矿山闭坑，企业转型，地热利用自20世纪90年代起提上议程，随后在武义盆地开展了多次地热地质调查与勘查工作，并使其得到开发利用。

武义盆地总体呈北北东向展布，面积约500km$^2$。盆地内分布早白垩世早期朝川组、馆头组及方岩组红色碎屑岩夹玄武岩，盆地基底为早白垩世早期火山碎屑岩类。通过地面测绘和重、磁资料解译，盆地深处为以花岗岩类为主的中酸性侵入岩隆起。

穿越沉积盆地的北东向、北西向和近东西向断裂，以及盆地地层中舒缓短轴背向斜褶皱组成构造格架。以北东向为主的断裂带控制萤石矿带分布，同时沿断裂带出现多处热水异常点（图4-25，表4-7）。除溪里外，水温超过34℃的有塔山、鱼形角、长蛇形等地的矿坑水。

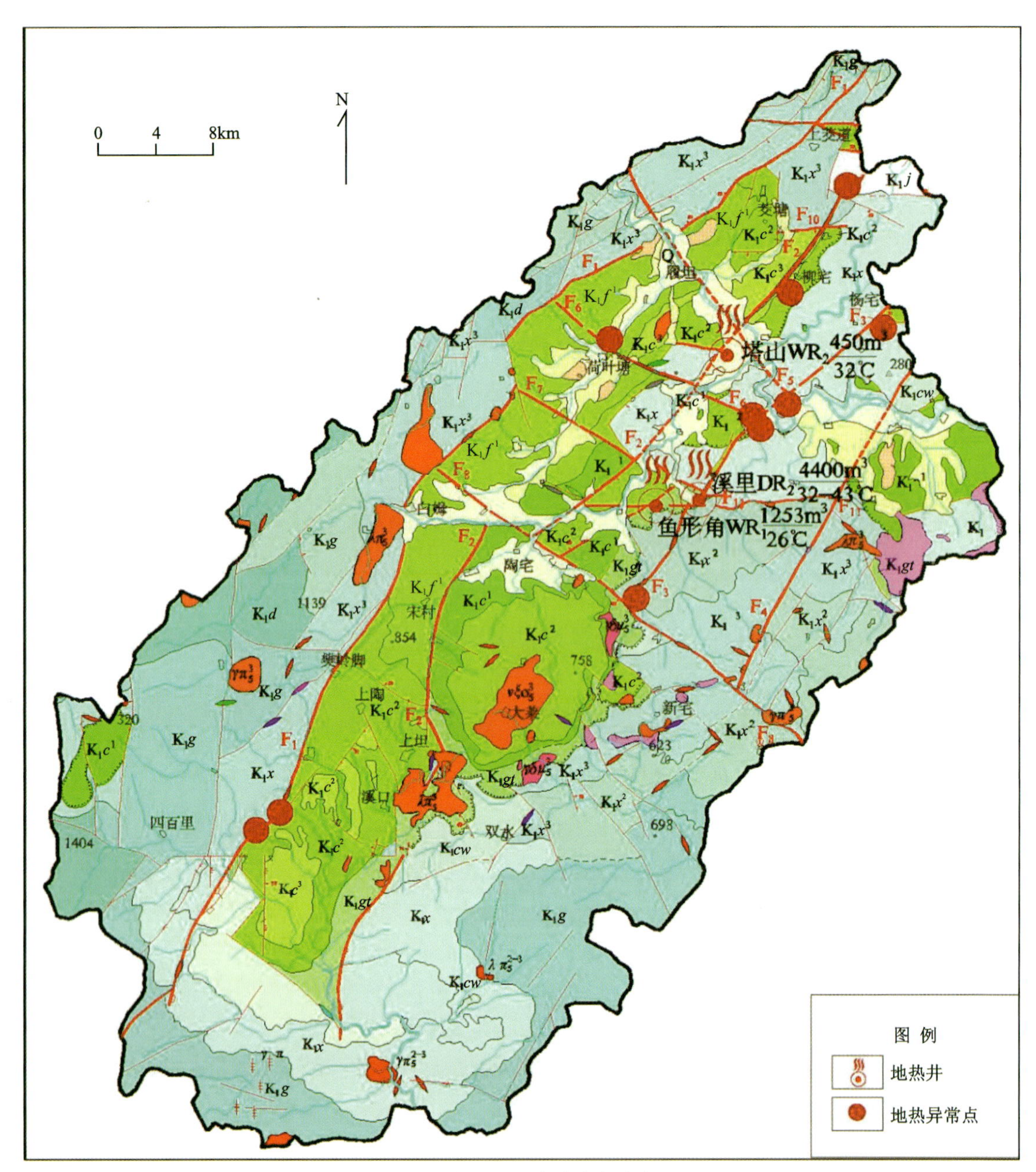


图 4-25 武义县地热异常点分布图

表 4-7 地热异常点出水量、水温与赋存条件统计表

| 热水赋存条件 | 地热异常点 | 水量统计/m³ · d⁻¹ | 水温统计/℃ | 萤石矿类型 |
|---|---|---|---|---|
| 北东向与其他方向断裂交会复合部位 | 杨家 | 500± | 30 | 大型 |
| | 塔山 | 151～1200 | 33～41.2 | 中型 |
| | 溪里 | 4187 | 42.6 | 中型 |
| | 鱼形角 | 1248 | 36～39 | 中型 |
| | 徐村 | 1500 | ＞33 | 中型 |

续表 4-7

| 热水赋存条件 | 地热异常点 | 水量统计/$m^3 \cdot d^{-1}$ | 水温统计/℃ | 萤石矿类型 |
|---|---|---|---|---|
| 北东向构造带 | 长蛇形 | 4000± | 34 | 大型 |
| | 章山 | 550 | 22 | 中型 |
| | 冷水坑 | 2000 | 25 | 中型 |
| | 佘山头 | 2000 | 30 | 大型 |
| | 周岭 | 300 | 30 | 小型 |
| | 潘村 | 800 | 31 | 中型 |
| | 郑山头 | 3000 | 33.5 | 中型 |
| 北西向构造带 | 荷叶塘 | 900 | 22.5 | 小型 |

### 1.武义唐风

1988 年浙江省水文地质工程地质大队在武义塔山一带进行地热勘查，其中 WR2 孔在钻井 181m 以深发现温热水(表 4-8)。热水主要赋存于早白垩世含石英、萤石脉的凝灰岩及其构造岩带中，241.16～252.0m 和 306.0～308.52m 段岩石破碎，为热水出水段。勘探时分段抽水试验单位涌水量达到 23～33$m^3$/(d · m)，地下水水量丰富。上部盖层为朝川组玄武岩夹砂岩薄层，浅部玄武岩裂隙发育，水量丰富，水温 20℃。72.59～181.03m 段白垩系朝川组水量极贫乏，隔水隔热。水质测试结果：溶解性总固体含量 506mg/L，偏硅酸含量 52mg/L，氟含量 9.0mg/L，氡含量 7.4Bq/L，属硅-氟热矿水。

表 4-8 武义塔山 WR2 地热勘探孔和地热井勘探试验成果

| 岩性名称(地层时代) | 底板埋藏深度/m | 试段位置/m | 孔径/mm | 静水位埋深/m | 降深/m | 涌水量/$m^3 \cdot d^{-1}$ | 单位涌水量/$m^3 \cdot d^{-1} \cdot m^{-1}$ | 井口水温/℃ |
|---|---|---|---|---|---|---|---|---|
| 亚黏土夹碎石(Q) | 5.48 | 17.18～72.59 | 130 | +0.22 | 7.94 | 256.6 | 32.32 | 20 |
| 玄武岩夹薄层粉砂岩，底部辉绿岩($K_1c$) | 205.02 | 72.59～181.03 | 130 | 0 | 20.14 | 1.4 | 0.07 | 24 |
| 火山角砾岩夹薄层粉砂岩($K_1x$) | 241.16 | 181.03～270.04 | 110 | +0.92 | 9.44 | 220.3 | 23.34 | 36 |
| 晶屑凝灰岩、石英、萤石脉，上下为构造岩带 | 271.85 | 181.03～364.38 | 110 | +0.92 | 14.62 | 485.6 | 33.21 | 38 |
| 凝灰岩，306～308.5m 破碎带 | 363.53 | 275.74～364.38(地热井) | 110 | +1.67 | 45.57 | 151.29 | 3.32 | 41.2 |

1991 年利用该勘探钻孔改建为热水井，在井深 275m 左右采用止水器同径止水。抽水时井口水温 41.2℃，但单井涌水量显著减少。热水溶解性总固体含量 405mg/L，水化学类型属 $HCO_3 \cdot SO_4-Na \cdot Ca$ 型，偏硅酸含量 44.2mg/L，氟含量仅有 0.8mg/L，硫化氢含量 3.69mg/L。

为开发利用塔山地热资源，建成了规模宏大的唐风温泉度假村。开采至 2006 年后，水温降至 32～33℃，水量却又显著增长。在 2010 年 5 月的 3 次降深资料中，最大降深 9.7m(静水位埋深 1.9m)，涌水量 480$m^3$/d，单位涌水量 49.5$m^3$/(d · m)。井口水温 32℃，溶解性总固体含量 453mg/L，水化学类型属

$HCO_3^-$ - Na · Ca 型，偏硅酸含量 60.4mg/L，氟含量 5.30mg/L。与 2005 年、2008 年、2009 年监测成果比较，水质基本稳定。水量增加、水温降低的原因推测与井结构设计或井管和止水器破损有关。

**2. 溪里清水湾**

溪里清水湾是浙江省地热资源开发量最大的地热点，采用对矿坑 330m 中段的热水涌水点铺设两组密封引水管道（A 管、B 管）（图 4-26），由原萤石采矿 2 号竖井引出地面，最大限度避免冷水混入，取得良好效果，是萤石矿采空区地热资源开采的典范。2008 年抽水试验 A、B 管总涌水量 4737m³/d（据建井初期资料判断 B 管涌水量 2760m³/d，A 管涌水量 1977m³/d），静水位埋深 95m 左右，抽水结束时动水位埋深小于 150m（无水位观测管，潜水泵泵底深度 150m），B 管水温 42.8℃，A 管水温 35℃，混合水温 39℃左右。2011 年 7 月溪里热水井再度进行抽水试验，抽水前静水位埋深 102.5m，当 B 管按涌水量 2641m³/d(30.57L/s)抽水，A 管水位降深 12.57m，井口水温稳定在 40.6℃；当 B 管涌水量 2021m³/d (23.39L/s)时，A 管水位降 9.4m，井口水温稳定在 41.3℃。两管并采 4700m³/d，推断水位降深不超过 25m。

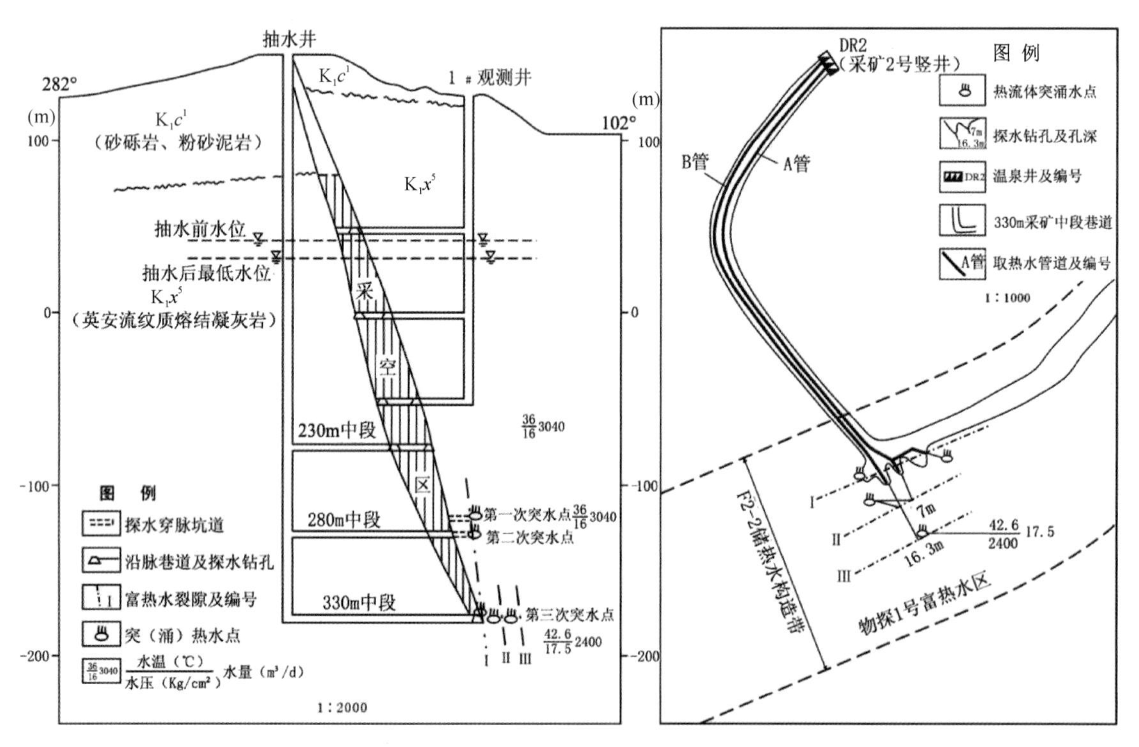


图 4-26 武义溪里 DR2 热水井剖面图（左）及取水工程平面图（右）

热水点水化学类型为 $SO_4$ · $HCO_3^-$ - Na · Ca 型，溶解性总固体含量 550mg/L，偏硅酸含量 67.6mg/L，氟含量 35mg/L，游离 $CO_2$ 含量 59.2mg/L，锂含量 0.59mg/L，锶含量 0.52mg/L，属硅-氟型理疗热矿水。采自同一地段两条裂隙带的 A 管与 B 管间水质略有差异。

据溪里开采井（DR2 井）2005—2007 年 3 年动态监测资料统计，平均实际开采量 3066m³/d，因 A 管、B 管水温和水量不同，实际混合水温在 38～42℃间变化，至今温度动态稳定。

## （二）金华汤溪 TXRT2 井

勘查区位于金衢盆地南缘，白垩纪沉积盆地与火山岩隆起区连接部位，江山-绍兴深大断裂带在勘查区北部通过。前震旦系八都岩群石英片岩、黑云母钾长片麻岩等变质岩构成隆起区基底，上覆磨石山群高坞组及西山头组火山碎屑岩类，呈不整合接触。盆地内部出露金华组棕褐色钙质粉砂岩、泥质粉砂岩、泥岩，盆地边缘出露上白垩统衢江群中戴组砾岩、砂砾岩及泥质粉砂岩，间夹凝灰岩，与火山岩类呈不整合接触。勘查区内主要出露下白垩统高坞组（$K_1g$）流纹质含砾（玻）晶屑熔结凝灰岩，西山头组（$K_1x$）青灰色或紫灰色流纹质或英安质玻屑熔结凝灰岩，中戴组（$K_{1-2}z$）浅紫红色块状砾岩和上白垩统金华组（$K_2j$）棕褐色钙质粉砂岩。勘查区内无花岗岩体出露。

近东西向老鹰头-厚大断裂、北东向莘畈乡-里金坞断裂以及与之配套的北西向断裂构成了勘查区内的主要构造格架（图 4-27）。

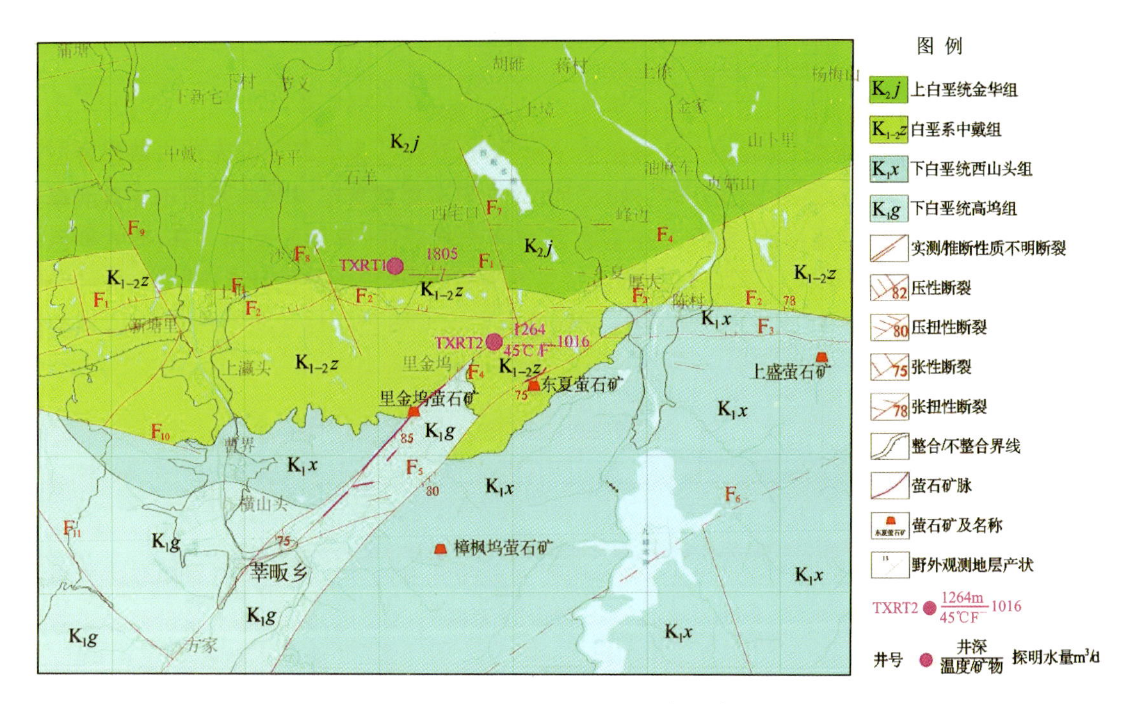


图 4-27　金华汤溪勘查区地热地质图

老鹰头-厚大断裂总体呈近东西走向，规模较大，横贯整个勘查区并向东西两个方向延伸很远，宽度一般在 1km 左右，由多条断裂平行构成（$F_1$、$F_2$、$F_3$），一般为正断层，倾向北，倾角较大。该断裂带的走向与白垩系衢江群走向基本一致，可能是控制白垩纪沉积的主要断层，即为金衢盆地的边界控盆断裂。

北东向断裂主要为莘畈乡-里金坞断裂（$F_4$）和延兴寺-坞石水库断裂（$F_5$）。$F_4$ 断裂地表以沟谷地貌为主，长度大于 12km，宽度 20～50m，走向北东，断层面一般向北西陡倾，在局部地区可出现断层面南东倾的现象，断裂经历多期次活动，力学性质为压性、压扭性—张性、张扭性，近期以张扭性为主，呈左旋张扭性。发育里金坞萤石矿脉，最宽处 26m，长度约 2km，倾向南东，倾角 70°～75°，围岩被强烈的高岭土化和赤铁矿化。$F_5$ 断裂地面行迹较平直，以山脊地貌为特征，长度约 7km，宽度 5～25m，东夏萤石矿位于该断裂上，最宽处约 20m，长度约 200m，北东走向，倾向南东，倾角约 80°，向两端尖灭，并被石英脉充填，充分胶结，完整性较好，围岩见少量高岭土化及赤铁矿化等蚀变现象。北东向断裂普遍切割东西向断裂和白垩纪地层。

区内北西向断裂（$F_7$、$F_8$、$F_9$）延伸较短，切错老鹰头-厚大断裂和白垩纪地层。

TXRT2 井位于 $F_4$ 断裂与 $F_3$ 断裂的交会位置，井深 1264m，0～662m 为上白垩统衢江群（$K_2Q$）红层，662～1264m 为下白垩统磨石山群（$K_1M$）火山碎屑岩。测井曲线显示，490m、590～600m、800～880m 和 940m 以下为含水层。丰水期 TXRT2 井最大单井涌水量为 1 360.8$m^3$/d（S＝135.7m），枯水期 TXRT2 井最大单井涌水量为 1 234.32$m^3$/d（S＝130.20m），枯水期和平水期抽水试验的结果基本一致，但丰水期的水量水位较枯水期和平水期有所增加，因此，该井水量、水位一定程度上受季节性变化的影响。TXRT2 井地热水感官性状好，pH 为 8.00～8.85，呈弱碱性，溶解性总固体含量 382～440.1mg/L，

水化学类型为 $HCO_3$－Na 型，偏硅酸含量 28.7～31.83mg/L，达到矿水浓度标准，氟含量 12.6～18.80mg/L，达到理疗热矿水的命名标准。

区域地质资料结合地热勘查成果分析，$F_4$ 断裂是 TXRT2 井的主要控水构造，沿 $F_4$ 断裂的一个长度大于 12km，宽度 20～50m 的条带范围是区内较优的热储分布范围，$F_4$ 断裂与其他断裂交会位置是热储中的富水段。野外调查发现，$F_4$ 断裂构造内部和两侧围岩中，发育密集的断裂构造破碎裂隙，无明显的优势方向，裂隙相互交切，呈网状（图 4-28），这些裂隙中常发育石英晶簇，但未充填完全，为地下热水储存和运移提供了良好的空间。

图 4-28　构造带网状裂隙

可控源音频大地电磁测深剖面上，构造破碎带显示为明显的低阻异常圈闭，其上部为高阻体，反映为弱/不透水的地层，从而形成比较理想的地热储盖条件（图 4-29、图 4-30）。

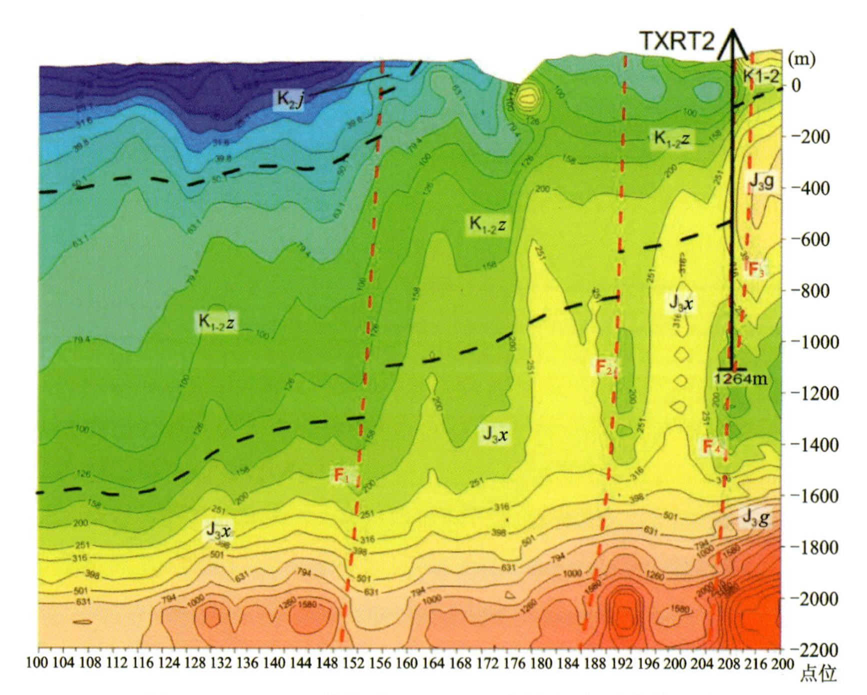


图 4-29　TXRT2 井位及 CSAMT30 视电阻率反演剖面图

区内另施工有 TXRT1 井，井深 1805m，以东西向断裂（$F_1$）为目标，钻探录井及测井曲线显示 770～810m、880～920m、1456～1514m 为可能揭露的断裂破碎带，但 TXRT1 井涌水量极少，小于 $8m^3/d$。3 段断裂破碎带中，仅 1456～1514m 段为火山岩中发育的破碎带，岩屑中石英含量达到 90%以上，推测破碎带可能被完整的石英脉充填。早期热液活动，在 $F_1$ 断裂破碎带内逐步充填、结晶形成石英，TXRT1 井附近断裂后期活动减弱或停止，保留了完整的石英脉充填。

区内 $F_5$ 断裂为与 $F_4$ 断裂平行的一组北东向断裂，断裂性质类似，均发育有萤石矿脉，但 $F_4$ 断裂发育负地形，$F_5$ 断裂则沿山脊线出露，目前 $F_5$ 断裂赋水性质未知，两者在可控源音频大地电磁测深剖面上所显示的特征差异明显，$F_5$ 断裂显示为自上而下的垂向高阻条带，推测与 $F_5$ 断裂在地表多处被完整石英、方解石脉充填有关。

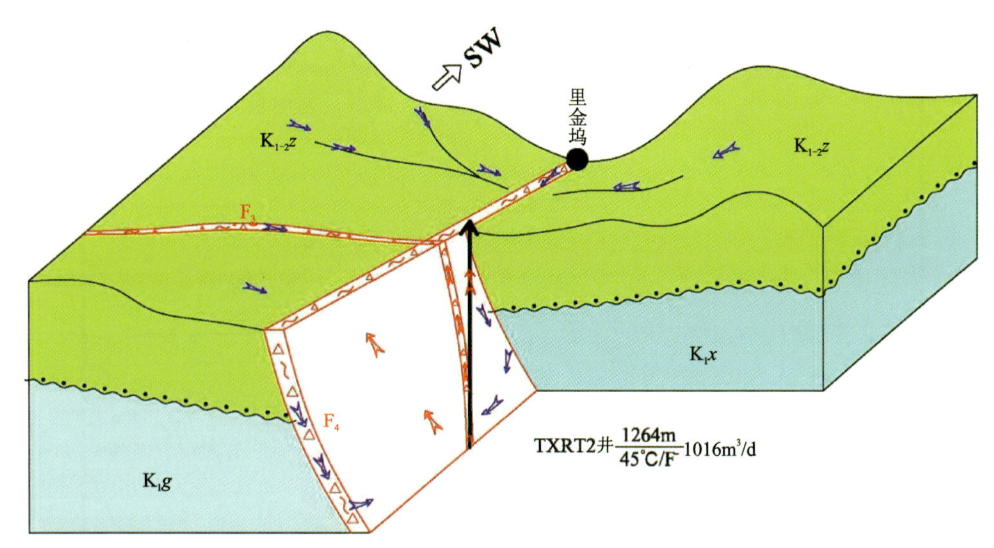


图 4-30　TXRT2 井地热模式示意图

## (三)湖山盆地

湖山白垩纪沉积盆地总面积约 130km²。1 组北北东—北东向断裂控制了盆地东西边界(图 4-31)。盆地内下白垩统馆头组($K_1gt$)、朝川组($K_1cc$)及方岩组($K_1f$)总厚度数十米至数百米不等,由南向北递增,推断最大厚度可能超过千米。盆地基底由下白垩统火山岩及燕山期钾长花岗岩、花岗斑岩等组成。盆地内分布有近于平行的间距约 3km 的北西向张性—张扭性断裂,从南到北分别有黄兆-珠村畈断裂($F_{Ⅲ}$)、奕山-洋坞里断裂($F_{Ⅱ}$)、下山前-金竹坳头断裂($F_{Ⅰ}$)、官坞-翁村断裂($F_{Ⅴ}$)、上坪头-石砚断裂($F_{Ⅳ}$),北西向断裂切穿下白垩统及基底火山岩、花岗岩体,既是萤石矿床储矿空间,又是构成地热流体富集的带状储水构造。除了 $F_{Ⅴ}$ 断裂,其他 4 条断裂均发育一定规模的萤石矿脉,规模较大的主要集中在 $F_{Ⅲ}$ 和 $F_{Ⅱ}$ 断裂中,目前发现的地热井(泉)点也主要集中在这两条断裂带中。

(1)黄兆-珠村畈断裂($F_{Ⅲ}$):水平延伸超过 3km,总体走向 280°～290°,倾向北东,倾角一般在60°～70°之间,最缓处约 55°(图 4-32)。在湖山水库以西,$F_{Ⅲ}$ 断裂主要发育在下白垩统之中,水库以东,$F_{Ⅲ}$ 断裂主要发育在钾长花岗斑岩中。断裂破碎带一般宽 5～10m,通常由萤石脉和石英脉的充填穿插和因节理的密集发育而破碎的围岩组成。$F_{Ⅲ}$ 断裂破碎带中主要发育两段规模较大的萤石矿体,即Ⅲ-1 矿体和Ⅲ-2 矿体,目前均还在开采。

(2)奕山-洋坞里断裂($F_{Ⅱ}$):平面延伸超过 5km,总体走向 290°～310°,局部地段呈近东西走向,倾向北东,局部反倾,倾角 70°～85°(图 4-33)。$F_{Ⅱ}$ 断裂构造中西部主要发育在下白垩统之中,东部切入并错动下白垩统西山头组钾长花岗斑岩。根据湖山水库东西两侧萤石矿开采巷道调查,断裂构造向深部切穿下白垩统进入钾长花岗斑岩基底之中。$F_{Ⅱ}$ 断裂破碎带一般宽 8～15m,最宽可达约 20m,在洋坞里以东,一般宽 1～3m,其发育特征与 $F_{Ⅲ}$ 断裂基本相似。自西向东依次发育 3 段较大规模萤石矿脉,分别为Ⅱ-1 矿体(奕山)、Ⅱ-3 矿体(外西岩以东)和Ⅱ-2 矿体(香炉岗)。其中Ⅱ-1 矿体仅在地表曾经有少量开采,Ⅱ-2 和Ⅱ-3 矿体目前仍在开采中。

20 世纪 80 年代,浙江省第七地质大队在盆地的中南部进行萤石矿勘探,并对湖山奕山-洋坞里Ⅱ-2 矿带和黄兆山-上龙潭Ⅲ-1 矿带投入大量地质、水文地质钻探工作。

### 1. Ⅲ-1 矿区地热点

湖山Ⅲ-1 矿带计施工钻孔 27 个,孔深 151～635m 间,井温梯度 2.3～5.3℃/100m,平均 3.68℃/100m。其中 3 个钻孔水温超过 25℃,抽 1 孔水温 34.42℃。但裂隙发育不均一,萤石、石英脉充填,绿泥石化、

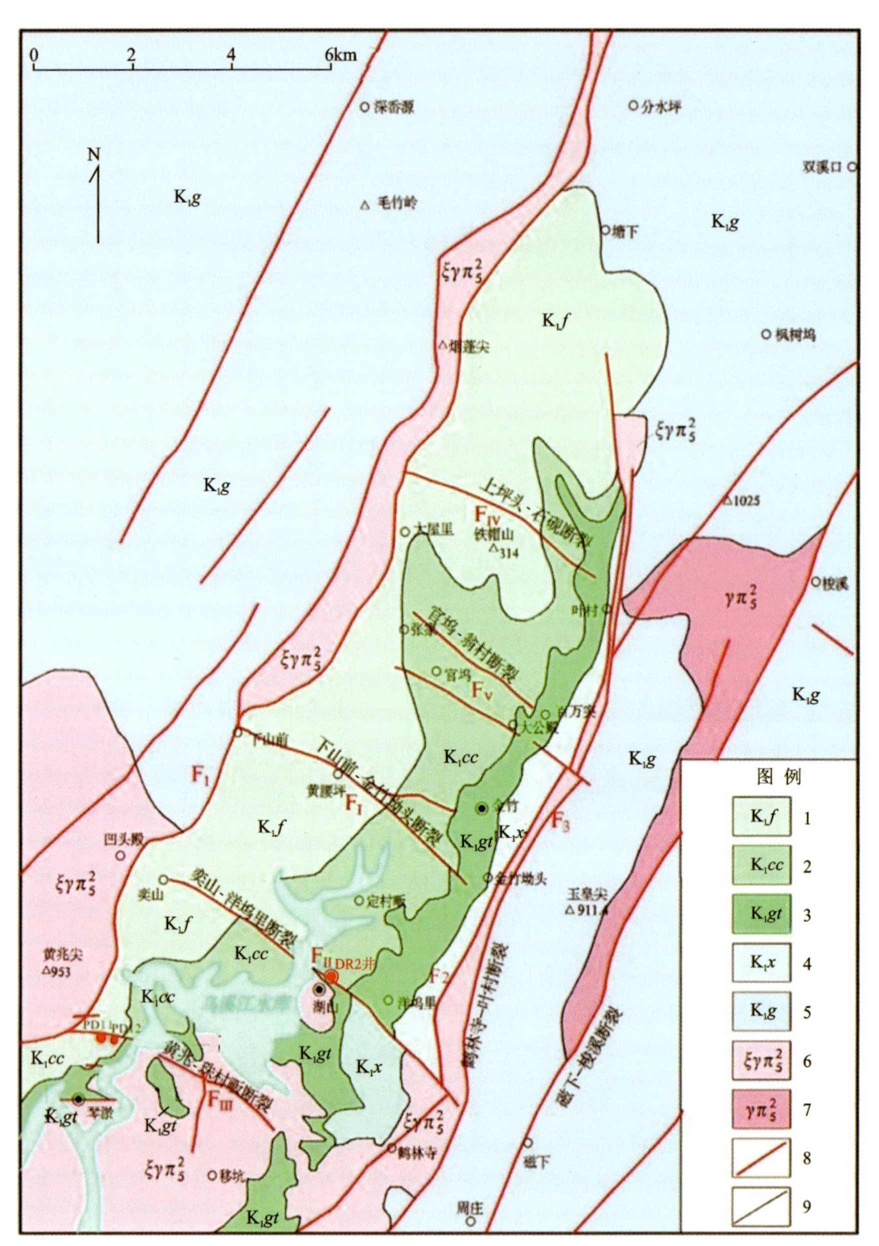


图 4-31　遂昌湖山盆地地质构造略图

1.下白垩统方岩组;2.下白垩统朝川组;3.下白垩统馆头组;4.下白垩统西山头组;5.下白垩统高坞组;6.燕山期钾长花岗斑岩;7.燕山期花岗斑岩;8.断层;9.地质界线

高岭土化及硅化堵塞通道,钻孔涌水量小。2009 年浙江省水文地质工程地质大队根据红星坪Ⅲ-1 矿带矿山开采中揭露的 2 处热水点进行调查评价。热水以上升泉形式在平硐坑壁裂隙中涌出(图 4-33),其中 PD11 号点(高程-16m)水温 35.4℃,PD12 号点(高程-78m)水温 37.5℃,经近一年动态监测,平硐 PD11 号点涌水量 80.8～90.2$m^3/d$,PD12 号点流量 121.4～140.2$m^3/d$,有季节性变化,水量稳定。2 处热水点水质相近,均为 $HCO_3$-Ca 型,溶解性总固体含量 183mg/L,pH 为 8.13,氟含量4.1mg/L,偏硅酸含量 40.3mg/L。

**2. Ⅲ-2 矿区地热点**

2008 年 8 月的Ⅲ-2 矿区巷道调查中,在标高 120m 平硐的西端发现 3 处地下热水出水点,均沿着断裂上盘与萤石矿脉之间张裂隙涌出,水温在 24～27℃之间,目估流量 1.5～2L/s。

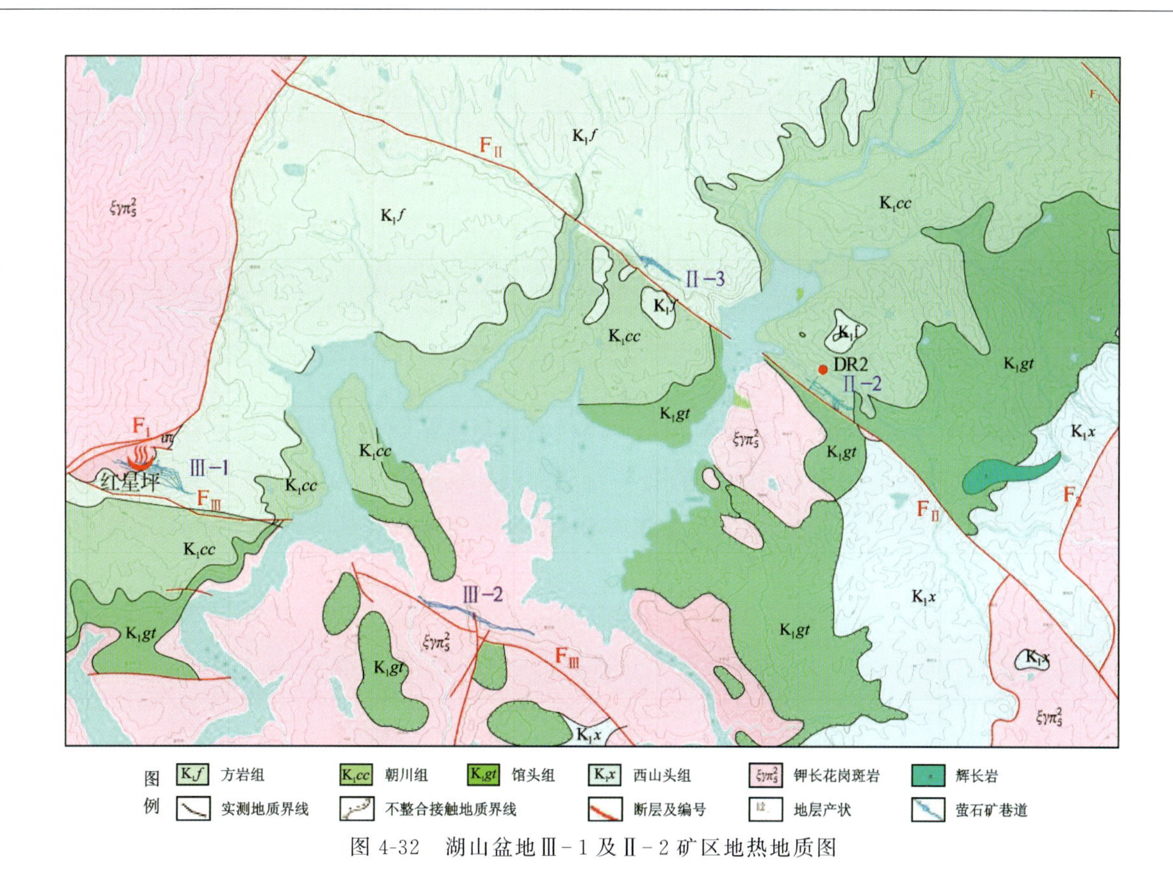


图 4-32 湖山盆地Ⅲ-1 及Ⅱ-2 矿区地热地质图

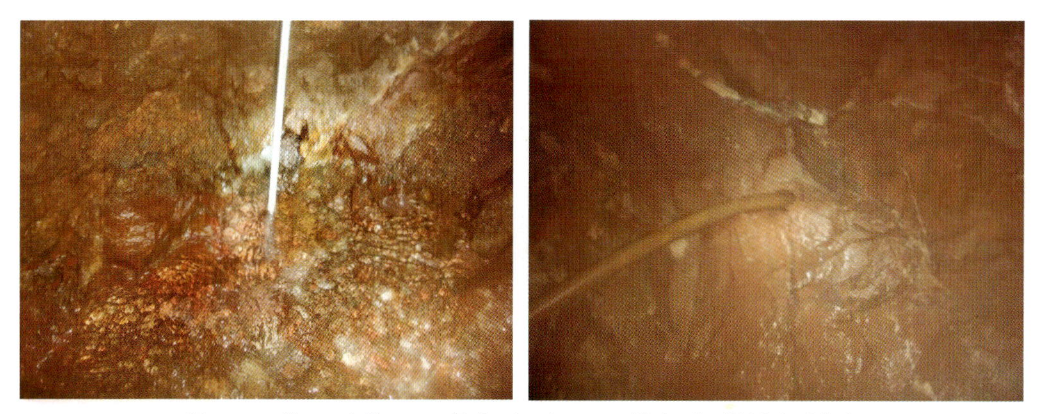

图 4-33 Ⅲ-1 矿带 PD11 号点(左)和 PD12 号点(右)揭露地下热水

### 3. Ⅱ-2 矿区地热点

在Ⅱ-2 矿区施工的 11 个钻孔中有 8 个井温异常，地温梯度 5.9～14℃/100m。其中 ZK208、ZK204 孔热水涌出地表，水头高出地表 8.1m 和 9.61m，自流量 313$m^3$/d 和 244$m^3$/d，水温 36.4℃和 39℃。热水赋存于钾长花岗岩构造带中。ZK204 孔于 1984—1986 年经 3 年动态监测水质，水温均较稳定，流量有所减少。1992 年浙江省地质环境监测总站现场观测，水位高出地面 2.0m，自流量降至 55.64$m^3$/d，水温 37℃。

2006 年 8 月—2007 年 2 月，浙江省水文地质工程地质大队在Ⅱ-2 矿区香炉岗进行地热地质勘查，根据前人成果结合高精度磁法、可控源音频大地电磁测深、大地岩性探测等物探工作，完成探采结合井施工。DR2 热水井井深 610m，上部 0～150m 为馆头组含砾砂岩、凝灰质砂砾岩夹数层玄武岩，以下为钾长花岗斑岩，分别于 504～532m、580～610m 段揭露断裂破碎，钻进时漏浆。抽水试验结果：涌水量

1054m³/d，降深 71.3m，单位涌水量 14.78m³/(d·m)，井口水温 40℃，水化学类型为 $HCO_3$-Na 型，溶解性总固体含量 327mg/L，pH 为 8.21，氟含量 6.7mg/L，偏硅酸含量 54.4mg/L。

**4. Ⅱ-3 矿区地热点**

Ⅱ-3 矿区巷道中的地热异常出露于标高 147m 平硐向北的穿脉掘进开拓面，出水点位于巷道底板，从靠近断裂上盘的萤石矿脉溶洞中流出，流量很小，目估小于 0.1L/s，水温约 24.5℃。标高 108m 中段，沿断裂带上盘的萤石矿溶洞中出露温水，水温 25～28℃。

（四）嵊州盆地

嵊州 DR8 井位于嵊州市崇仁镇砩水水库矿区，嵊州-新昌盆地北部边缘，西侧紧贴景宁-余姚断裂带，多条北东向、北北东向断层穿越。沿断裂带多处燕山晚期以花岗岩为主的酸性侵入岩出露（图 4-34），新近纪（或古近纪末）玄武岩喷溢，熔岩流覆盖嵊州、新昌。玄武岩及其沉积夹层之下为白垩纪红层，其下为高坞组（$K_1g$）熔结凝灰岩。

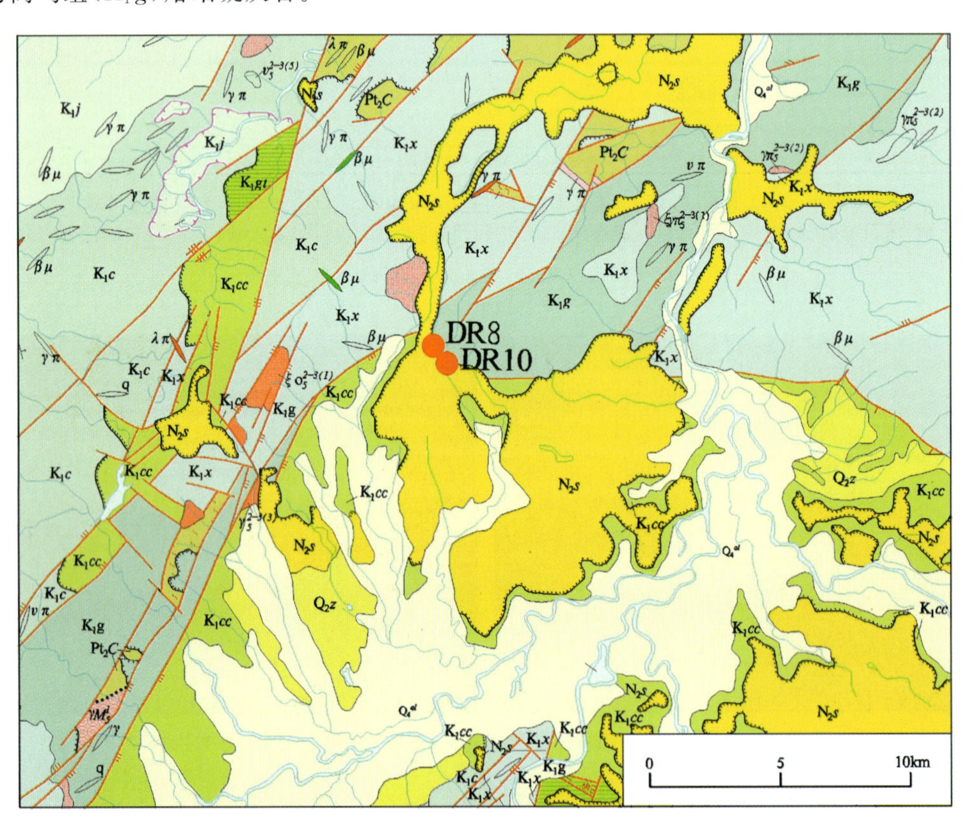


图 4-34　嵊州崇仁砩水水库地热地质图

嵊州市崇仁镇砩水水库治理时发现库底冒气溢水，水温 25℃左右（在地方志中曾有记载）。2005—2011 年由浙江省物化探勘查院进行勘查评价。除完成地质测绘和电法勘探外，并施工勘探钻井 11 口，其中 DR8 井、DR10 井间歇性喷气涌水。

DR8 井井深 450m，40m 以浅主要是嵊县组（$N_2s$），44～52.2m 为白垩纪紫红色粉砂岩，以下至孔底均为白垩系高坞组（$K_1g$）凝灰岩多处岩芯破碎，其中 200.6～213.8m、338～354.8m 为断层破碎带，裂隙发育，并有方解石、高岭土化蚀变，为主要出水段，水温 29℃，涌水量 480m³/d（降深 7.15m）。DR8 井地热水中偏硅酸含量 38.9～80.0mg/L，氟含量 4.40～5.90mg/L，其中二氧化碳达到矿水浓度，偏硅酸、氟达到命名矿水浓度。游离 $CO_2$ 含量异常（表 4-9）且变化较大，2007 年 3 月 12 日首次实验室送检结果中游离 $CO_2$ 含量 2643mg/L，后期稳定在 537～793mg/L 之间。

表 4-9 嵊州崇仁砩水水库 DR8 井、DR10 井游离 $CO_2$ 含量测试成果表

| 采样(到样)时间 | 实验室检测时间 | DR8 井游离 $CO_2$ 含量/mg·$L^{-1}$ | DR10 井游离 $CO_2$ 含量/mg·$L^{-1}$ |
|---|---|---|---|
| ①2007-03-12 | 2007-03-13—03-22 | 2643 | — |
| ②2008-04-28 | 2008-05-04—05-19 | 112 | — |
| ③2008-09-18 | 2008-09-19—09-30 | 429 | — |
| ④2009-02-11 | 2009-02-12—02-20 | 无 | — |
| ⑤2009-08-19 | 2009-08-19 | 537 | — |
| ⑥2011-07 | — | 148 | — |
| ⑦2011-08-21 | — | 793 | 666(喷发前),637(喷发后) |
| ⑧2012-05-21 | 2012-05-21—05-29 | — | 636 |

同矿区的 DR10 井井深 700m,0～32m 为上新统嵊县组($N_2s$)玄武岩,32～242m 为下白垩统朝川组($K_1cc$)砂砾岩,242～645m 为花岗岩($\gamma$),645～700m 为高坞组($K_1g$)熔结凝灰岩,揭露热储层岩性主要为花岗岩类。根据测井成果,在井深 260.9～278.9m、420.5～429.8m、662.6～665.0m 段为断层破碎带,594.1～602.8m、646.7～649.6m 段为节理裂隙带,其中 594.1～649.6m 段是主要的热储层。根据抽水试验,"探明的"地热资源/储量为 130$m^3$/d(降深≤68m)。DR10 井地热水水化学类型为 $HCO_3$-Na 型,pH 为 6.61～7.64,溶解性总固体含量 1737～4117mg/L,氟含量 2.54～3.20mg/L,偏硅酸含量 73.97～76.60mg/L,重碳酸含量 1856～3070mg/L,锶含量 0.970～1.620mg/L,锂含量 1.435～1.650mg/L,游离 $CO_2$ 含量 636～666mg/L,井口水温 34℃。DR10 井具有明显的间歇性喷发特征,存在季节性关联(表 4-10),喷发现象从 2011 年 5 月持续观测至 2012 年 6 月,喷发特征较为稳定(图 4-35)。

表 4-10 DR10 井喷发特征要素统计一览表

<table>
<tr><td colspan="4" rowspan="2">要素</td><td>丰水期</td><td colspan="2">枯水期</td></tr>
<tr><td>DR10 井不抽水</td><td>DR10 井不抽水</td><td>DR10 井抽水 240$m^3$/d</td></tr>
<tr><td rowspan="10">DR10井喷发特征</td><td colspan="3">频次/(h/次)</td><td>1.3～1.8</td><td>1.5～2.0</td><td rowspan="10">先有喷发后消失</td></tr>
<tr><td rowspan="2">高度/m</td><td rowspan="2">喷管内径/mm</td><td>178</td><td>3.5～4.5</td><td>2.5～3.4</td></tr>
<tr><td>35</td><td>—</td><td>7.0～7.4</td></tr>
<tr><td colspan="3">水位落差/m</td><td>39～47</td><td>27～35</td></tr>
<tr><td colspan="3">温度/℃</td><td>29～32</td><td>29～32</td></tr>
<tr><td colspan="3">最大水量/L·$s^{-1}$</td><td>24</td><td>17.8</td></tr>
<tr><td colspan="3">持续时间/min</td><td>5～8</td><td>3～6</td></tr>
<tr><td colspan="3">喷发量/($m^3$/次)</td><td>2+</td><td>2-</td></tr>
<tr><td colspan="3">气味</td><td>刺鼻</td><td>稍有</td></tr>
</table>

根据动态监测,DR10 井与 DR8 井存在密切的水力联系(表 4-11),主要表现在以下 3 个方面:第一,DR10 井建成后,DR8 井喷气现象消失。第二,当 DR8 井井内水位渐降至井口下 8m(标高 135m),DR10 井的间歇性喷发现象就会消失,井内水位在井口下 1.0～2.0m(标高 134～133m)波动;而当 DR8 井的水位缓升至井口下 5m(标高 138m),DR10 井又恢复间歇性喷发现象。第三,两者具有较为相似的水化

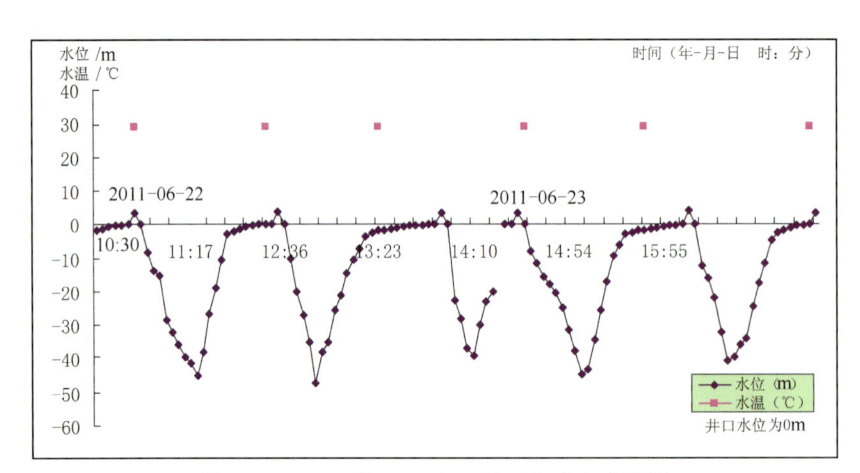


图 4-35　DR10 井 2011 年 6 月下旬动态观测图

学特征，同样游离 $CO_2$ 含量异常明显。

**表 4-11　DR8 井与 DR10 井的关联性对比**

| 对比项目 | 单位 | DR8 井 | DR10 井 | 备注 |
|---|---|---|---|---|
| 两井相距 | m | 1160 | | |
| 井口海拔 | m | 142.5 | 135.0 | |
| 井底海拔 | m | −217.5 | −565 | |
| 井深 | m | 360 | 700 | |
| 主涌水段海拔 | m | −198.6～−208.4 | −459～−531 | |
| 间歇性喷发 | — | 喷发 | 成孔前 | |
| | | 消失 | 成孔后 | |
| DR8 井水位 | m | 降至 135 | 间歇性喷发消失 | |
| | | 升至 138 | 间歇性喷发恢复 | |
| 水温 | ℃ | 29 | 34 | 随热储层埋深↗ |
| Sr(锶) | mg/L | 0.924 5 | 1.247 | ↗ |
| Li(锂) | mg/L | 0.845 | 1.545 | ↗ |
| 偏硅酸 | mg/L | 61.42 | 75.66 | ↗ |
| TDS | mg/L | 1 800.3 | 2 917.3 | ↗ |
| $F^-$ | mg/L | 5.17 | 2.90 | ↘ |
| $K^+ + Na^+$ | % | 76.83 | 67.22 | ↘ |

DR8 井和 DR10 井虽相距 1160m，且揭露不同热储岩性，但均位于北西向 $F_2$ 断裂上，地热资源主要赋存在 $F_2$ 北西向断裂形成的条带状空间内，导致 DR8 井和 DR10 井具密切的水力联系（图 4-36、图 4-37）。$F_2$ 断裂分布于新近系上新统嵊县组（$N_2s$）玄武岩中。硖水水库干涸时，可以看到断裂带南西盘（上盘）下降，下盘为高坞组火山岩，断面较平直。位于水库底部的断裂面产状为 216°∠80°，断裂延伸至硖水水库下游，长约 2000m，断裂破碎带宽 5～10m。

嵊州崇仁地热水具有较高的矿化度，富含重碳酸、偏硅酸、氟等组分，游离 $CO_2$ 含量异常，这些特点

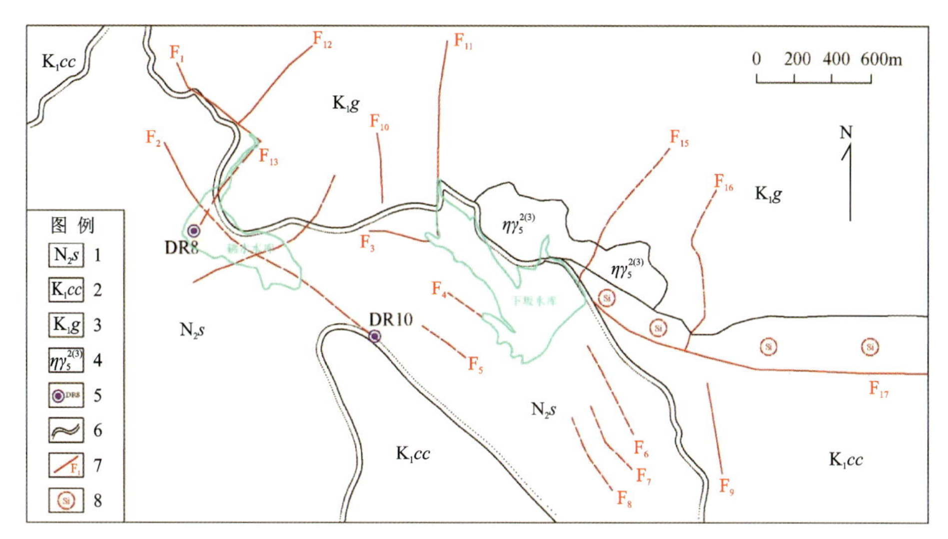


图 4-36 嵊州市崇仁镇砩水水库地热矿区地质构造略图

1.新近系嵊县组;2.白垩系朝川组;3.白垩系高坞组;4.燕山早期第三阶段侵入岩(二长花岗岩);5.生产井位置;6.不整合界线;7.断裂;8.次生石英岩带

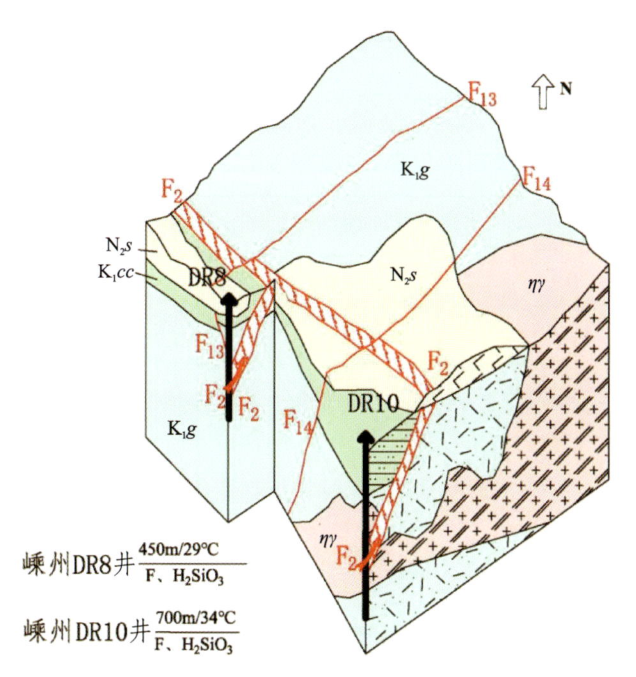


图 4-37 嵊州崇仁砩水水库热储模式图

都表明它不可能是大气降水起源的,尤其是游离 $CO_2$ 含量异常,说明地热水肯定接受了深部地热资源的补给。井口水温不高,主要是深部地热资源在浅部与常温水或低温地热资源发生混合。通过对我国东部勘查实例的研究认为,$CO_2$ 泉与深部构造蚀变有关,往往分布在近期构造活动频繁的断裂带上,且与温泉相伴生,在 $CO_2$ 泉分布的一定距离内,会有温度较高的地热水。联系该地区古泉华分布推测,在崇仁及嵊州、新昌等地有寻找地热资源的广阔前景。

## (六)仙居盆地

仙居县大战乡下应村地热资源位于仙居白垩纪断陷盆地东南边缘,区内以近东西向和北东向断裂构造为主，北西向断裂次之。含矿构造蚀变带主要受近东西向断裂控制，编号为 $F_1$、$F_2$（图 4-38、图 4-39），呈先张后压扭、多期次活动特点；次为受北西向断裂控制，呈张性特征。北东向断裂切错近东西向和北西向断裂，错距 2～5m，断裂性质属压扭性。$F_1$ 断裂是近东西向断裂代表性的主体构造，断裂长约 1000m，宽一般 1～3m，最宽可达 6m；带内主要由构造角砾和黏土矿物，以及局部呈胶结物状的萤石、硅质等组成，断裂倾向 350°左右，倾角 65°～75°。$F_2$ 断裂长约 520m，宽 1～3m，断裂东段带内有硅化、萤石矿化构造角砾岩出露，产状 355°∠70°。

该地热资源是仙金萤石矿开采过程中揭露的，先后 3 次于螺旋形巷道内沿矿脉裂隙带渗出热水，1 号点水温 28℃，估算涌水量 200～300m³/d，位于 $F_1$ 断裂中的萤石矿体顶板一侧；2 号点水温 30℃，涌水量 240～300m³/d，位于 $F_2$ 断裂中的萤石矿化带内，揭露 2 号点后，1 号点涌水量逐渐减小；3 号点水温 37℃，涌水量约 200m³/d，揭露 3 号点后，1 号点干涸。各点高程在 38.7～39.9m 之间（地面高程约 70m）。因矿坑内气温高，井下施工困难，于 2010 年 11 月施工排水钻孔一口，孔深 97.8m，69～81m 段为萤石矿脉，75～79m（高程－2～2m）段破碎。自 2010 年 12 月 3 日起连续抽水，测定涌水量 168m³/d，水温32.5℃，2 号点涌水量明显减少，3 号点干涸，达到矿坑排水效果，证明萤石矿带中构造裂隙水相互贯通。

下应 DR1 井由浙江省第一地质大队设计施工，井深 452m，0～11m 为第四系（Q），11～65m 为下白垩统朝川组（$K_1cc$）玄武岩，65～84.3m 为馆头组（$K_1gt$）粉砂岩、泥岩夹凝灰质砂岩；84.3～130.6m 为西山头组（$K_1x$）凝灰岩；130.6～157.40m 为茶湾组（$K_1cw$）凝灰质粉砂岩夹硅质岩；157.40～204.20m 为西山头组（$K_1x$）凝灰岩；204.20～277.30m 为茶湾组（$K_1cw$）凝灰质粉砂岩夹硅质岩；277.30～310.40m为西山头组（$K_1x$）凝灰岩；310.40～452m 为辉绿玢岩。其中 310.40～388.20m 揭露 $F_1$ 主断裂构造，岩性为青灰色辉绿玢岩夹萤石矿化带，裂隙较发育、微张。

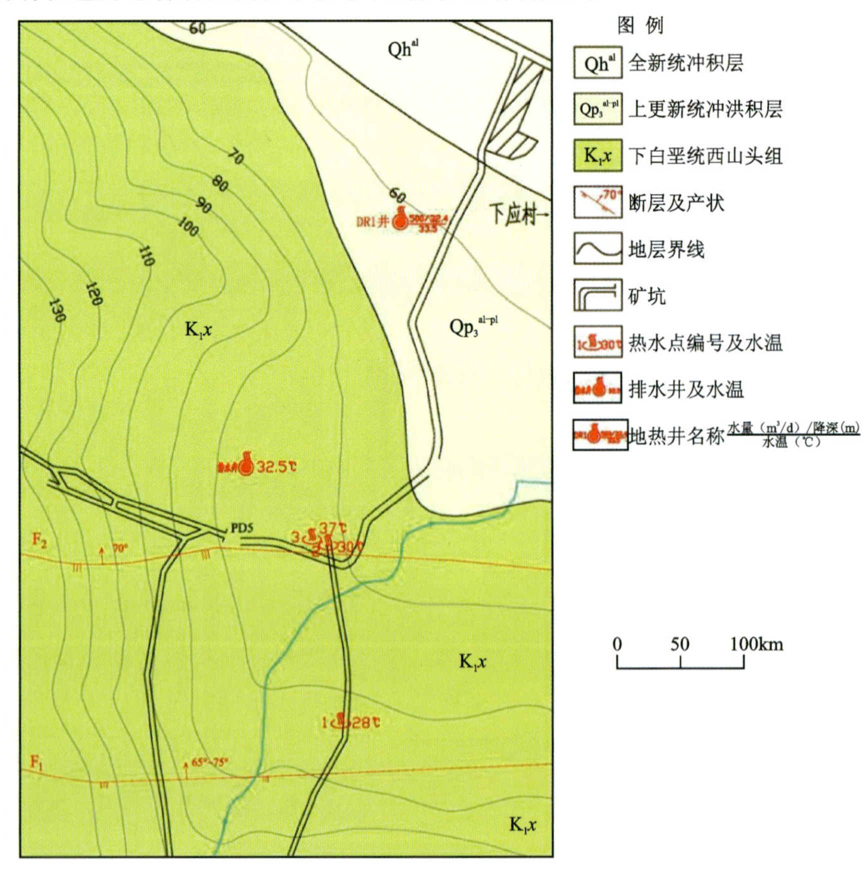


图 4-38　仙居县下应萤石矿区热水点（孔）分布图

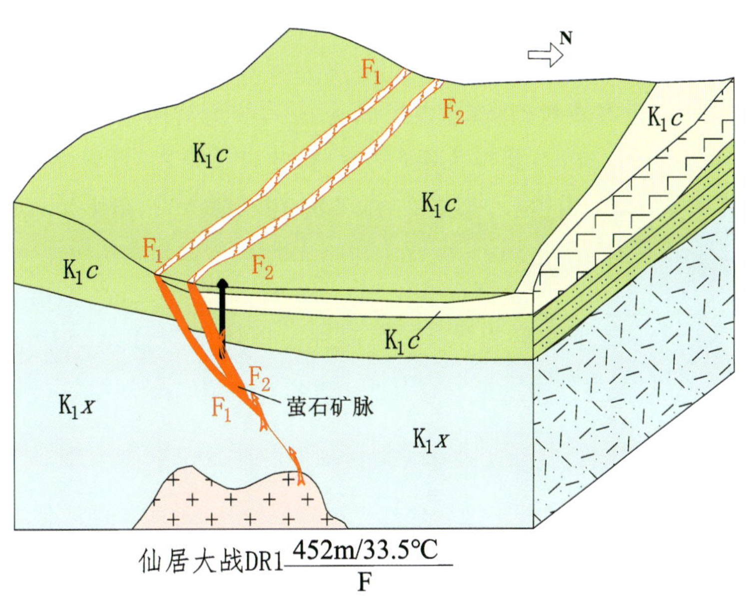


图 4-39 仙居盆地 DR1 井热储模式图

2010 年 6 月 20 日—27 日，浙江省第一地质大队开展了 DR1 井完井抽水试验，共两个落程，其中大落程涌水量 290.4$m^3$/d，降深 14.3m，井口水温 32℃。2012 年 11 月 13—21 日，又开展了平水期抽水试验，共 1 个落程，稳定涌水量 525$m^3$/d，降深 35.3m，井口水温 33℃。抽水采用 SJ8－17 型水泵(口径 130mm，额定扬程 70m，额定流量 25$m^3$/h)，泵头下入位置为井口下 66m。2014 年 5 月，受仙居县神仙温泉旅游开发有限公司委托，浙江省地质调查院组织技术人员对 DR1 井自流量进行测量，出水口高出地面 0.9m，自流量可达到 85$m^3$/d。2014 年 10 月 27 日至 2015 年 3 月 25 日，浙江省地质调查院开展了仙居县下应 DR1 井动态监测工作。

2012—2014 年，DR1 井静水位变化明显(表 4-12)。原因在于，前期仙金萤石矿仍处在生产状态，为保证井下开采，采矿单位通过排水钻孔持续疏干排水。2012 年，为保护 DR1 井地热资源，调整了仙金萤石矿区范围，原矿区东侧Ⅰ、Ⅱ、Ⅲ、Ⅳ、Ⅴ矿段停采，关闭了 DR1 井附近矿坑及排水钻孔。至 2014 年 10 月再次观测 DR1 井水位时，已暂停采矿活动近 2 年，区域地下水已经达到了新的平衡，DR1 井出现自流状态。

**表 4-12 仙居下应 DR1 井动态监测记录**

| 观测年份 | 观测月份 | 静水位/m | 动水位/m | 降深/m | 涌水量/$m^3 \cdot d^{-1}$ | 水温/℃ | 抽水时间/h | 稳定时间/h | 水泵型号 |
|---|---|---|---|---|---|---|---|---|---|
| 2010 | 6 | −21.7 | −36 | 14.3 | 290.4 | 32 | 58 | 未知 | 未知 |
| 2012 | 11 | −20 | −55.33 | 35.33 | 525 | 33 | 185 | 100 | SJ8—17 |
| 2014 | 10 | 自流 (0.35) | −52.45 | 52.8 | 624 | 33.5 | 97.5 | 20 | 150QJR 15－100 |
| 2014 | 11 | 自流 (0.35) | −32.78 | 33.13 | 480 | 33.2 | 312 | 20 | |
| 2014 | 12 | −2.72 | −41.5 | 44.22 | 528 | 33.2 | 95 | 13 | |
| 2015 | 3 | −3.8 | −52.38 | 48.58 | 624 | 33.5 | 96 | 48 | |

### （七）磐热 1 号井

磐热 1 号井位于磐安县上马石村，井深 1 500.55m，0～7m 为第四纪砂砾石层、砾砂土层、亚黏土层，7～550m 为白垩系朝川组（$K_1cc$）及馆头组（$K_1gt$）粉砂岩及泥岩、页岩夹凝灰岩及凝灰质砂岩，550～1 500.55m 为白垩系西山头组（$K_1x$）粉砂岩、流纹质、熔结凝灰岩、角砾凝灰岩等。根据测井曲线判断，640～680m 为主要含水段，1000～1040m 及 1440～1460m 为次要含水段。

磐热 1 号井静水位埋深 3.56m，水位降深 384.37m 时，涌水量为 432m$^3$/d，出水温度为 34.6℃。水化学类型为 $HCO_3$ - Na 型，pH 平均值为 7.10，溶解性总固体平均值为 2349mg/L，氟含量平均值 3.10mg/L，达到命名矿水浓度；偏硅酸含量平均值 35.9mg/L、游离 $CO_2$ 含量平均值 299mg/L，均达到矿水浓度。

磐热 1 号井位于磐安白垩纪沉积盆地的东北缘，$F_8$ 盆边断裂附近（图 4-40），公路边人工露头可见破碎带长达百余米，带内岩性混杂，主要有蚀变酸性火山碎屑岩，断面总体倾向南，断裂性质显示以压性为主转为局部张性特征。断裂构造为地下水的运移创造了条件，地下水在断裂破碎带或开张性较好的裂隙中对流循环，因而能形成良好的储水空间。

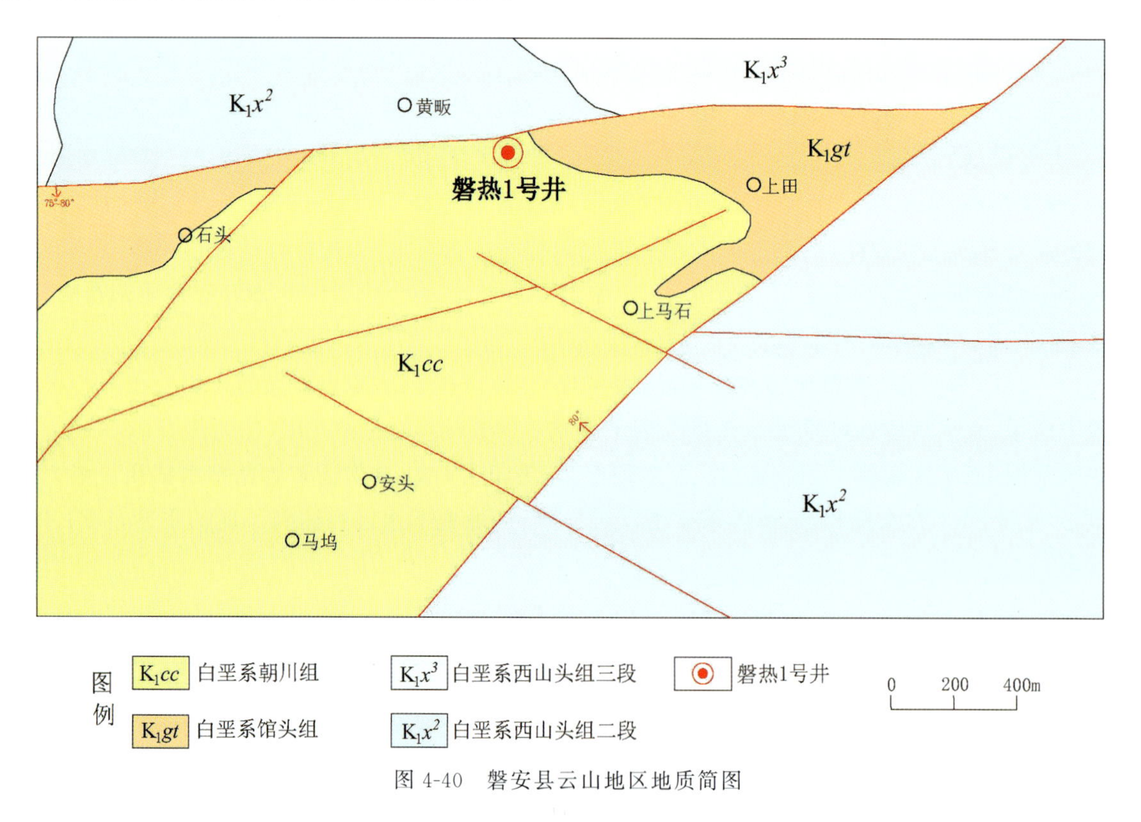


图 4-40　磐安县云山地区地质简图

### （八）银坑地热异常点

银坑地热异常点是在浙江省天台县龙溪乡银坑矿区铅锌矿详查过程中发现的。银坑矿区发育有火山穹隆经剥蚀后的银坑火山通道，通道内填充的岩石为块状英安玢岩，火山通道西侧界线以内，火山断裂、裂隙发育，总体沿通道界线展布，呈北西向、北北西向，构成内接触带。

2016 年 6 月—2017 年 4 月，银坑矿区施工 ZK10103 深孔勘探孔，孔深 1200m，0～59.03m 为火山凝灰角砾岩，59.03～97.89m 为碎裂状英安岩，97.89～191.28 为流纹质含角砾含晶屑玻屑熔结凝灰岩，191.28～759.16m 为英安玢岩、碎裂状英安岩，759.16～1200m 为流纹质晶屑玻屑凝灰岩、流纹质含角砾玻屑弱熔结凝灰岩。钻井过程中出现多处钻井液漏失。其中，733.163m 漏失量约 $100m^3/d$，水位由 235m 降至 298m；735～835m 出现多处漏失，908m 时放空 20cm，漏失 $108m^3/d$。后结合测井成果判断 801.95～807.90m、819.00～827.75m、847.30～856.85m、909.50～919.00m 以及 957.10～965.30m 共 5 个层位为出水位置。908m 处测得水温为 39.8～40.3℃，平均增温率为 28.4℃/km，存在热异常。该井目前仅为地热异常钻孔，由于场地原因暂时无法进行扩孔抽水。

根据矿区取得成果初步分析认为，银坑矿区金属矿与地热资源的成矿方式相同，均为热液成矿，矿体的赋矿部位主要是银坑火山通道西侧的内接触带及火山断裂、裂隙发育部位，断裂裂隙发育与岩浆上侵及火山口内英安玢岩边部浅部冷凝收缩有关，其成矿模式如图 4-41 所示。

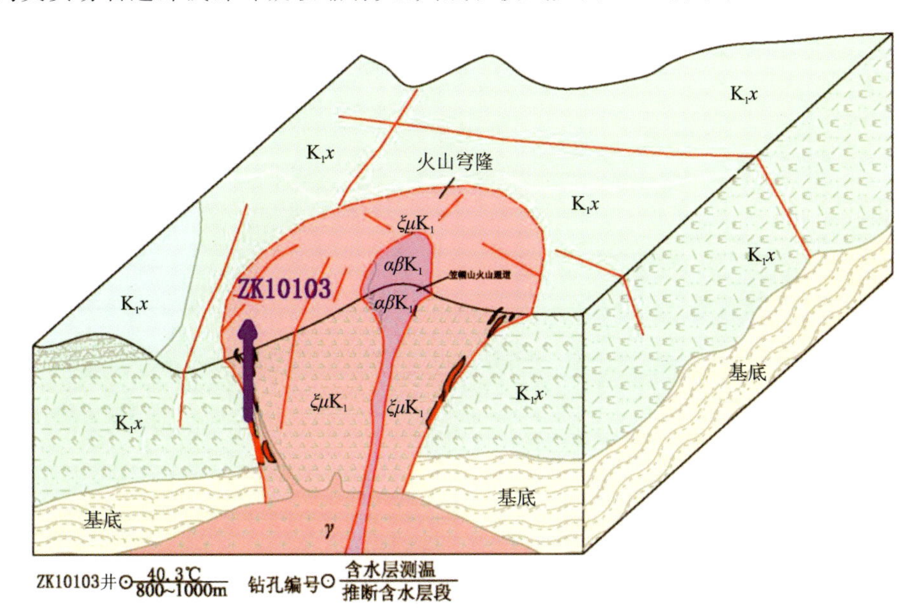

图 4-41　银坑矿区成矿模式图

银坑地热异常点与火山构造关系密切。浙江省中生代白垩纪以及新生代上新世火山活动强烈、频繁，火山机构发育。虽然属古火山岩区，火山机构对地热热源并无贡献，但火山构造活动形成的环形、放射状断裂往往呈张性，与后期区域性断裂复合，是地热成矿的有利条件。虽然目前该类型典型案例较少，但在今后勘查中应引起关注。整体来说，目前浙江省火山构造系统研究程度低且研究难度大，重点应关注与区域断裂相配套的环形、放射状断裂构造。

## 三、新生代沉积盆地区典型地热点（区）

浙江省前第四纪新生代沉积盆地继承浙北的震泽-天凝坳陷、桐乡-平湖坳陷和慈溪长河凹陷等白垩纪沉积盆地展布。近些年地热勘查工作主要集中在慈溪长河凹陷、震泽-天凝坳陷、桐乡-平湖坳陷等地分布的长河组，因在浙江省内范围较小，资料不详，尚难评估。

地处宁波市杭州湾新区和慈溪市的长河凹陷，于 20 世纪 70 年代曾进行石油地质勘探工作，完成近 500km 地震剖面，15 口 500～1000m 和 3 口 1800m 左右的钻井施工，取得丰富的地质资料且杭 17 井存在地热异常，2012 年以后，又先后多次开展地热勘查工作，施工地热井 3 口（表 4-13），地热勘查成果丰富，是浙江省内唯一的层状热储地热田。

**表 4-13　主要地热点特征一览表**

| 名称 | | | 杭 17 井 | 长热 1 井 | 湿地公园地热井 | 慈热 1 井 |
|---|---|---|---|---|---|---|
| 深度/m | | | 880 | 1800 | 2484 | 1800 |
| 钻遇地层 | Q | | 0～115 | 0～120 | 0～143 | 0～118 |
| | E | | 115～880<br>（未揭穿） | 120～1475 | 143～988 | 118～1640 |
| | K | $K_2Q$ | — | 1475～1800<br>（未揭穿） | 988～1570 | 1640～1800<br>（未揭穿） |
| | | $K_1M$ | — | — | 1570～2484<br>（未揭穿） | — |
| 抽水试验 | 取水段/m | | 284～286 | 944m 以深混合抽水 | 950m 以深混合抽水 | 600m 以深混合抽水 |
| | 涌水量/$m^3 \cdot d^{-1}$ | | 3.85 | 528 | 652.25 | 453 |
| | 降深/m | | 自溢 | 160 | 275.39 | 430 |
| | 单位涌水量/$m^3 \cdot d^{-1} \cdot m^{-1}$ | | — | 3.3 | 2.37 | 1.05 |
| | 水温/℃ | | 30.5 | 53.5 | 41 | 55 |
| 水质 | 类型 | | $HCO_3$-Na | $SO_4$·Cl-Na | $SO_4$-Na | $SO_4$-Na |
| | 矿化度/$mg \cdot L^{-1}$ | | 3930 | 14 284 | 7188 | 10 189 |
| | 特征元素/$mg \cdot L^{-1}$ | | 碘(1.5) | 碘(11.2)*<br>溴(8.1)**<br>锂(4.0)**<br>偏硼酸(42.8)**<br>偏硅酸(34.5)**<br>氟(1.9)<br>锶(9.5)<br>铁(4.1) | 碘(2.1)**<br>溴(1.6)<br>锂(2.5)**<br>偏硼酸(16.1)**<br>偏硅酸(24.2)<br>氟(2.33)*<br>锶(4.36)<br>铁(12.2)* | 碘(4.0)**<br>溴(3.5)<br>锂(2.4)**<br>偏硼酸(19.1)**<br>偏硅酸(27.4)**<br>氟(2.3)*<br>锶(3.9)<br>铁(4.3) |
| 主要出水地层 | | | E*ch* | E*ch* | E*ch* 及下部构造破碎带 | E*ch* |
| 成井日期 | | | 1974 年 | 2012 年 6 月 | 2017 年 12 月 | 2018 年 8 月 |

注：特征元素标注“*”为达到命名矿水浓度，标注“**”为达到矿水浓度。

长河凹陷是叠加在晚白垩世断陷盆地之上的古近纪沉积凹陷（图 4-42、图 4-43），总体上呈北东向展布，为一南东侧与陈蔡群变质岩断层接触、北西侧超覆于磨石山群火山岩之上的箕状凹陷。凹陷自南东向北西分为东南断阶带、中部向斜带和西北斜坡带 3 个次级构造单元。除控盆断裂外，盆地内尚有北东东向和东西向张性的正断层。

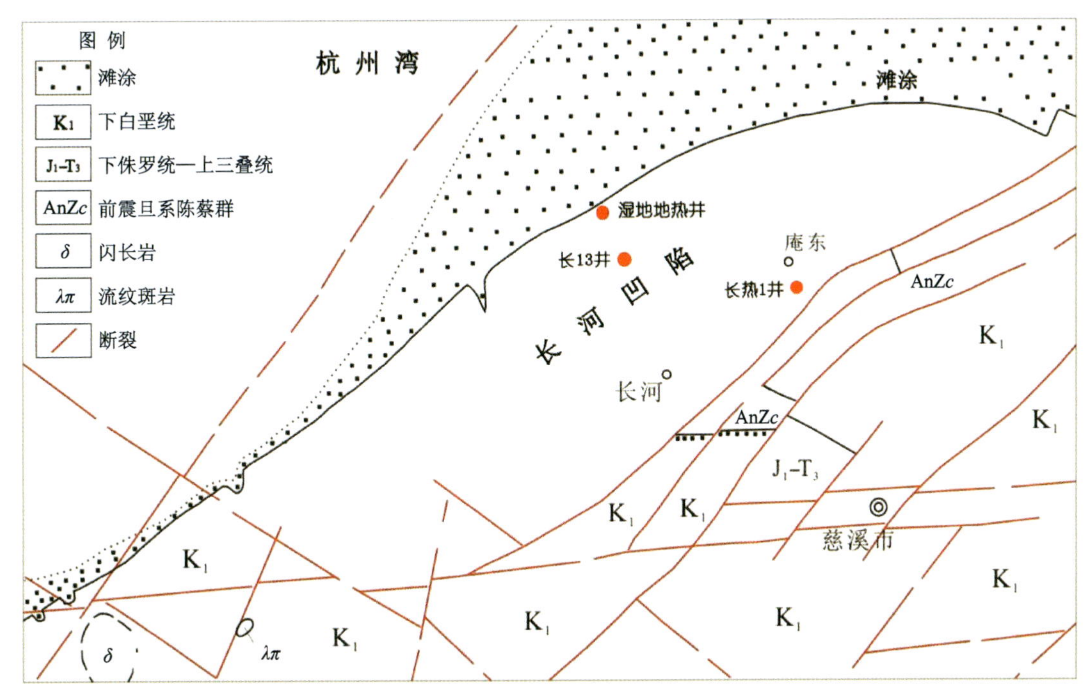

图 4-42　慈溪长河凹陷地质构造略图

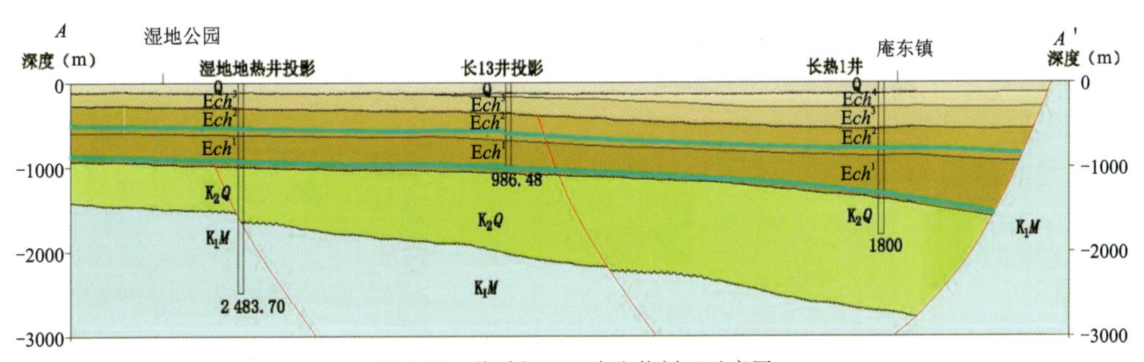

图 4-43　慈溪长河凹陷连井剖面示意图

长河组厚 600～1700m，由泥岩、砂岩、砂砾岩等组成多层结构，自下而上划分为长一段至长四段 4 个岩性段，每段均有孔隙率、渗透率较高的砂岩和砂砾岩层。从地热资源的形成条件考虑，埋深达 1000 余米以上的长二段（$Ech^2$）和长一段（$Ech^1$）砂岩和砂砾岩层是最有潜力的热储层，其次是上白垩统上段（$K_2^2$）的砂泥岩互层段。

长二段下部"第一砂岩段"系河流相沉积，一般厚 10～15m，最厚 38m，最薄处仅 0.5m，孔隙度 6.23%～31.86%，平均 22.96%；渗透率 0.17～3777mD（$1mD=1\times10^{-3}\mu m^2$），平均 420.16mD。长一段底部砂砾岩层系洪积相沉积物，厚度较大，一般厚 40～50m，最厚甚至超过 60m。热储层含水性较长二段差，孔隙率多为 11%～18%。测井曲线清楚反映，两套砂岩和砂砾岩可解释为孔隙度较高、渗透性能较好的含水层（图 4-44、图 4-45）。

除长河组外，其下的上白垩统也有渗透性较好的砂岩层。长热 1 井揭露的上白垩统上段（$K_2^2$）砖红色砂岩，夹含砾粗砂岩、泥质粉砂岩，胶结质含量多在 10%以下，主要为泥质，碳酸盐矿物较少，结构松散。测井曲线（图 4-46）显示存在 4 处明显的电测异常，是长热 1 井重点考虑的储层。

长热 1 井井深 1800m。0～118m 为第四系（Q）；118～400m 为 $Ech^4$ 泥岩、粉砂质泥岩夹粉砂岩；400～750m 为 $Ech^3$ 泥岩夹含砾砂岩；750～1200m 为 $Ech^2$ 含钙质泥岩夹（钙质）粉砂岩、砂砾岩、细砂岩

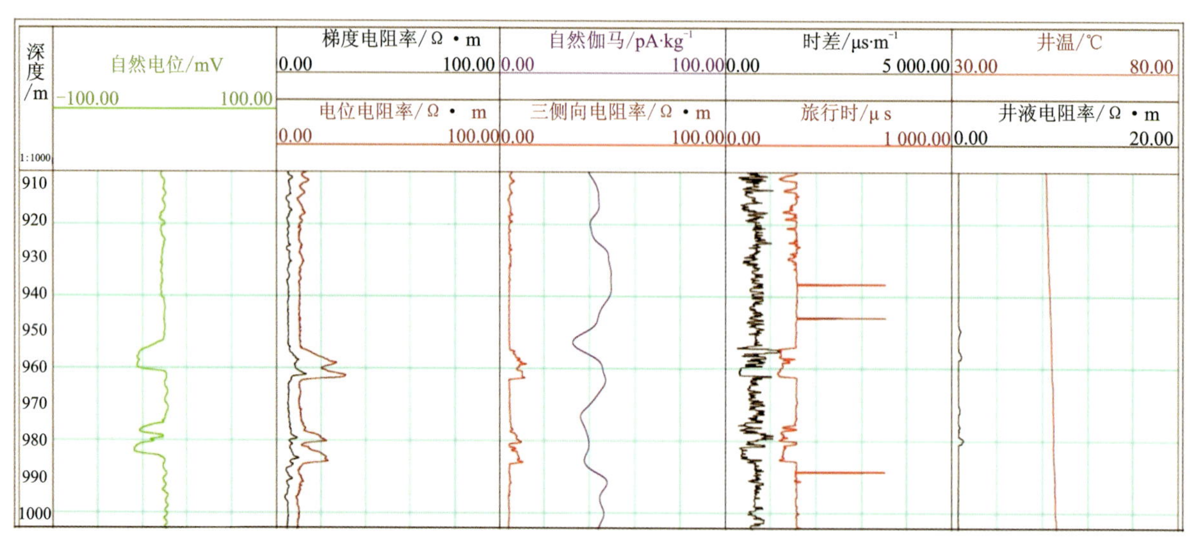


图 4-44　长热 1 井长二段"第一砂岩段"测井曲线

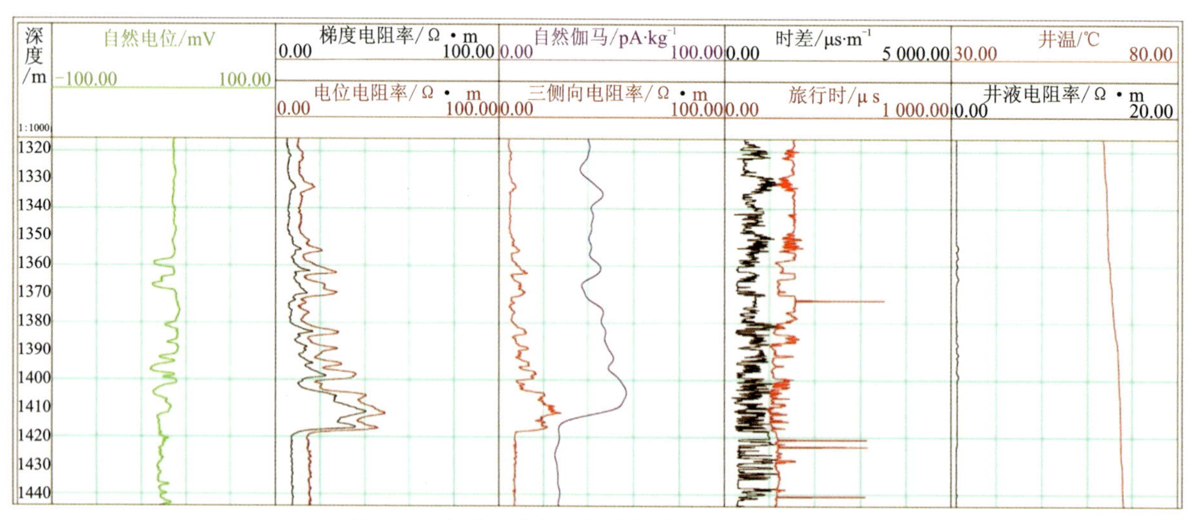


图 4-45　长热 1 井长一段底部砂砾岩段测井曲线

夹粉砂质泥岩；1200～1600m 为 $Ech^1$ 泥岩、粉砂质泥岩夹泥质粉砂岩、砾岩、含砾中粗砂岩；1600～1800m 为白垩系，岩性为泥岩、粉砂岩、砂砾石不等厚互层。根据测井及录井成果显示，该井共有 7 个含水层段，分别是 945～995m(Ⅰ)、1224～1275m(Ⅱ)、1325～1466m(Ⅲ)、1514～1586m(Ⅳ)、1612～1636m(Ⅴ)、1682～1700m(Ⅵ)、1766～1800m(Ⅶ)，总厚度 390m。其中Ⅰ号、Ⅱ号、Ⅲ号含水层段为长二段至底部的砂岩、砾岩层，总厚度约 242m；Ⅳ号、Ⅴ号、Ⅵ号和Ⅶ号含水层段则为上白垩统上段的砂岩层，总厚度约 148m。

此外，长河凹陷东南侧断阶带内的断裂也有利于形成带状热储，长 7 井曾钻遇 2 条断层，钻井揭露破碎带厚度 27m，其下为风化破碎的陈蔡群黑云母片麻岩、石榴子石斜长片麻岩等。测井显示破碎带自然电位出现明显的负异常。另外，盆地内也可能存在一些断裂构造活动，构成孔隙裂隙(上白垩统上段砂岩)或构造裂隙含水层(磨石山群火山碎屑岩)。根据测井曲线，湿热 1 井在 1 011.87～1 017.62m 见构造破碎带，属火山岩类构造裂隙型带状热储。

长二段以上的长三段、长四段岩性以泥质岩类为主，连同第四系构成热储上部的盖层。但其中仍包含砂岩段，如长三段中的"第二、第三砂岩段"，孔隙度平均 22%～24%，与长二段砂岩相当。杭 17 井 284.6～286.8m 井段施工时，地下水溢出地表，自流量 5.85m³/d，水温 30.5℃，异常明显。

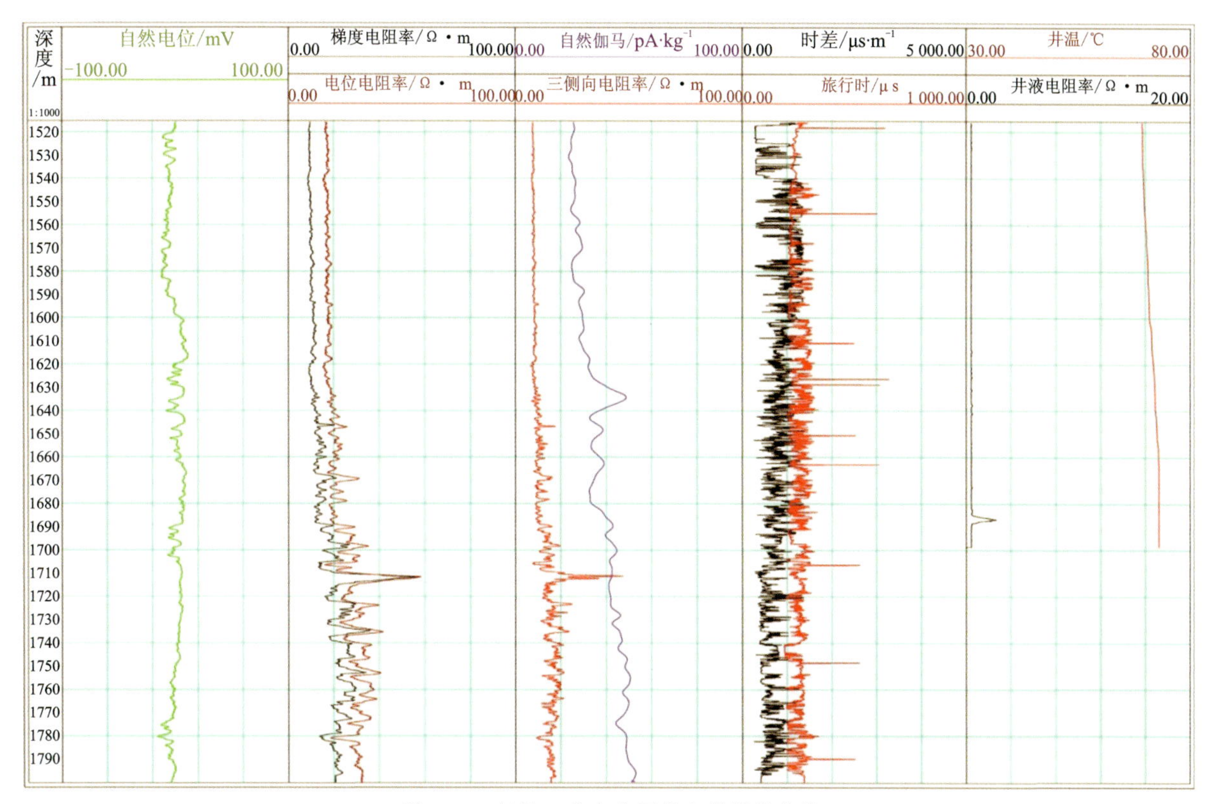

图 4-46 长热 1 井上白垩统上段测井曲线

长河凹陷近东南侧断裂部位有长约 12km，宽约 3km，面积约 $40km^2$ 的玄武岩分布，一般厚度 20m 左右，最厚者 33m，埋深在 200～570m 之间，长热 1 井即在 450～470m 揭露玄武岩层。玄武岩节理裂隙和孔洞也可能构成热水储存空间，但可能水温较低。

需要注意的是，虽为层状热储，但长河组中的砂岩、砂砾岩层纵向和横向分布变化均较大。首先，长河组中砂岩和砂砾岩层数很多，厚度都不大，而且常被泥质岩夹层分隔为几个单层，一般单层厚仅 1～2m，而 10m 以上的单层较少见。当然也有些地区厚度相对较大，并集中出现，主要砂岩、砂砾岩井段的总厚度可达 40～50m，甚至 60 余米，主要分布在南部断裂带附近的次凹内。总体上，长河组的沉积特点是西粗东细，南粗北细，厚度也是自南西向北东有递减的趋势(图 4-47)，长热 1 井在 1475m 揭穿长河组，慈热 1 井长河组至 1640m，该两口井均位于凹陷南部，而凹陷北部的湿热 1 井在 988m 即开始进入白垩纪地层。另外，浙江省这套砂泥岩热储属古近系，胶结好，孔隙率、渗透率偏低，从目前 3 口井的情况看，单井降深 160～430m，单位涌水量 1.05～3.3$m^3$/(d·m)，与北方新近系砂岩热储赋水差距明显。

该套层状热储主要是通过热传导加热埋藏于孔隙裂隙中的地下水，长热 1 井地温梯度 3.2℃/km，慈热 1 井平均地温梯度 3.1℃/km，长河凹陷的热流值也在 85～90mW/$m^2$ 区间，3000m 深度地温在 95～105℃的区间。热储分布面积比较广(总面积 $900km^2$，其中陆域面积 $350km^2$)，储存量丰富；层内水力坡度小，径流迟缓，周围封闭，在天然条件下，缺乏补给，过量开采可能造成水位下降。由于在干旱气候条件下形成的古沉积水是本区地热流体的主要来源之一，天然状态下基本处于封闭静止状态，地热流体长期深埋，矿化度高，为 7188～14 566mg/L，水化学类型为 $SO_4$ - Na 型，水中 I、Br、Li、F 等微量元素普遍富集，长热 1 井是浙江省内唯一一处碘达到命名矿水浓度的地热水资源，含量为 8～12.5mg/L。热储模式如图 4-48 所示。

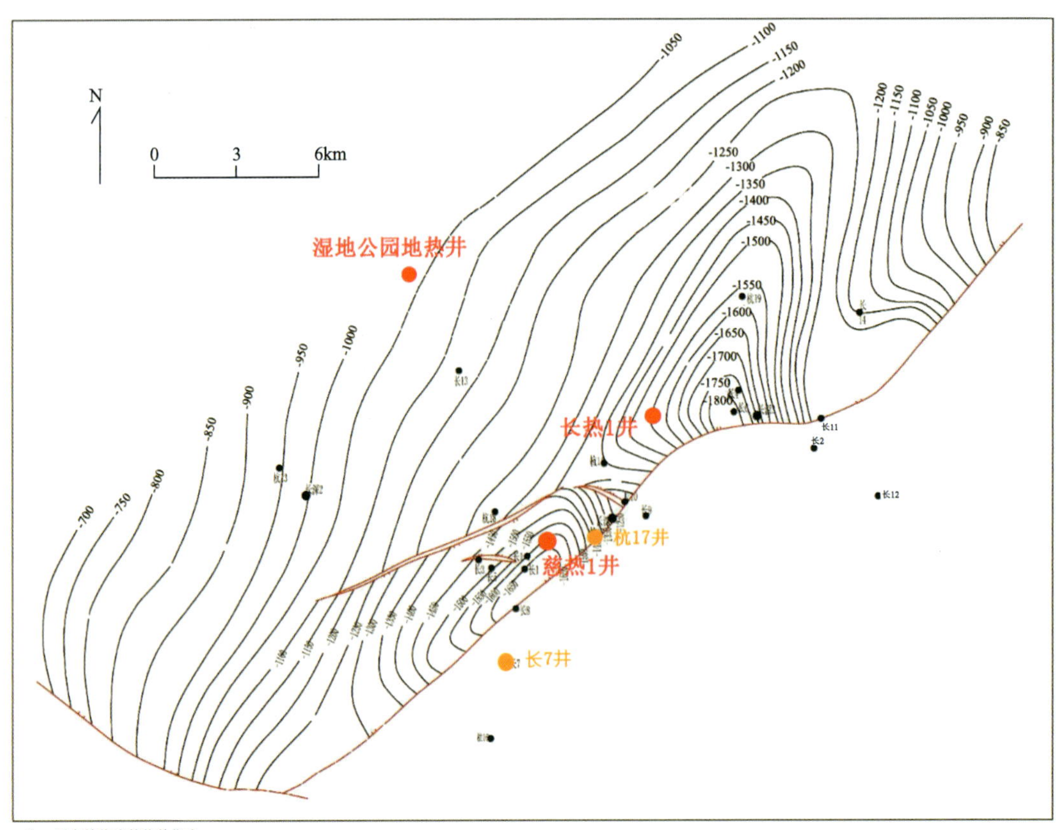


注：图中等值线数值单位为m。

图 4-47　长河凹陷长河组底界埋深等值线图

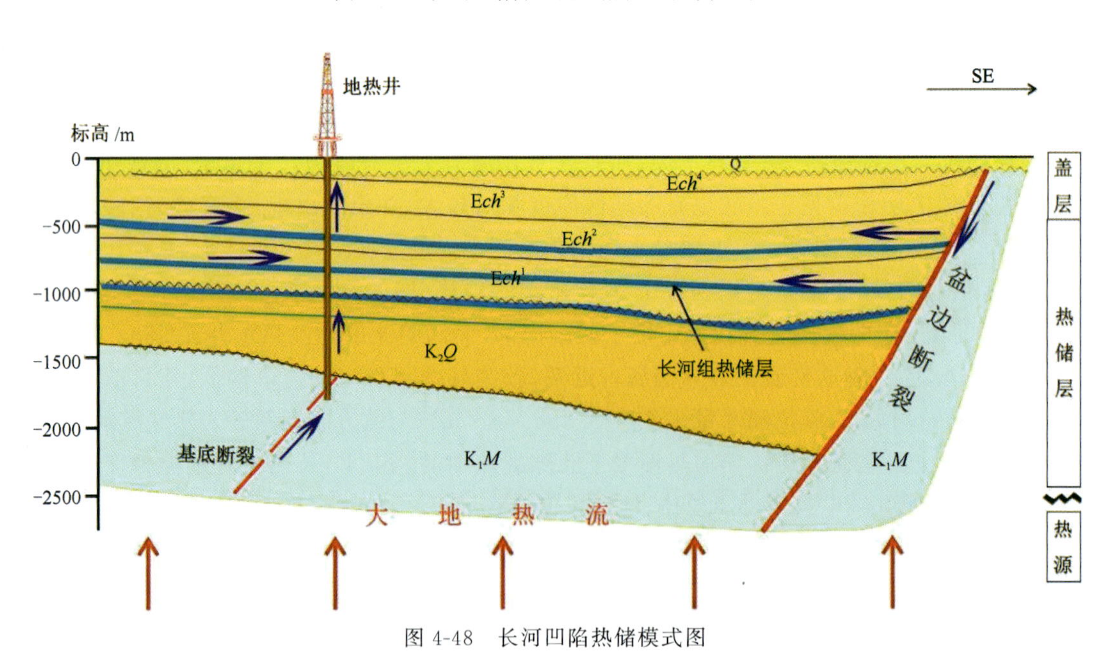


图 4-48　长河凹陷热储模式图

# 第七节　温州-定海亚区($B_2$)

## 一、主要特征

(1)范围:位于东部沿海,仙居以北(含仙居盆地)以温镇断裂带为界,仙居以南以丽水-余姚断裂为界。

(2)地质构造特征:为浙东南隆起区浙东火山岩带的东部区域。未见基底变质岩出露,火山岩厚度较大,燕山晚期酸性花岗岩类侵入活动强烈,温州-镇海断裂贯穿南北。长兴-奉化、孝丰-三门湾、淳安-温州、遂昌-文成北西向断裂斜贯本区。火山构造发育,形成一系列破火山、火山穹隆。沉积盆地以火山构造型为主("V"形火山构造洼地)。新近纪玄武岩呈北北东向零散分布于三门、宁海一带,显示曾经的"裂谷"。温(岭)-黄(岩)、温(州)-瑞(安)及平(阴)-苍(南)滨海和河口平原第四系上部由厚层海相淤泥质黏性土组成,中下部河湖相黏土与河流相砂砾石层组成,厚度100～180m。

(3)地热地质特征:浙江著名温泉宁海深甽和泰顺雅阳一北一南出露于峡谷地带,连同象山爵溪热水井是目前所知热水温度最高的地带(47～65℃)。温瑞、温黄平原承压水勘探孔中多处水温异常(22～24℃),少数水温25～26℃,表明深部有热水补给。1996年2月温州市郊黄屿民用浅井突发热水,水温最高80℃,地下水上涌,持续约30d。

本区热储类型主要为火山岩类、花岗岩类构造裂隙型带状热储。火山构造(破火山、火山穹隆)和区域断裂为主要的控矿构造,仙居以北(含仙居盆地)主要控矿的区域构造以北东向为主,仙居以南主要控矿的区域构造以北西向为主。

(4)地热流体水化学特征:地热水中阴离子以$HCO_3^-$为主,阳离子以$Na^+$为主。溶解性总固体含量237～477mg/L,均为低矿化度的淡水。pH为7.92～8.88,以弱碱性—碱性为主。氟、偏硅酸含量基本都能达到命名矿水浓度标准,氡含量异常明显,大部分能达到有医疗价值浓度标准。

## 二、典型地热点(区)

### (一)泰顺雅阳承天温泉

泰顺雅阳会甲溪深切峡谷谷底,因热泉集中而久负盛名,在500年前明代地方志中已有记载。"惜在幽僻,鲜有知者"。1973年,浙江省水文地质工程地质大队实地调查确认温泉位置及地质环境,并测得泉水最高温度62℃,泉群涌水量173～518$m^3$/d。当年新安江地震台监测水氡浓度为55.5Bq/L,达到当时规范规定的矿水浓度(47.14Bq/L),故命名为氡泉,并延续至今。

1997—1998年,浙江省地质矿产研究所在该地区开展调查评价工作。经调查,承天温泉群分布范围长约15m,宽约10m。各泉点相对集中于A、B、C 3个区(图4-49)。

A区为集中溢出泉群。1973年后即建封闭式集水池,面积30$m^2$,池深1.8m,容积54$m^3$,最大水深0.97m,即贮水量为29.1$m^3$。池内分别有热水自岩壁裂隙中涌出,水温55℃,测得总流量280$m^3$/d,池底尚有另一上涌泉口,水温62℃。由密封贮水池引自抽水泵井,水温降自56℃。B区为露天浴池,泉口水温59℃,流量40$m^3$/d。C区为分散的冒气冒热的泉点,温度各不相同,最高者58.3℃。热水流量难

图 4-49　泰顺承天温泉出露区泉群分布素描图

A. 集中溢出泉群所建成封闭式水池；B. 露天浴池；C. 溪水中冒气冒热水点的泉群；D. 抽水泵井

以测定，按各泉点电阻率变化及比值，推断热水流量在 150～200m³/d 之间。

经 A 区集水池流量动态观测，流量在 304.9～327.8m³/d 之间。评价确认雅阳承天温泉的主井（单泉）允许开采量为 305m³/d。经此后 10 余年开采动态验证该水量符合实际。

泰顺承天温泉位于雅阳会甲溪"V"字形深切峡谷谷底，出露地层为下白垩统西山头组流纹质玻屑晶屑凝灰岩夹凝灰质粉砂岩，周边有多处燕山晚期钾长花岗岩分布（图 4-50、图 4-51）。沿会甲溪北西向的区域性断裂为主要的控热导水构造，长约 13km，破碎带宽 10～50m，倾向北东，倾角 70°～80°。两侧岩石强烈硅化，并有辉绿岩脉充填。断裂切割西山头组、馆头组、朝川组，以及钾长花岗岩体。泉群下游有多条安山玢岩脉阻隔，热水上升涌出。泉群水化学类型为 $HCO_3$ - Na 型，溶解性总固体含量 518～628mg/L，氟含量 14.5～16.0mg/L，偏硅酸含量 91～117mg/L，水氡浓度 79.33Bq/L，可命名为高钠、低钙、低硬度氟-硅热矿水，为典型的花岗岩类热水水质特征。

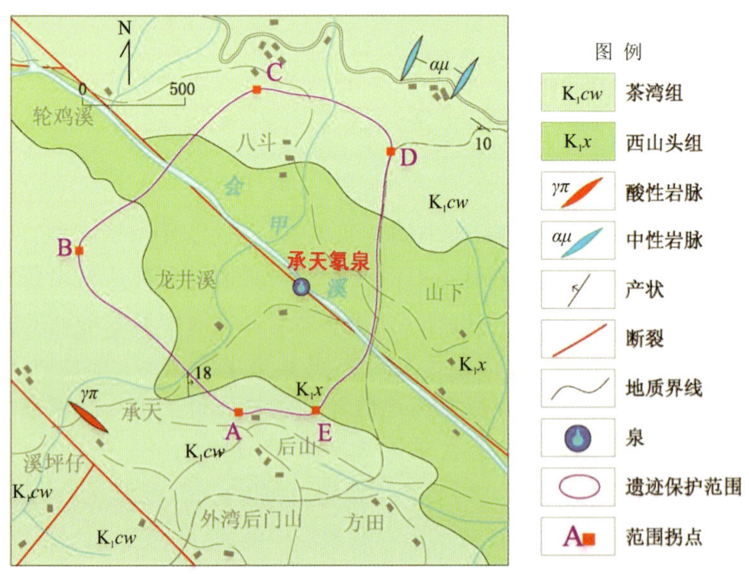


图 4-50　泰顺承天温泉地热地质略图（据浙江省第十一地质大队，2011）

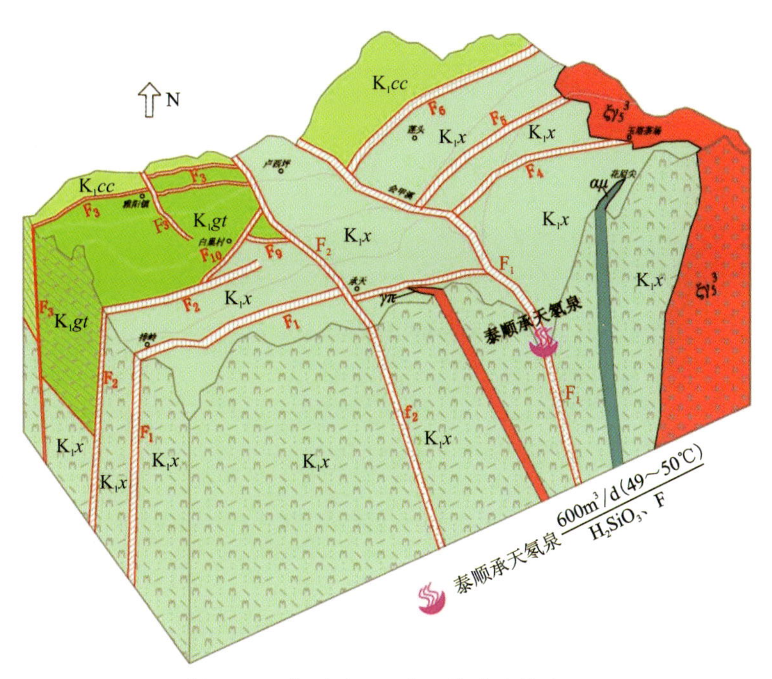


图 4-51　泰顺承天温泉地热成矿模式图

## （二）瑞安 HL2 井

瑞安 HL2 井位于瑞安市湖岭镇陶溪，井深 2300m，0～9.5m 为第四系，9.6～2300m 全部为燕山期钾长花岗岩（图 4-52）。静水位为＋55m，井口自流温度 48℃，自流水量 298m³/d。抽水试验结果显示，"控制的"可采资源量为 1104m³/d，降深 213.74m，井口水温 48～52℃，氟含量 20.4mg/L，偏硅酸含量 50.4mg/L，为氟、偏硅酸水。根据测井解译分析，自 570～2300m，共计有 16 段共计 162.8m 的构造裂隙段，结合钻井过程中异常判断，965～995m、1065～1090m、1365～1390m、1915～1940m、2140～2165m 5 段为主要出水层段。

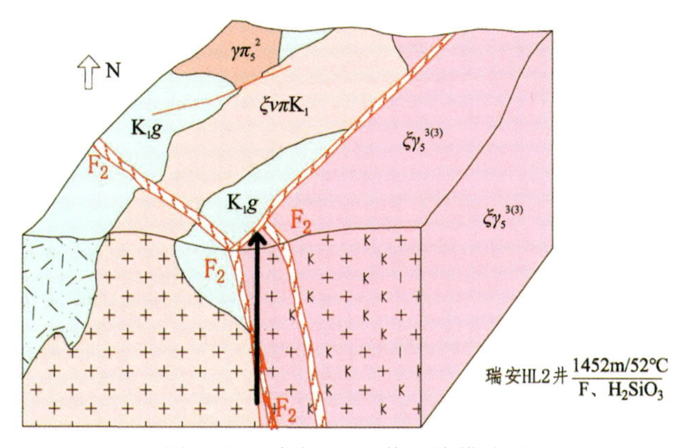


图 4-52　瑞安 HL2 井地热模式图

井位周边分布大面积的燕山期花岗岩体，属于金岩头火山穹隆的一部分，区域构造上处于北西向松阳-平阳大断裂（$F_1$）和北东向泰顺-黄岩大断裂（$F_5$）交会位置。地热井周边主要表现为一系列平行的北西向、北东向断裂及一系列相应的侵入体、潜火山岩及岩脉群呈线（带）状分布（图 4-53）。

北西向构造在地表表现为数条平行排列的北西向断裂，断面粗糙不平，呈锯齿状，断面上发育水平或斜向擦痕及反阶步，表明该断裂为张性或张扭性，并经历过多期次活动。其中陶溪-沙门断裂（$F_1$）是

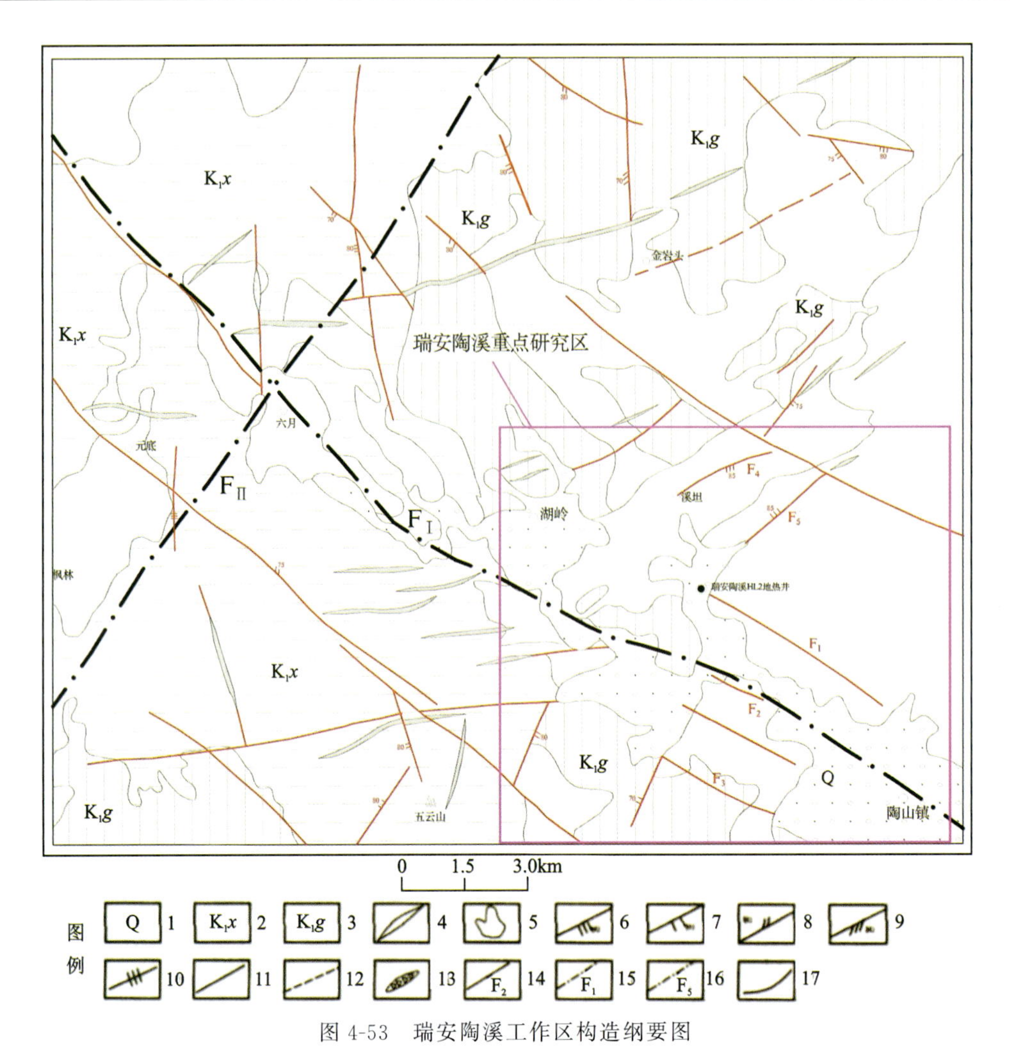


图 4-53　瑞安陶溪工作区构造纲要图

1.第四系；2.下白垩统西山头组；3.下白垩统高坞组；4.脉岩；5.侵入岩、浅火山岩；6.压性断裂及产状；7.张性断裂及产状；8.张扭性断裂及产状；9.压扭性断裂及产状；10.直立断层；11.性质不明断裂；12.推测断裂；13.构造破碎带；14.断裂编号；15.松阳-平阳大断裂；16.泰顺-黄岩大断裂；17.地质界线

调查中发现的最明显的断裂构造，是瑞安陶溪 HL2 地热井最主要的控矿构造(图 4-54)。该断裂整体呈 290°～300°走向，倾向南东，局部反倾，长度超过 12km。不同控制点断裂表现有所不同，断层面一般粗糙不平，呈锯齿状，断面上发育水平擦痕及反阶步，局部见斜向下擦痕，推测该断裂既左行张扭，又有张性的多次活动特征。该断裂在野外最显著的特征为石英脉充填，宽度几厘米到几十厘米不等，脉中见明显未闭合空隙及石英晶簇。断裂旁侧破碎带宽约 30m，带内由密集的节理切割形成的碎裂岩组成，带内见明显黄铁矿化、绿泥石化及硅化等。从可控源物探资料来看(图 4-55)，该断裂形成明显的垂向低阻带，切割深度超过 2500m。形成的破碎带及地下裂隙空间为瑞安陶溪 HL2 地热井的控矿热储和通道，为该井提供了丰富的地热资源。

北东向断裂主要沿北东向沟谷发育，沟谷内基岩裸露，围岩较完整，并未见到明显的断裂构造特征，地表地质特征主要为北东向岩脉群，推测该断裂仅在岩脉上侵时有过活动，后期断裂活动微弱，碎裂程度较弱，富水性较差。

HL2 地热井附近一系列北西向断裂在区域上属松阳-平阳大断裂，在研究区可划归于垟寮-下山根北西向断裂。垟寮-下山根断裂源于青田县汤垟乡垟寮村一带，往南东经六科、陶峰镇、下山根等地，一直延伸至温瑞平原第四系地热异常集中的区域(图 4-55)，长度大于 57km，大部分地区被第四系覆盖，走向 300°～320°，倾向南西、北东不定，倾角较陡。野外及物探工作成果显示，垟寮-下山根断裂是研究区

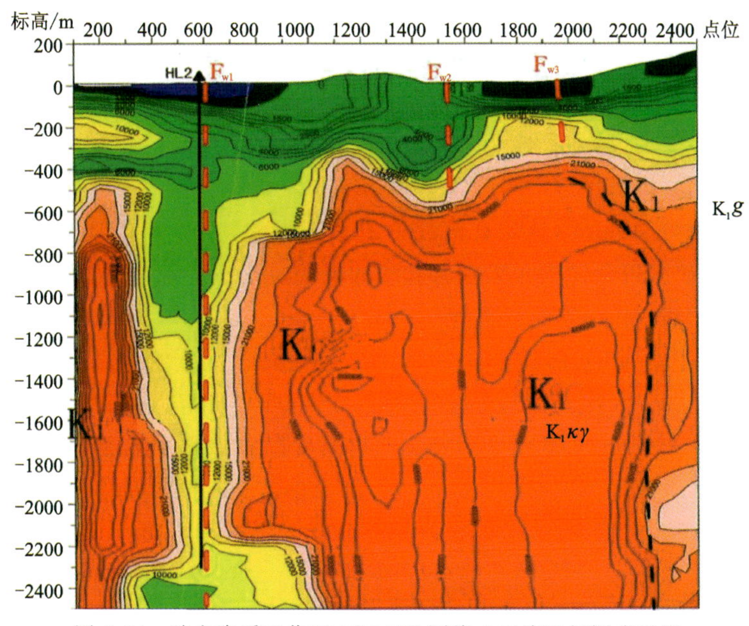

图 4-54　瑞安陶溪工作区 CSAMT 测线 6 反演及解译成果图

主要的地热成矿构造，区内及附近的地热异常，包括瑞安地热井以及 1∶20 万平阳幅水文地质调查时施工的地热异常井均与之密切相关。综上所述，该区域的地热勘探工作应重点围绕此类北西向断裂展开，同时应关注北西向断裂与火山穹隆交会部位。

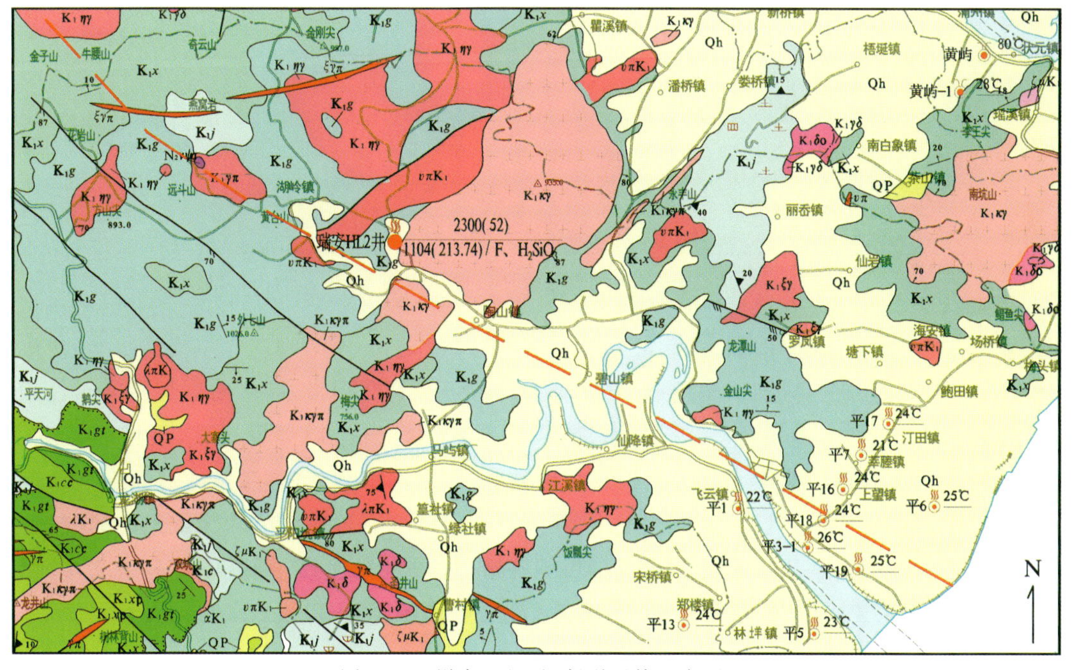

图 4-55　垟寮-下山根断裂延伸示意图

## （三）永嘉 NR1 井

永嘉地热区位于浙江省永嘉县鹤盛镇南陈村，紧邻楠溪江核心景区石桅岩和世界地质公园雁荡山风景区。2013 年 7 月受永嘉县楠溪江南陈观光农业有限公司委托，浙江省地质调查院在温州市永嘉县鹤盛镇南陈村一带开展地热资源勘查。经过近 5 年的地热勘查工作，成功施工 NR1 号地热井（NR1 井）。

南陈村 NR1 井在地貌上位于一近东西向的山间沟谷内，沟谷南北宽约 500m，呈“U”字形，沟谷内地势东高西低，出口向西，标高 480～500m，整体较平缓。四周环伺的群山高程在 636～705.9m 之间。NR1 井井口标高 482m，静水位标高 236.29m（埋深 245.71m），降深 162m 时，“探明的”可开采量为 $400m^3/d$，“探明的”＋“控制的”可开采量为 $432m^3/d$。地热流体井口温度 48.3℃，属低温地热资源，水化学类型为 $HCO_3$－Na 型，溶解性总固体含量 180～270mg/L，氟含量 4.96～6.24mg/L，达到矿水命名浓度；偏硅酸含量 37.3～41.6mg/L，达到有医疗价值和矿水浓度；氡含量 73.1Bq/L，达到有医疗价值和矿水浓度。NR1 井热矿水可命名为含氡和偏硅酸的氟温热淡水。地热井井深 1746m，0～8m 为第四系（Q），8～1746m 为高坞组（$K_1g$）火山碎屑岩。

地热井及周边主要出露白垩系磨石山群（$K_1M$）高坞组（$K_1g$）及永康群（$K_1Y$）小平田组（$K_1xp$），部分区域分布斑状石英正长岩（$K_2\xi o$）侵入体（图 4-56）。高坞组（$K_1g$）为一套岩性较单一的酸性火山碎屑岩，小平田组（$K_1xp$）为一套酸性、中酸性火山碎屑岩夹酸性熔岩地层。区域主要受温州-镇海深断裂带影响，该断裂带从勘查区东侧一带通过。区内断裂构造主要走向为东西向、北东向、北西向。

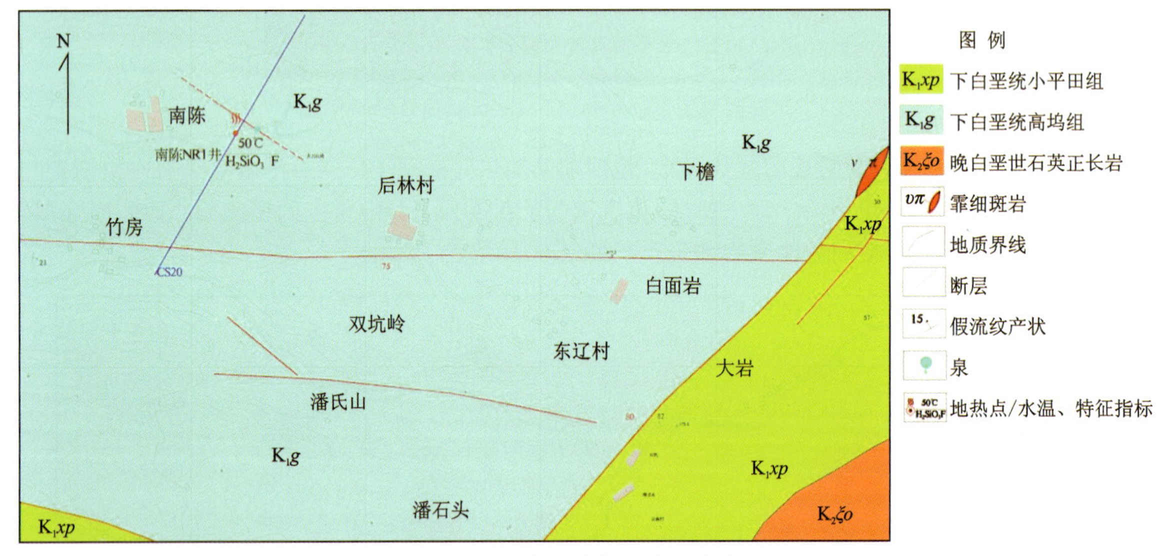


图 4-56　永嘉地热区地质简图

东西向断裂为区域的主干断裂之一，经野外调查，破碎带宽 3～4m，带内充填构造角砾，角砾岩性与围岩一致，大小不一，呈定向排列。构造透镜体及同方向节理、破劈理带发育，断裂性质以压性为主。北东向断裂较发育，走向 35°，倾角较陡，70°左右，断面光滑，波状起伏，局部较平直，延伸较稳定，发育阶步、擦痕等，带内可见构造透镜体、断层泥、构造角砾岩等，同方向节理、劈理带发育。断裂性质以压扭性为主，常充填酸性岩脉。岩石具硅化、高岭土化、叶蜡石化等蚀变。地貌上表现为北东东向线性沟谷，断层崖、断层三角面等发育，性质属压性。北西向断裂构造，性质以张性为主，野外见多条北西向破碎带，走向 138°～140°，倾角 55°～63°，宽度 3～10m 不等，带内可见断层泥、碎裂岩及构造角砾岩，局部见构造透镜体。构造角砾大小不一，呈次棱角状，局部呈定向排列。带内及围岩见绿泥石化、高岭土化、黄铁矿化，另有石英、方解石及萤石细脉发育。断裂力学性质早期以压扭性为主，晚期具张扭性特征。北西向断裂切割北东向、近东西向断裂迹象较明显。

据查阅地热勘查物探资料，可控源音频大地电磁测深工作控制了两条北西向隐伏断裂。从地质构造和物探剖面上看，NR1 井位于北西向断裂带，在 1600m 左右钻遇北西向 $F_{13}$ 主要断裂带（图 4-57）。南陈村 NR1 井热储呈北西向带状分布，为断裂构造裂隙型带状热储，即以火山碎屑岩内部的断裂构造破碎带及两侧围岩裂隙带为主要的储水空间（图 4-58）。

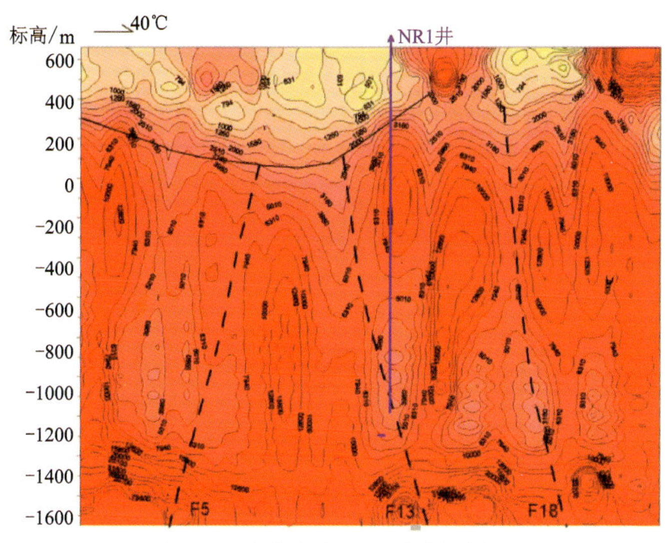


图 4-57　永嘉南陈 NR1 井物探剖面

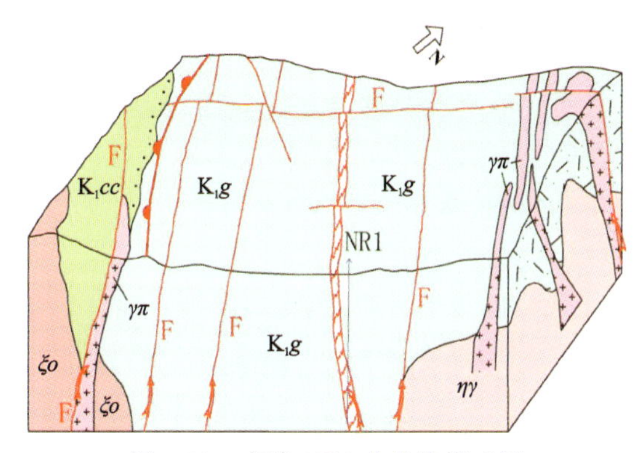


图 4-58　南陈 NR1 井地热模式图

（四）宁海深甽

该地热点位于宁海县深甽镇南溪。1959 年 10 月由当地群众报矿发现，测得出露的温泉水温 36℃。1960 年 5 月，浙江省水文地质工程地质大队首次进行调查与勘探，同年 9 月在温泉南约 400m 建成探采结合井一口（$CKB_2$），水温 47.4℃，涌水量超过 $1000m^3/d$，成为浙江省第一口热水井，并建成第一个温泉疗养院。初名南溪温泉，后由郭沫若依所在的天台山、四明山名之为“天明山温泉”。此后相继在该地进行多次地热地质测绘及勘探、评价工作。截止到 2000 年，共计完成 1∶10 万普查 $546km^2$，1∶2.5 万地质测绘 $50km^2$，1∶5000 及 1∶2000 地质测绘 $38.09km^2$ 和 $0.6km^2$。主要包括测温浅孔及勘探孔在内的钻孔 56 个，以及以大量电磁测深为主的物探剖面及岩、土、水测试工作，勘查范围由南溪上游至深甽镇一带。除 1989 年新增一口水温 34.7℃ 热水井（C1 井）外，均因水量或水温不能满足要求，以致到 2009 年尚在普洛寺东侧坡麓施工 TK1 井，终因水温仅 22℃，未能达到预期目的。由此足见在隆起山地区地热勘查的难度和风险。

已开采利用近 30 年的甽 3 地热井（原 CKB2 井，1982 年重建）井深 150m，全井为霏细斑岩，上部岩石较完整，井深 97～120m 段为霏细角砾岩，岩石较破碎，为主要出水段。在其旁侧的 C1 井 0～27m 为西山头组（$K_1x$）晶屑玻屑熔结凝灰岩，坚硬完整；27～132m 为花岗斑岩、霏细斑岩；74.57～79.77m 为角砾岩，裂隙溶孔较发育；122～157m 为断层破碎带，角砾由熔结凝灰岩与霏细岩组成，裂隙密集，溶孔发育，钻进自顶板起涌水，至 139m 增大，测得自流量 $187m^3/d$，孔口水温 34℃。

据2003年和2010年浙江省水文地质工程地质大队补充勘探和评价,对甽3井(1982年原CKB2井侧重建)与C1井单井抽水试验资料进行整理,获得成果详见表4-14。

**表4-14 宁海深甽甽3井及C1井抽水试验成果表**

| 井号 | 试验日期(年-月) | 静水位埋深/m | 降深/m | 涌水量 | | 单位涌水量/$m^3 \cdot d^{-1} \cdot m^{-1}$ | 井口出水温度/℃ |
|---|---|---|---|---|---|---|---|
| | | | | $L \cdot s^{-1}$ | $m^3 \cdot d^{-1}$ | | |
| 甽3井 | 1982-05 | 6.75 | 14.52 | 10.45 | 903 | 62.2 | 46.7 |
| | 2003-04 | 8.43 | 10.96 | 11.94 | 1032 | 94.2 | 47.0 |
| | 2010-01 | 6.75 | 20.28 | 14.09 | 1 217.3 | 60.02 | 44~47 |
| | 2010-07 | 6.75 | 21.01 | 14.03 | 1 211.7 | 60.02 | 43.5~47 |
| C1井 | 1989-08 | 3.00 | 16.92 | 10.27 | 887 | 52.4 | 34.7 |
| | 2003-04 | 0.28 | 34.58 | 7.78 | 672 | 19.4 | 34.0 |

历次抽水试验成果数据基本一致,甽3井和C1井水量丰富。据2000—2009年10年间每月一次流量水位和水温监测记录,平均开采量350$m^3$/d,降深在8~12m范围内变动。2010年逐日观测,平均开采量576$m^3$/d,平均降深13m,与历次抽水试验结果相近。2011年评价确认甽3单井验证的可开采量(资源储量)为576$m^3$/d,探明的可开采量为950$m^3$/d,控制的可开采量为1212$m^3$/d。该井自1982年至今总计开采量(250~350)×$10^4 m^3$,水温、水位、水量和水质稳定,证明带状热储热水储存丰富、补给范围和径流途径广阔,具持续开发潜力。

10年来每年1次的枯丰季水质监测成果表明,热水溶解性总固体含量330~423mg/L,pH为8.6,水化学类型为低氯、低钙、$HCO_3$-Na型,氟含量8.6~13mg/L,偏硅酸含量54~61mg/L,氡含量243~52.5Bq/L,为含氡的氟-硅水,属浙江省典型的花岗岩类热水,是优良的理疗热矿水。

深甽地热区地处龙泉-宁波隆起区东北端,周围分布大片白垩纪火山岩系。有燕山晚期花岗岩及脉岩零星出露。两侧为鹤溪-奉化断裂和温州-镇海断裂。以北北东向压扭性主干断裂$F_1$与北东东向张扭性断裂复合交会所组成的构造格架,控制了花岗岩类(霏细岩、花岗斑岩等)构造裂隙型带状热储的分布(图4-59、图4-60)。受北北东向压性断裂($F_1$)阻隔,在南溪深谷谷底,因静水压力差,热水集聚于断裂带浅部或涌出地表。

### (五)小结

从区域地质资料分析,泰顺雅阳温泉、瑞安HL2地热井、宁海深甽地热井自南向北均受北北东向温州-镇海大断裂影响,但仅宁海深甽的控矿断裂为温镇断裂带的次级断裂,南部的泰顺雅阳、瑞安HL2井均受北西向构造控矿。瑞安HL2井周边地质调查发现,北西向构造行迹明显,多次活动,且以张性、张扭性为主要特征,而北东向构造多被岩脉充填,且岩脉完整,推测岩脉侵入后期断裂活动性较弱。根据《浙江省温镇断裂带地热成矿规律研究及远景预测报告》(2019)中的相关研究成果,温镇断裂带活动性具有北强南弱的特征,在宁波至宁海段活动性最强,断裂普遍在中更新世晚期(200~100ka)有过活动,最晚持续到晚更新世[(75.04±6.38)ka];宁海至雁荡山段活动性减弱,仅有部分断裂在中更新世晚期(200~100ka)有过活动;雁荡山以南地区北东向、北北东向断裂少见活动,以北西向活动性断裂为主,测得最后一期活动时间较早,普遍大于200ka。对比温州-镇海断裂带各地区应力状态来看,早期区域上整体北部地区受北北西-南南东向、南部受北西-南东向挤压应力控制,导致北部北北东向断裂发生左行压扭,形成一些赋水空间;南部北东向断裂、盆地边缘遭受挤压,形成一系列压性断层和逆冲推覆构造,不利于地热水的赋存;而全区各处早期形成的北西向、北西西向断裂拉张,形成张性的赋水空间;晚

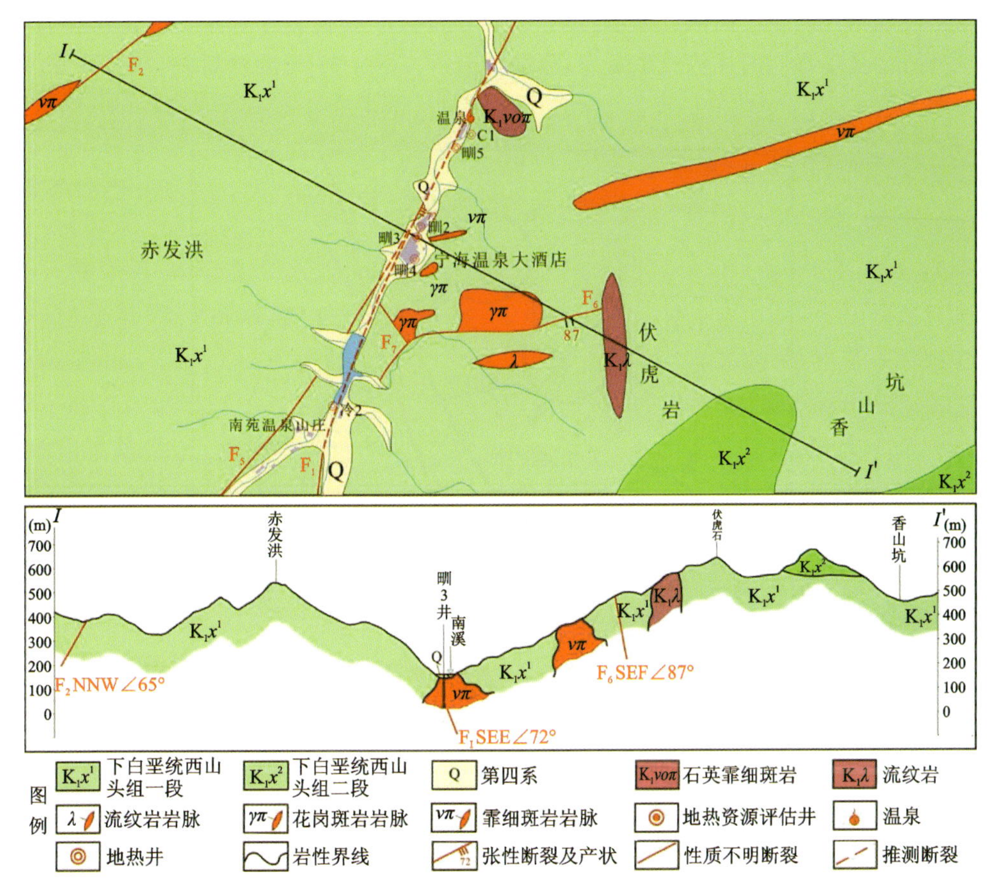


图 4-59　宁海森林温泉一3井地热地质图

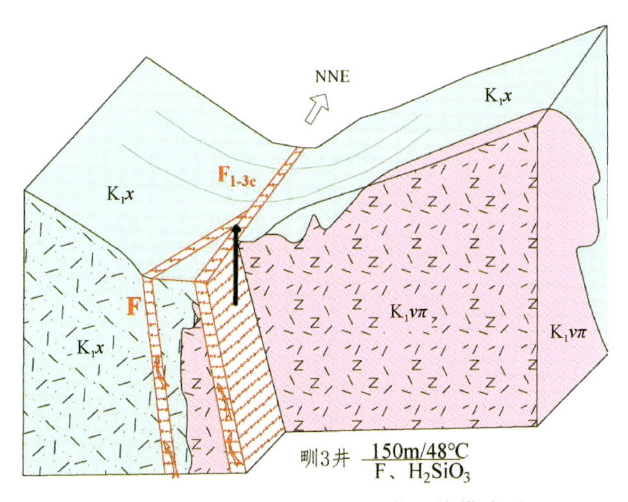


图 4-60　宁海森林温泉一3井地热模式图

期该区受北西-南东向弱挤压应力控制，导致北部北北东向断裂活动性减弱，转为较弱的压性状态；南部北东向压性断裂在较弱的构造应力作用下未能重新活动；早期形成的北西向、北西西向断裂继续拉张，形成左行张扭性或张性断裂。由此可见，地热资源的分布与区域断裂时空分布演化及应力场环境关系密切，不同位置，会呈现不同的优势成矿断裂，应加强分析。图 4-61 为温镇断裂带北部（深圳地区）构造演化及应力图。

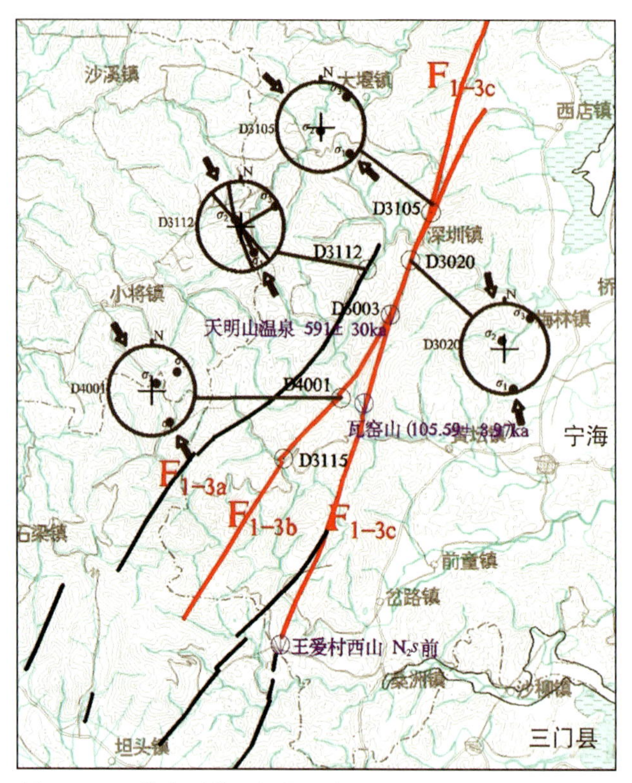


图 4-61　温镇断裂带北部构造演化及应力图（宁海深圳地区）

# 第五章　地热资源流体特征

本次工作从井深、水温、水量、降深、单位涌水量、水化学特征等方面对浙江省 50 处地热点(水温≥25℃)的资源概况进行了统计，详见表 5-1—表 5-3。在此基础上，对地热资源开采的经济性、适宜性和地热资源的开发利用方向、地质环境影响等进行论述。

表 5-1　地热资源概况

| 编号 | 井号 | 水温/℃ | 涌水量 $/m^3 \cdot d^{-1}$ | 降深/m | 单位涌水量 $/m^3 \cdot d^{-1} \cdot m^{-1}$ | 井深 | 地热水排放评价 |
|---|---|---|---|---|---|---|---|
| 1 | 嘉热 2 井 | 45～45.6 | 330 | 200 | 1.65 | 2 161.81 | 符合 |
| 2 | 善热 3 井 | 41.5 | 340 | 300 | 1.33 | 2 005.75 | 不符合 |
| 3 | 嘉热 4 井 | 42 | 320 | 300 | 1.07 | 2 001.65 | 符合 |
| 4 | 运热 1 井 | 64 | 2000 | 35 | 57.14 | 2 003.78 | 不符合 |
| 5 | 运热 2 井 | 52 | 302.17 | 资料待查 | — | 2 200.36 | 不符合 |
| 6 | 新热 2 井 | 34.4 | 500 | 200 | 2.5 | 3 000.66 | 符合 |
| 7 | 湘家荡 1 井 | 40 | 125 | 289.05 | 0.43 | 2 000.26 | 符合 |
| 8 | 仙居大战 DR1 井 | 33.5 | 500 | 32.4 | 15.43 | 450 | 不符合 |
| 9 | 磐安 PR1 井 | 31.2～33.5 | 300 | 228 | 1.32 | 1 500.55 | 不符合 |
| 10 | 王店 WR1 井 | 39.1～39.6 | 371 | 394.95 | 0.94 | 2 002.58 | 符合 |
| 11 | 永嘉南陈 1 井 | 48.3 | 400 | 162 | 2.47 | 1 745.99 | 不符合 |
| 12 | 龙游 LR1 井 | 41 | 968.42 | 106.12 | 9.13 | 840.26 | 不符合 |
| 13 | 嵊州 DR8 井 | 29 | 480 | 8 | 60 | 450 | 符合 |
| 14 | 嵊州 DR10 井 | 33.5 | 187 | 140 | 1.34 | 700 | 不符合 |
| 15 | 瑞安 HL2 井 | 52 | 1104 | 213.74 | 5.17 | 2300 | 不符合 |
| 16 | 千岛湖 ZK1 井 | 47.6 | 430 | 137 | 3.14 | 1452 | 符合 |
| 17 | 东阳横店 DR1 井 | 27.3～28.5 | 321.69 | 100 | 3.22 | 850 | 符合 |
| 18 | 临安湍口 201 井 | 28 | 346 | 100 | 3.46 | 600.60 | 符合 |
| 19 | WQ01 井 | 31 | 1 191.7 | 19.28 | 61.81 | 421.76 | 符合 |
| 20 | WQ08 井 | 30 | 1 054.08 | 9.09 | 115.96 | 397.90 | 符合 |
| 21 | WQ05 井 | 25.5 | 1 210.64 | 4.75 | 254.87 | 552.18 | 符合 |

**续表 5-1**

| 编号 | 井号 | 水温/℃ | 涌水量 /m³·d⁻¹ | 降深/m | 单位涌水量 /m³·d⁻¹·m⁻¹ | 井深 | 地热水排放评价 |
|---|---|---|---|---|---|---|---|
| 22 | DR12 井 | 45 | 720.2 | 132.32 | 5.44 | 1238 | 不符合 |
| 23 | WQ09 井 | 44.8 | 357 | 130 | 2.009 | 1596 | 不符合 |
| 24 | WQ10 井 | 63 | 1348 | 130.4 | 10.337 | 1 725.51 | 不符合 |
| 25 | 寿 2 井 | 27.8 | 239 | 79.74 | 3.0 | 1 407.30 | 不符合 |
| 26 | 寿 5 井 | 39 | 840 | 9.72 | 86.41 | 952.31 | 不符合 |
| 27 | 象山爵溪东铭 1 井 | 50.4～58.1 | 562.25 | 264 | 2.13 | 2 606.18 | 不符合 |
| 28 | 余姚陆埠阳明-1 井 | 34～36 | 350 | 200 | 1.75 | 2 501.9 | 符合 |
| 29 | 汤溪 TXRT2 井 | 45.1～45.3 | 1016 | 97.6 | 10.41 | 1264 | 不符合 |
| 30 | 牛头山 ZK1 井 | 27.5～31.3 | 542 | 128.2 | 4.23 | 2300 | 符合 |
| 31 | 桐庐阆里村 DR1 井 | 34.2 | 968.4 | 117.4 | 8.25 | 1 500.38 | 符合 |
| 32 | 泰顺雅阳 | 62 | 518 | 泉 | — | — | 不符合 |
| 33 | 溪里 DR2 井(A) | 33 | 2100 | 矿坑涌水 | — | — | 不符合 |
| 34 | 溪里 DR2 井(B) | 41 | 2300 | 矿坑涌水 | — | — | 不符合 |
| 35 | 唐风 WR2 井 | 32～33 | 450 | 8.8 | 51.14 | 800.83 | 符合 |
| 36 | 香炉岗 DR2 井 | 40 | 1054 | 71.3 | 14.78 | 610 | 符合 |
| 37 | 红星坪 | 37～39 | 412 | 矿坑涌水 | — | — | 符合 |
| 38 | 秀山 XRT4 井 | 27～28 | 80 | 250 | 0.32 | 1500 | 符合 |
| 39 | 长热 1 井 | 53.5 | 528 | 160 | 3.3 | 1800 | 符合 |
| 40 | 湿热 1 井 | 43 | 652.25 | 275.39 | 2.37 | 2481 | 符合 |
| 41 | 慈热 1 井 | 58 | 453 | 430 |  | 1 800.56 | 符合 |
| 42 | 宁海删 3 井 | 43.5～47 | 950 | 16.5 | 57.58 | 150 | 不符合 |
| 43 | 龙泉 LQBD1 井 | 35 | 1000 | 矿坑涌水 | — | — | 符合 |
| 44 | 新昌 QX-1 井 | 40 | 资料待查 | 资料待查 | — | 资料待查 | 符合 |
| 45 | 白金汉爵 CRT1 井 | 31 | 251.6 | 139 | 1.81 | 2200 | 符合 |
| 46 | 西岙 1 井 | 30.2 | 252 | 292.3 | 0.86 | 1230 | 符合 |
| 47 | 天台 | 39 | 300 | 资料待查 | — | 资料待查 | 符合 |
| 48 | 湍口温 6 井 | 30 | 1416 | 9.42 | 150.32 | 650.08 | 符合 |
| 49 | 昌化 ZK1 井 | 30.6 | 430 | 59.69 | 7.2 | 1 527.34 | 不符合 |
| 50 | 坑西 KX1 井 | 47 | 578.53 | 151.13 | 2.83 | 2096 | 不符合 |

资料来源：①各地热井勘查评价报告；②《浙江省地热资源现状调查评价与区划成果报告》(2015)。

表 5-2 浙江省地热井常量元素一览表

| 编号 | 室内编号 | 溶解性总固体 /mg·L$^{-1}$ | pH | 阳离子/mg·L$^{-1}$ | | | | 阴离子/mg·L$^{-1}$ | | | | 水化学类型 |
|---|---|---|---|---|---|---|---|---|---|---|---|---|
| | | | | $K^+$ | $Na^+$ | $Ca^{2+}$ | $Mg^{2+}$ | $HCO_3^-$ | $CO_3^{2-}$ | $SO_4^{2-}$ | $Cl^-$ | |
| 1 | 嘉热 2 井 | 1203 | 8.66 | 5.87 | 332 | 38.10 | 17.70 | 386 | 36.00 | 1.60 | 340.00 | Cl·$HCO_3$-Na |
| 2 | 善热 3 井 | 1482 | 7.25 | 5.00 | 360 | 83.10 | 29.80 | 364 | 0 | 116.00 | 496.00 | Cl-Na |
| 3 | 嘉热 4 井 | 1165 | 7.39 | 11.00 | 199 | 112.00 | 42.00 | 316 | 0 | 88.10 | 374.00 | Cl·$HCO_3$-Na·Ca |
| 4 | 运热 1 井 | 4858 | 6.75 | 28.10 | 1450 | 77.80 | 14.40 | 1252 | 0 | 1360.00 | 637.00 | Cl·$SO_4$·$HCO_3$-Na |
| 5 | 运热 2 井 | 6328 | 6.46 | 19.00 | 984 | 918.00 | 55.60 | 668 | 0 | 825.00 | 2609.00 | Cl-Ca·Na |
| 6 | 新热 2 井 | 2955 | 6.62 | 42.40 | 780 | 17.00 | 4.96 | 1698 | 0 | 156.00 | 232.00 | $HCO_3$-Na |
| 7 | 湘家荡 1 井 | 2742 | 7.30 | 28.20 | 766 | 30.50 | 10.20 | 1419 | 0 | 80.40 | 375.00 | $HCO_3$·Cl-Na |
| 8 | 仙居大战 DR1 井 | 342 | 8.59 | 2.25 | 96 | 4.18 | 0.22 | 139 | 5.90 | 36.90 | 11.00 | $HCO_3$-Na |
| 9 | 磐安 PR1 井 | 1856 | 7.08 | 14.50 | 440 | 49.60 | 9.94 | 1266 | 0 | 34.00 | 10.60 | $HCO_3$-Na |
| 10 | 王店 WR1 井 | 738 | 7.36 | 3.82 | 129 | 49.70 | 20.40 | 390 | 0 | 24.20 | 100.00 | $HCO_3$·Cl-Na |
| 11 | 永嘉南陈 1 井 | 237 | 8.88 | 0.65 | 58 | 3.45 | 0.15 | 118 | 15.00 | 5.60 | 1.40 | $HCO_3$-Na |
| 12 | 龙游 LR1 井 | 8746 | 6.97 | 32.80 | 2470 | 61.90 | 14.60 | 3231 | 0 | 2675.00 | 242.00 | $HCO_3$·$SO_4$-Na |
| 13 | 嵊州 DR8 井 | 1736 | 6.70 | 37.40 | 240 | 58.90 | 12.00 | 1239 | 0 | 24.50 | $<0.35$ | $HCO_3$-Na |
| 14 | 嵊州 DR10 井 | 4117 | 6.90 | 7.60 | 500 | 108.00 | 33.40 | 2993 | 0 | 39.30 | 8.20 | $HCO_3$-Na |
| 15 | 瑞安 HL2 井 | 401 | 8.42 | 1.00 | 107 | 4.08 | 0.07 | 198 | 9.00 | 15.50 | 9.50 | $HCO_3$-Na |
| 16 | 千岛湖 ZK1 井 | 1497 | 7.10 | 45.60 | 264 | 54.80 | 17.40 | 1014 | 0 | 12.00 | 56.00 | $HCO_3$-Na |
| 17 | 东阳横店 DR1 井 | 772 | 7.42 | 4.92 | 130 | 37.30 | 7.73 | 524 | 0 | 33.50 | 3.20 | $HCO_3$-Na·Ca |
| 18 | 临安湍口 201 井 | 304 | 8.62 | 0.56 | 71 | 11.20 | 1.42 | 161 | 155.0 | 16.50 | 5.00 | $HCO_3$-Na |
| 19 | WQ01 井 | 797 | 6.64 | 5.10 | 9 | 161.00 | 21.00 | 558 | 0 | 14.30 | 4.00 | $HCO_3$-Ca |
| 20 | WQ08 井 | 516 | 7.58 | 3.83 | 35 | 78.00 | 12.40 | 341 | 0 | 13.30 | 7.20 | $HCO_3$-Ca |

**续表 5-2**

| 编号 | 室内编号 | 溶解性总固体 /mg · L$^{-1}$ | pH | 阳离子/mg · L$^{-1}$ | | | | 阴离子/mg · L$^{-1}$ | | | | 水化学类型 |
|---|---|---|---|---|---|---|---|---|---|---|---|---|
| | | | | $K^+$ | $Na^+$ | $Ca^{2+}$ | $Mg^{2+}$ | $HCO_3^-$ | $CO_3^{2-}$ | $SO_4^{2-}$ | $Cl^-$ | |
| 21 | WQ05 井 | 500 | 7.92 | 2.51 | 23 | 91.40 | 11.30 | 334 | 0 | 11.70 | 8.50 | $HCO_3$ - Ca |
| 22 | DR12 井 | 2124 | 6.40 | 37.40 | 290 | 190.00 | 36.60 | 1391 | 0 | 113.00 | 36.10 | $HCO_3$ - Na · Ca |
| 23 | WQ09 井 | 3539 | 6.71 | 25.60 | 880 | 196.00 | 42.00 | 930 | 0 | 560.00 | 870.00 | Cl · $HCO_3$ - Na · Ca |
| 24 | WQ10 井 | 2117 | 6.63 | 39.30 | 289 | 166.00 | 34.40 | 1334 | 0 | 154.00 | 58.00 | $HCO_3$ - Na · Ca |
| 25 | 寿 2 井 | 647 | 8.80 | 0.87 | 163 | 5.64 | 0.34 | 383 | 15.40 | 43.60 | 3.00 | $HCO_3$ - Na |
| 26 | 寿 5 井 | 1026 | 9.17 | 2.65 | 312 | 1.69 | 0.50 | 210 | 49.00 | 406.00 | 6.50 | $SO_4$ · $HCO_3$ - Na |
| 27 | 象山爵溪东铭 1 井 | 449 | 8.55 | 1.47 | 114 | 8.90 | 0.04 | 111 | 6.90 | 137.00 | 19.00 | $SO_4$ · $HCO_3$ - Na |
| 28 | 余姚陆埠阳明-1 井 | 614 | 8.31 | 1.84 | 165 | 4.66 | 1.11 | 356 | 12.00 | 35.60 | 3.50 | $HCO_3$ - Na |
| 29 | 汤溪 TXRT2 井 | 359 | 8.77 | 2.19 | 107 | 2.34 | 0.04 | 173 | 17.00 | 2.80 | 15.00 | $HCO_3$ - Na |
| 30 | 牛头山 ZK1 井 | 282 | 7.75 | — | — | — | — | — | — | — | — | $HCO_3$ - Na |
| 31 | 桐庐阆里村 DR1 井 | 399 | 6.11 | 3.14 | 86 | 12.33 | 2.64 | 283 | <1.00 | 3.76 | 4.00 | $HCO_3$ - Na |
| 32 | 泰顺雅阳 | 445 | 7.92 | 3.33 | 100 | 6.74 | 0.19 | 214 | 0 | 31.00 | 9.00 | $HCO_3$ - Na |
| 33 | 溪里 DR2 井(A) | 531 | 7.06 | 6.16 | 116 | 24.20 | 3.50 | 157 | 0 | 151.00 | 4.10 | $HCO_3$ · $SO_4$ - Na |
| 34 | 溪里 DR2 井(B) | 563 | 6.94 | 6.30 | 122 | 26.80 | 4.06 | 175 | 0 | 155.00 | 4.70 | $HCO_3$ · $SO_4$ - Na |
| 35 | 唐风 WR2 井 | 457 | 7.69 | 2.02 | 59 | 32.80 | 6.17 | 194 | 0 | 45.20 | 7.00 | $HCO_3$ - Na · Ca |
| 36 | 香炉岗 DR2 井 | 327 | 8.21 | 2.86 | 56 | 22.00 | 0.61 | 189 | 0 | 4.80 | 2.90 | $HCO_3$ - Na |
| 37 | 红星坪 | 183 | 8.13 | 3.95 | 10 | 26.90 | 0.40 | 101 | 0 | 4.40 | 0.36 | $HCO_3$ - Ca |
| 38 | 秀山 XRT4 井 | 360 | 8.44 | 1.17 | 91 | 3.86 | 0.34 | 224 | 17.80 | 1.24 | 4.45 | $HCO_3$ - Na |
| 39 | 长热 1 井 | 14 566 | 7.40 | 27.00 | 4685 | 291.00 | 60.20 | 284 | 0 | 6020.00 | 3158.00 | $SO_4$ · Cl - Na |
| 40 | 湿热 1 井 | 7188 | 8.22 | 9.06 | 2141 | 128.00 | 37.20 | 278 | 3.00 | 4110.00 | 446.00 | $SO_4$ - Na |

续表 5-2

| 编号 | 室内编号 | 溶解性总固体 /mg·$L^{-1}$ | pH | 阳离子/mg·$L^{-1}$ | | | | 阴离子/mg·$L^{-1}$ | | | | 水化学类型 |
|---|---|---|---|---|---|---|---|---|---|---|---|---|
| | | | | $K^+$ | $Na^+$ | $Ca^{2+}$ | $Mg^{2+}$ | $HCO_3^-$ | $CO_3^{2-}$ | $SO_4^{2-}$ | $Cl^-$ | |
| 41 | 慈热 1 井 | 10 189 | 7.66 | 15.50 | 3270 | 112.00 | 34.10 | 664 | 0 | 4970.00 | 1090.00 | $SO_4$－Na |
| 42 | 宁海晰 3 井 | 455 | 8.10 | 2.09 | 110 | 8.57 | 0.22 | 229 | 0 | 38.00 | 8.30 | $HCO_3$－Na |
| 43 | 龙泉 LQBD1 井 | 285 | 7.71 | 2.82 | 57 | 12.20 | 1.08 | 129 | 0 | 29.20 | 4.30 | $HCO_3$－Na |
| 44 | 新昌 QX－1 井 | 1568 | 7.91 | 3.47 | 438 | 10.20 | 1.19 | 700 | 0 | 367.00 | 23.00 | $HCO_3$·$SO_4$－Na |
| 45 | 白金汉爵 CRT1 井 | 1128 | 7.75 | 1.89 | 292 | 51.50 | 20.10 | 344 | 0 | 3.80 | 398.00 | Cl·$HCO_3$－Na |
| 46 | 西岙 1 井 | 477 | 8.52 | 4.14 | 112 | 3.55 | 0.62 | 282 | 12.00 | 6.80 | 4.40 | $HCO_3$－Na |
| 47 | 天台 | 364 | 8.34 | 1.48 | 77 | 11.90 | 0.37 | 210 | 3.00 | 20.40 | 3.60 | $HCO_3$－Na |
| 48 | 湍口温 6 井 | 857 | 7.41 | 4.97 | 20 | 163.00 | 19.00 | 620 | 0 | 9.90 | <0.35 | $HCO_3$－Ca |
| 49 | 昌化 ZK1 井 | 239 | 9.36 | 0.35 | 73 | 1.04 | 0.01 | 82 | 38.00 | 1.40 | 4.40 | $HCO_3$－Na |
| 50 | 坑西 KX1 井 | 591 | 7.71 | 6.82 | 22 | 32.60 | 15.70 | 218 | 0 | 11.80 | 0.46 | $HCO_3$－Ca·Mg |

资料来源：①各地热井勘查评价报告；②《浙江省地热资源现状调查评价与区划成果报告》(2015)。

**表 5-3　浙江省主要地热井微量元素及特征指标一览表**

| 编号 | 室内编号 | 微量元素和特征组分/mg·$L^{-1}$ | | | | | | | | | | 气体组分/mg·$L^{-1}$ | | |
|---|---|---|---|---|---|---|---|---|---|---|---|---|---|---|
| | | $Fe^{2+}$ | $Fe^{3+}$ | $F^-$ | $H_2SiO_3$ | Sr | Li | $Br^-$ | $I^-$ | $HBO_2$ | Ba | $H_2S$ | Rn/Bq·$L^{-1}$ | 游离 $CO_2$ |
| 1 | 嘉热 2 井 | <0.04 | 0.34 | 0.59 | 58.4 | 1.68 | 1.10 | 1.30 | 0.20 | 0.11 | 2.700 | <0.02 | 16.00 | 0 |
| 2 | 善热 3 井 | 5.30 | 1.20 | 4.80 | 21.8 | 3.48 | 1.10 | 1.70 | 0.17 | 0.17 | 0.110 | 0.12 | 6.60 | 22.0 |
| 3 | 嘉热 4 井 | 4.10 | 0.08 | 0.46 | 23.6 | 2.90 | 0.65 | 1.40 | 0.16 | 0.14 | 1.020 | <0.02 | 43.30 | 19.0 |
| 4 | 运热 1 井 | 2.20 | 0.40 | 6.70 | 36.8 | 2.86 | 0.91 | 1.90 | 0.43 | 0.97 | 0.030 | 1.66 | 5.45 | 180.0 |
| 5 | 运热 2 井 | 206.00 | 11.80 | 4.21 | 32.6 | 3.10 | 0.60 | 2.00 | 0.28 | 0.72 | 0.092 | 0.11 | 165.00 | 399.0 |
| 6 | 新热 2 井 | 0.03 | | 0.21 | 26.8 | 1.18 | 1.43 | 0.78 | 0.20 | 0.59 | 0.210 | 0.20 | 66.00 | 850.0 |
| 7 | 湘家荡 1 井 | 0.74 | | 9.96 | 26.4 | 1.23 | 0.74 | 1.20 | 0.34 | 0.33 | 0.150 | — | — | 83.0 |

**续表 5-3**

| 编号 | 室内编号 | 微量元素和特征组分/mg • $L^{-1}$ | | | | | | | | | | 气体组分/mg • $L^{-1}$ | | |
|---|---|---|---|---|---|---|---|---|---|---|---|---|---|---|
| | | $Fe^{2+}$ | $Fe^{3+}$ | $F^-$ | $H_2SiO_3$ | Sr | Li | $Br^-$ | $I^-$ | $HBO_2$ | Ba | $H_2S$ | Rn/Bq • $L^{-1}$ | 游离 $CO_2$ |
| 8 | 仙居大战 DR1 井 | <0.04 | | 16.60 | 46.2 | 0.13 | 1.24 | 0.03 | <0.01 | 0.04 | 0.016 | <0.02 | — | 10.4 |
| 9 | 磐安 PR1 井 | 0.02 | | 2.82 | 33.9 | 1.77 | 0.93 | 0.02 | <0.01 | 0.08 | 0.080 | <0.02 | 65.30 | 270.0 |
| 10 | 王店 WR1 井 | 0 | 0.60 | 0.84 | 23.8 | 0.32 | 0.09 | 0.34 | 0.06 | 0.06 | 0.240 | — | — | 20.0 |
| 11 | 永嘉南陈 1 井 | 0.05 | <0.04 | 5.91 | 37.4 | 0.12 | 0.24 | <0.01 | <0.01 | <0.01 | 0.005 | 0.34 | 47.30 | 0 |
| 12 | 龙游 LR1 井 | 0.78 | 0.16 | 2.90 | 19.1 | 2.82 | 5.30 | 0.60 | 0.46 | 1.20 | 0.016 | 0.08 | 7.90 | 347.0 |
| 13 | 嵊州 DR8 井 | 0.27 | | 3.80 | 42.4 | 1.30 | 0.30 | <0.1 | <0.01 | 0.44 | 0.016 | <0.04 | — | 429.0 |
| 14 | 嵊州 DR10 井 | 2.46 | 1.36 | 3.20 | 76.4 | 1.62 | 1.55 | 0.01 | <0.01 | 0.12 | 0.290 | <0.02 | 2.30 | 636.0 |
| 15 | 瑞安 HL2 井 | 0.01 | | 16.90 | 52.4 | 0.12 | 0.17 | 0.02 | <0.01 | 0.04 | 0.014 | <0.02 | — | — |
| 16 | 千岛湖 ZK1 井 | 0.98 | | 5.08 | 34.4 | 2.69 | 3.04 | 0.30 | 0.02 | 6.28 | 25.800 | 5.08 | 10.47 | — |
| 17 | 东阳横店 DR1 井 | 0.17 | 0.04 | 4.50 | 34.6 | 0.82 | 0.59 | <0.01 | <0.01 | <0.01 | 0.110 | <0.02 | 24.60 | 28.0 |
| 18 | 临安湍口 201 井 | 0.11 | | 8.20 | 24.7 | 0.180 | 0.06 | <0.01 | <0.01 | 0.15 | 0.014 | <0.02 | 80.00 | 0 |
| 19 | WQ01 井 | 1.10 | 0.10 | 1.50 | 29.0 | 0.52 | 0.03 | <0.01 | <0.01 | <0.01 | 0.320 | <0.02 | 31.20 | 129～529 |
| 20 | WQ08 井 | 0.18 | | 2.3 | 14.8 | 0.64 | 0.03 | <0.01 | <0.01 | 0.02 | 0.150 | <0.02 | 0.58 | 16～57.3 |
| 21 | WQ05 井 | <0.04 | 0.06 | 2.18 | 16.2 | 0.39 | 0.03 | 0 | 0.02 | 0.02 | 0.066 | <0.02 | 6.02 | 29.0 |
| 22 | DR12 井 | 6.61 | | 3.39 | 24.7 | 1.70 | 0.50 | 0.06 | 0.02 | 0.27 | 0.130 | — | — | 405～534 |
| 23 | WQ09 井 | 7.97 | 0.15 | 3.07 | 31.0 | 7.90 | 1.14 | 2.40 | 0.26 | 0.32 | 0.074 | 0.21 | 15.50 | 218～584 |
| 24 | WQ10 井 | 13.30 | <0.04 | 3.30 | 32.4 | 2.00 | 0.45 | 0.10 | 0.02 | 0.24 | 0.130 | <0.02 | 43.00 | 137～265 |
| 25 | 寿 2 井 | — | <0.01 | 6.69 | 24.0 | 0.10 | 2.50 | 0.03 | 0.01 | 0.37 | 0.008 | 3.54 | 36.40 | 3.7 |
| 26 | 寿 5 井 | 0.73 | 0.47 | 9.80 | 32.8 | 0.33 | <0.01 | <0.01 | <0.01 | 0.92 | 0.040 | 0.12 | 8.37 | 0 |
| 27 | 象山爵溪东铭 1 井 | 0.56 | 1.41 | 13.00 | 47.2 | 0.40 | 0.24 | 0 | <0.01 | 0.05 | 0.004 | <0.02 | 25.70 | 0 |
| 28 | 余姚陆埠阳明-1 井 | <0.04 | 0.15 | 10.00 | 30.4 | 0.18 | 0.47 | <0.01 | <0.01 | 0.03 | 0.008 | 0.04 | 7.77 | 0 |
| 29 | 汤溪 TXRT2 井 | <0.04 | <0.04 | 16.00 | 30.4 | 0.12 | 0.43 | <0.01 | <0.01 | 0.06 | 0.015 | 0.27 | 6.99 | 0 |

**续表 5-3**

| 编号 | 室内编号 | 微量元素和特征组分/mg·L$^{-1}$ | | | | | | | | | | 气体组分/mg·L$^{-1}$ | | |
|---|---|---|---|---|---|---|---|---|---|---|---|---|---|---|
| | | $Fe^{2+}$ | $Fe^{3+}$ | $F^-$ | $H_2SiO_3$ | Sr | Li | $Br^-$ | $I^-$ | $HBO_2$ | Ba | $H_2S$ | Rn/Bq·L$^{-1}$ | 游离 $CO_2$ |
| 30 | 牛头山 ZK1 井 | 0.60 | | 10.60 | 40.7 | 0.08 | 1.10 | 0.01 | <0.01 | 0.01 | 0.007 | <0.02 | — | 3.90 |
| 31 | 桐庐阆里村 DR1 井 | 0.23 | | 2.06 | 20.8 | 0.06 | 0.33 | 0.10 | <0.01 | 0.51 | 0.470 | 0.22 | 9.41 | 16.96 |
| 32 | 泰顺雅阳 | <0.04 | 0.05 | 11.00 | 87.6 | 0.14 | 0.29 | <0.01 | <0.01 | 0.04 | 0.004 | <0.02 | 35.20 | 4.50 |
| 33 | 溪里 DR2 井(A) | 0.27 | 0.40 | 21.80 | 60.4 | 0.28 | 0.65 | 0.02 | <0.01 | 0.04 | 0.020 | <0.02 | — | 32.00 |
| 34 | 溪里 DR2 井(B) | <0.04 | <0.04 | 19.00 | 66.0 | 0.39 | 0.81 | <0.01 | <0.01 | 0.04 | 0.046 | <0.02 | 7.77 | 36.00 |
| 35 | 唐风 WR2 井 | <0.04 | <0.04 | 4.54 | 52.7 | 0.24 | 0.53 | <0.01 | <0.01 | 0.05 | 0.015 | <0.02 | 10.10 | 9.00 |
| 36 | 香炉岗 DR2 | <0.04 | <0.04 | 6.70 | 54.4 | 0.15 | 0.25 | <0.01 | <0.01 | 0.01 | 0.008 | <0.02 | 2.38 | 2.20 |
| 37 | 红星坪 | <0.04 | <0.04 | 4.10 | 40.3 | 0.03 | 0.02 | <0.01 | <0.01 | <0.01 | 0.003 | <0.02 | 1.18 | 2.20 |
| 38 | 秀山 XRT4 井 | 0.10 | | 0.39 | 20.5 | 0.18 | 0.26 | 0 | <0.01 | 0.01 | 0.290 | <0.02 | 68.20 | 0 |
| 39 | 长热 1 井 | 4.20 | | 2.00 | 34.5 | 8.00 | 3.94 | 8.10 | 12.50 | 8.00 | 0.031 | 0.24 | 23.10 | 14.00 |
| 40 | 湿热 1 井 | 12.20 | | 2.33 | 24.2 | 4.36 | 2.51 | 1.60 | 2.10 | 3.97 | 0.010 | 0.04 | — | 0 |
| 41 | 慈热 1 井 | 2.62 | 1.73 | 2.29 | 27.4 | 3.86 | 2.44 | 3.50 | 4.00 | 4.72 | 0.012 | <0.02 | — | 34.00 |
| 42 | 宁海岬 3 井 | <0.04 | 0.07 | 10.00 | 61.8 | 0.15 | 0.28 | <0.01 | <0.01 | 0.03 | 0.033 | <0.02 | 38.60 | 4.50 |
| 43 | 龙泉 LQBD1 井 | <0.04 | <0.04 | 8.80 | 51.5 | 0.17 | 0.21 | <0.01 | <0.01 | 0.02 | 0.002 | <0.02 | 2.38 | 4.50 |
| 44 | 新昌 QX-1 井 | 1.15 | 0.11 | 0.88 | 28.3 | 0.57 | 3.86 | 0.10 | 0.01 | 0.22 | 0.033 | 0.13 | 7.71 | 11.00 |
| 45 | 白金汉爵 CRT1 井 | 1.17 | 0.59 | 0.38 | 19.1 | 0.72 | 0.98 | 1.60 | 0.06 | 0.07 | 1.090 | 0.02 | 61.30 | 11.00 |
| 46 | 西岙 1 井 | <0.04 | 0.18 | 3.60 | 56.6 | 0.16 | 0.63 | <0.01 | <0.01 | 0.02 | 0.200 | 0.08 | 10.10 | 0 |
| 47 | 天台 | <0.04 | <0.04 | 7.20 | 25.9 | 0.45 | 0.25 | 0.01 | <0.01 | 0.01 | 0.044 | <0.02 | 82.50 | 0 |
| 48 | 湍口温 6 井 | 1.30 | 0.08 | 0.57 | 18.7 | 0.73 | 0.01 | <0.01 | <0.01 | 0.02 | 0.650 | <0.02 | 1.10 | 162.00 |
| 49 | 昌化 ZK1 井 | <0.04 | 0.08 | 14.90 | 30.7 | 0.04 | 0.70 | 0.02 | <0.01 | 0.02 | <0.002 | 0.36 | 30.40 | 0 |
| 50 | 坑西 KX1 井 | 0.14 | <0.04 | 4.34 | 30.4 | 1.84 | 0.04 | — | <0.01 | 0.01 | 0.790 | 1.27 | 53.40 | 6.60 |

资料来源：①各地热井勘查评价报告；②《浙江省地热资源现状调查评价与区划成果报告》(2015)。

# 第一节　温度特征

浙江省目前温泉或地热井的温度在25～64℃之间(图5-1)，沉积盆地型地热资源平均温度高于隆起型，新生代沉积盆地碎屑岩类孔隙亚型地热资源温度普遍较高，在43～58℃之间，沉积盆地型碳酸盐岩类地热资源温度也相对较高，目前省内温度最高的运热1井(64℃)，即属于该种资源。隆起型地热资源也可以达到较高的温度，属于隆起型花岗岩类的泰顺雅阳温度62℃，说明盖层条件对浙江省地热资源温度的决定性一般，深部补给热水温度(循环深度)与浅部冷水混入比例是主要影响因素。

按照《地热资源地质勘查规范》(GB/T 11615—2010)第6.1.3款对地热资源温度的分级(表5-4)，浙江省地热资源属于低温地热资源。其中，25℃≤$t$<40℃的温水地热资源26处，占52%；40℃≤$t$<60℃的温热水地热资源21处，占42%；$t$≥60℃的热水地热资源3处，占6%，详见图5-2。

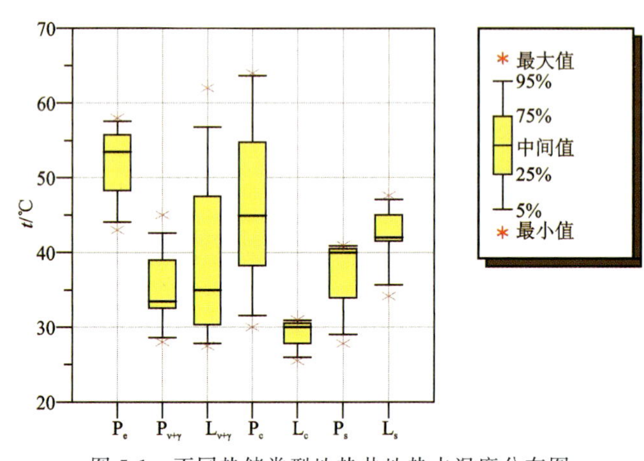


图5-1　不同热储类型地热井地热水温度分布图

**表5-4 地热资源温度分级**

| 温度分级 | | 温度($t$)范围/℃ | 主要用途 |
|---|---|---|---|
| 高温地热资源 | | $t$≥150 | 发电、烘干、采暖 |
| 中温地热资源 | | 90≤$t$<150 | 烘干、发电、采暖 |
| 低温地热资源 | 热水 | 60≤$t$<90 | 采暖、理疗、洗浴、温室 |
| | 温热水 | 40≤$t$<60 | 理疗、洗浴、采暖、温室、养殖 |
| | 温水 | 25≤$t$<40 | 洗浴、温室、养殖、农灌 |

注：表中温度是指主要储层代表性温度。

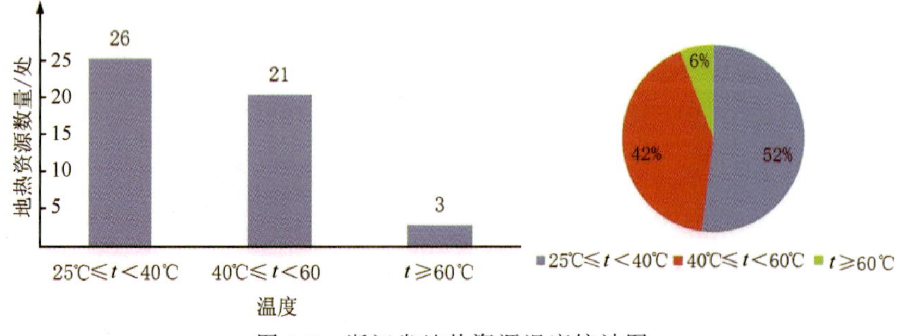


图5-2　浙江省地热资源温度统计图

# 第二节　资源量特征

## 一、可开采量(Q)

本次工作共收集可开采量数据49个，据统计，浙江省地热资源单井可开采量为80～2300m³/d。构造隆起区碳酸盐岩类单井可开采量普遍较大，为1 191.7～1416m³/d，该种热储主要分布在太湖南岸西部隆起区和湍口盆地，地表岩溶发育，盖层条件差，温度普遍较低(图5-1)，地表冷水混入比例非常高。从图5-3中可以看出，碳酸盐岩类热储的平均单井可开采量较其他类型高，而其他岩类热储相对较低。

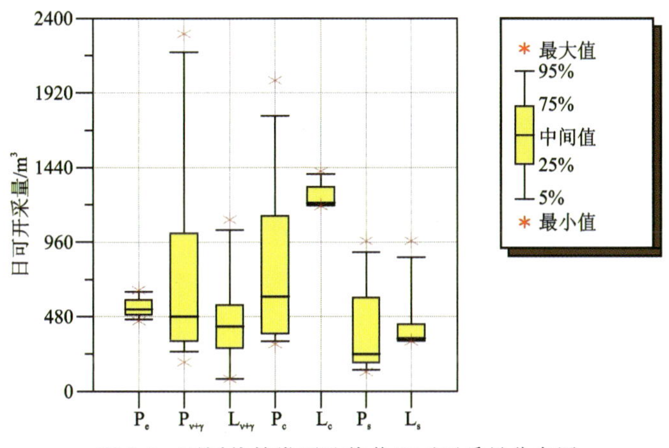


图5-3　不同热储类型地热井日可开采量分布图

根据浙江省储量评审规定，降深≤50m的地热井，可按300d计算年开采量，降深>50m的地热井，按250d计算年开采量。据此计算浙江省地热资源单井年可开采量为(2～60)×10⁴m³，总体特征与日开采量大致相同(图5-4)。

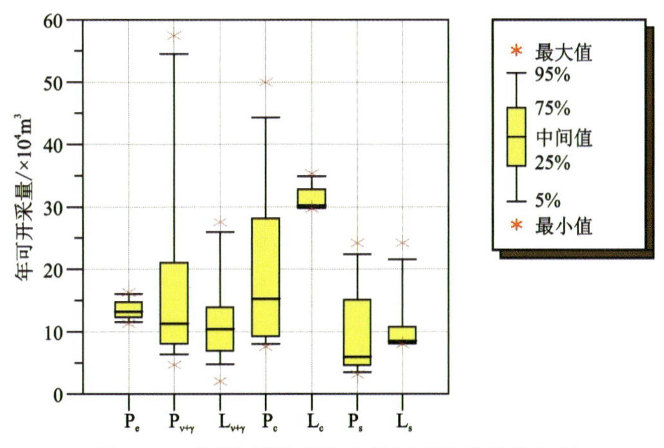


图5-4　不同热储类型地热井年可开采量分布图

根据国土资源部《关于调整部分矿种矿山生产建设规模标准的通知》(国土资发〔2004〕208号)，地热(热水)矿山生产建设规模分为3级：大型为年可开采量≥$20\times10^4m^3$，中型为年可开采量$(10\sim20)\times10^4m^3$，小型为年可开采量<$10\times10^4m^3$。以此为界限，浙江省地热资源年可开采量≥$20\times10^4m^3$的有

16 处，占 33%；年可开采量$(10\sim20)\times10^4m^3$ 有 16 处，占 33%；年可开采量小于$<10\times10^4m^3$ 的有 17 处，占 28%，其中年可开采量为$(5\sim10)\times10^4m^3$ 的有 14 处，占 28%。详见图 5-5。

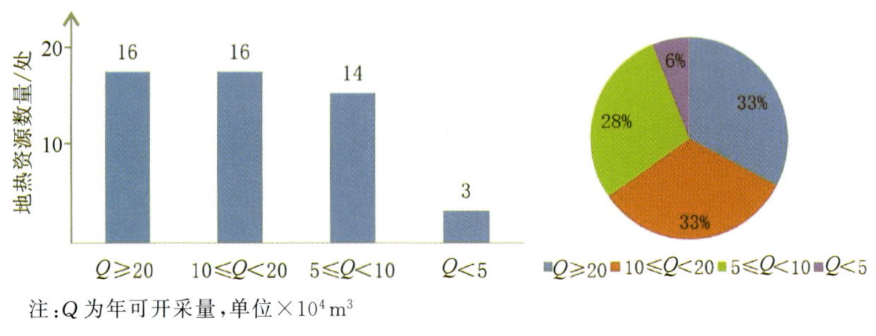


注：$Q$ 为年可开采量，单位$\times10^4m^3$

图 5-5　浙江省地热资源可开采量统计图

## 二、降深(S)

本次工作收集的地热资源成果中，4 处为泉点或矿坑涌水，1 处为温泉，3 处未收集到降深资料，共统计 42 个数据。降深在 4.75～430m 之间，构造隆起型碳酸盐岩类热储降深普遍小，仅 4.75～19.28m；新生代沉积盆地碎屑岩类孔隙亚型降深整体较大，为 160～430m(图 5-6)。

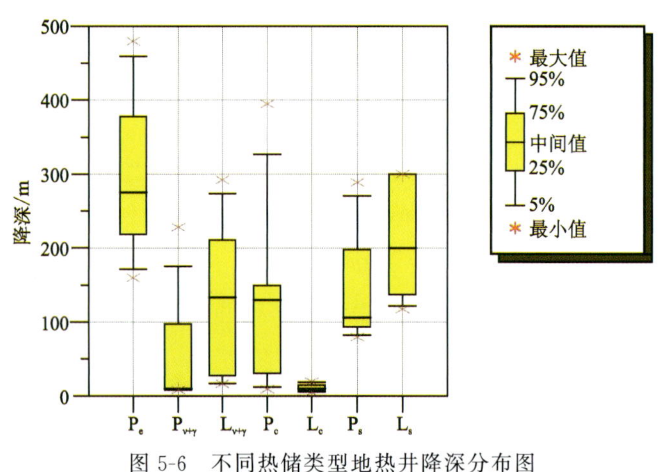


图 5-6　不同热储类型地热井降深分布图

根据《地热资源地质勘查规范》(GB/T 11615—2010)第 8.3.4 款规定："对单个地热开采井，应依据井产能测试资料按井流量方程计算单井的稳定产量，或以抽水试验资料采用内插法确定。计算使用的压力降低值一般不大于 0.3MPa，最大不大于 0.5MPa，年压力下降速率不大于 0.02MPa。"浙江省单井地热资源降深普遍较大，降深 30m 以内的 8 处，仅占 19%；50m 以内的 10 处，仅占 24%；降深大于 50m 的 32 处，占 76%。从一年动态监测资料来看，降深较大的井也能保持动态稳定(图 5-7)。

## 三、单位涌水量(q)

本次工作共统计单位涌水量数据 42 处，范围 $0.32\sim254.875m^3/(d\cdot m)$。从图 5-8 可以看出，浙江省地热资源单位涌水量整体偏小，仅构造隆起区碳酸盐岩类热储单位涌水量较高，为 115.96～254.87m，与浅部冷水大量混入有关。

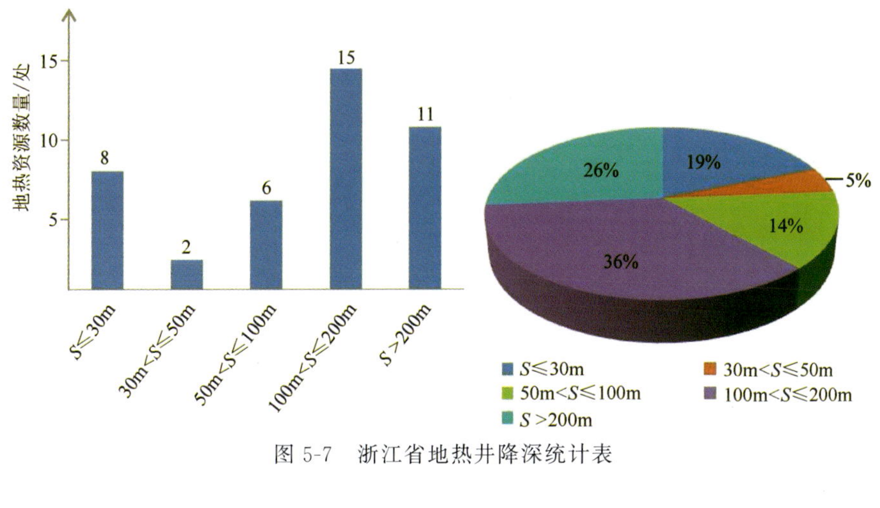


图 5-7 浙江省地热井降深统计表

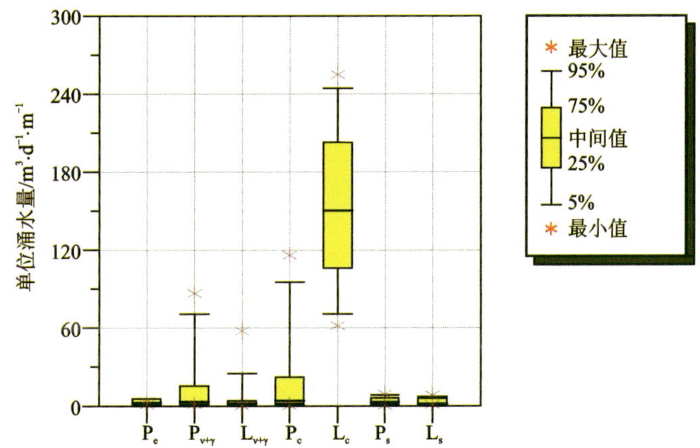


图 5-8 不同热储类型地热井单位涌水量分布图

根据《地热资源地质勘查规范》(GB/T 11615—2010)第 10.1.4 款规定:"地热井地热流体单位产量大于 $50m^3/(d·m)$为适宜开采区;地热井地热流体单位产量$(5\sim50)m^3/(d·m)$为较适宜开采区;地热井地热流体单位产量小于 $5m^3/(d·m)$为不适宜开采区。"浙江省大部分地热开采区属于地热勘查规范中规定的不适宜开采区。

浙江省地热井中,单位涌水量 $q<5m^3/(d·m)$的 24 处,占 56%;$5m^3/(d·m)\leq q<50m^3/(d·m)$的9 处,占 22%;$q\geq50m^3/(d·m)$的 9 处,占 22%(图 5-9)。

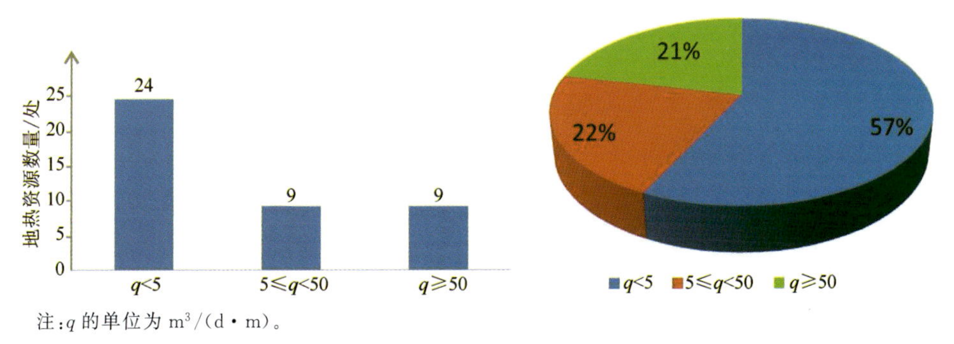


注:$q$ 的单位为 $m^3/(d·m)$。

图 5-9 浙江省地热井单位涌水量统计表

# 第三节　地热流体水化学特征

## 一、常量元素特征

### （一）主要阴阳离子

浙江省地热水中阴离子以 $HCO_3^-$ 为主，其次是 $SO_4^{2-}$，也有少量地热水以 $Cl^-$ 为主要阴离子；阳离子以 $Na^+$ 为主，其次是 $Ca^{2+}$，$Mg^{2+}$ 含量较少。详见图 5-10。

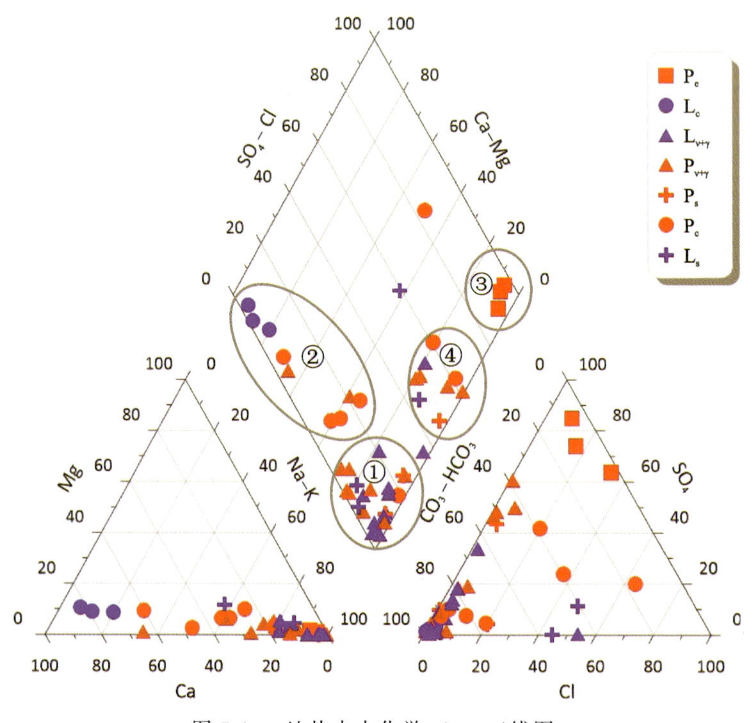


图 5-10　地热水水化学 piper 三线图

浙江省地热流体可以明显分为 4 组。第一组是火山岩（花岗岩）类热储和其他岩类热储，水化学类型以 $HCO_3$-Na 型为主。第二组为碳酸盐岩类热储，$Ca^{2+}$ 含量明显增加，可进一步分为沉积盆地型碳酸盐类（水化学类型为 $HCO_3$-Na・Ca 型）和构造隆起区碳酸盐岩类（水化学类型为 $HCO_3$-Ca 型）。第三组为新生代沉积盆地碎屑岩类热储，水化学类型以 $SO_4$-Na 型为主。第四组较为复杂，以沉积盆地型为主，热储岩性涵盖火山岩（花岗岩）类、碳酸盐岩类和其他岩类，阳离子以 $Na^+$ 为主，阴离子则表现为 $SO_4^{2-}$ 或 $Cl^-$ 含量的增加，对应的溶解性总固体含量也相对偏高，说明该组地热水赋存环境相对封闭，水岩反应相对充分。

各主要阴阳离子含量与地热水所处的地质构造单元关系密切，沉积盆地区地热水各主要阴阳离子明显相对富集（图 5-11）。

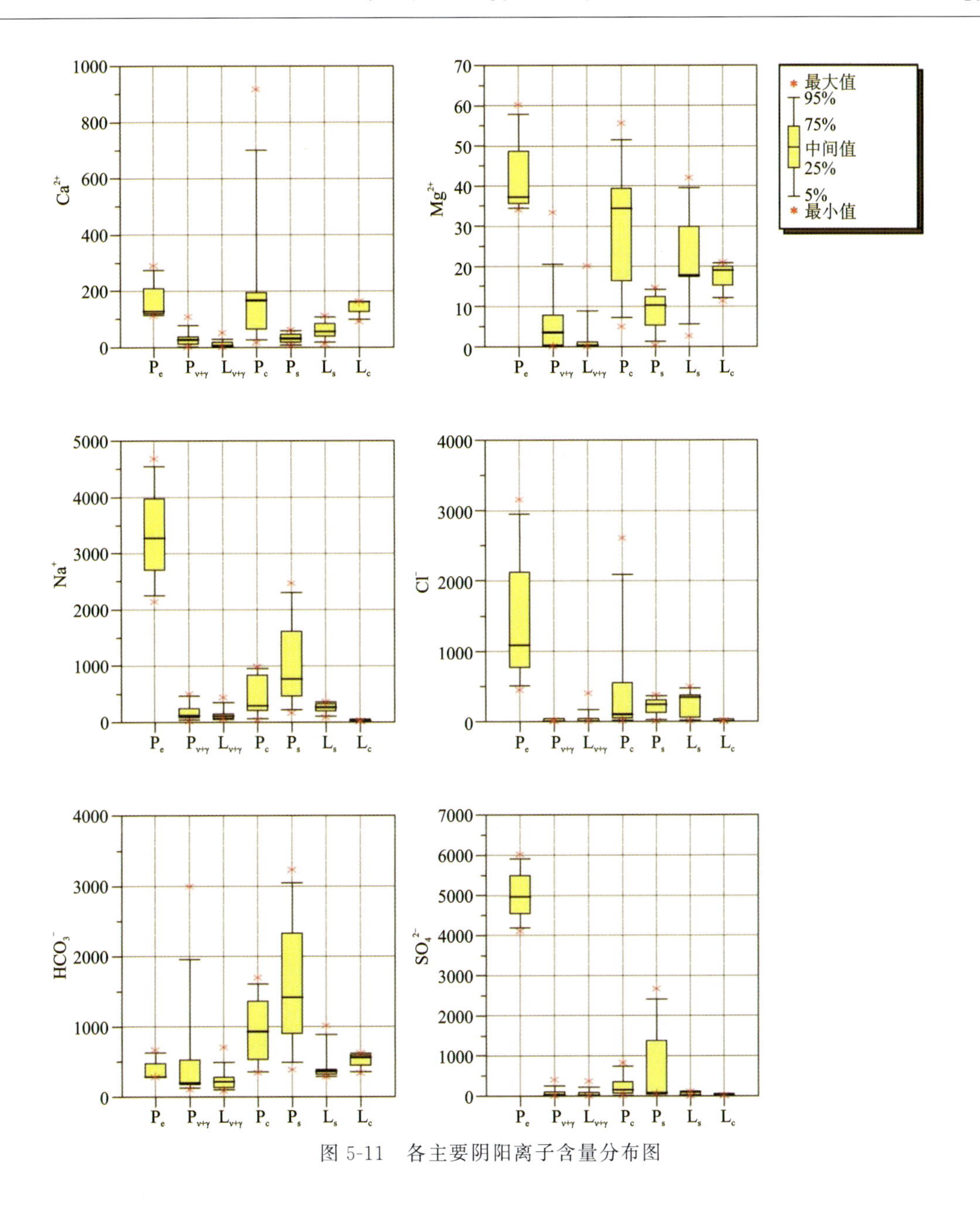


图 5-11　各主要阴阳离子含量分布图

## (二)水化学类型

地热水中水质类型主要为重碳酸盐型水,少量硫酸盐型水和氯化物型水(表 5-5)。

重碳酸盐型水是地热资源中最重要的地热水水质类型,以 $HCO_3$－Na 型地热点最多,浙江省各地、各种热储类型均有该类型地热水赋存。其他还包括 $HCO_3$－Na · Ca 型、$HCO_3$ · $SO_4$－Na 型、$HCO_3$ · Cl－Na 型、$HCO_3$－Ca 型。

硫酸盐型水包括 $SO_4$ · $HCO_3$－Na 型、$SO_4$ · Cl－Na 型和 $SO_4$－Na 型,主要分布在长河凹陷内,象山爵溪东铭 1 井、寿昌盆地寿 5 井、溪里地热井 $SO_4^{2-}$ 也较高。$SO_4^{2-}$ 含量高一般与硫化物(比如黄铁矿和 $H_2S$ 气体)的氧化及石膏层溶解有关,长河凹陷、寿昌盆地均开展过石油地质勘查,存在封闭的生油构造,石油勘探孔中均见油气异常,推测与 $H_2S$ 气体氧化有关。象山爵溪及溪里地热井中 $SO_4^{2-}$ 含量高推测与花岗岩及火山岩中的黄铁矿氧化有关。

**表 5-5　地热水的水化学类型统计表**

| 水化学类型 | | 典型地热井 | 热储类型 |
|---|---|---|---|
| 重碳酸盐型 | $HCO_3$-Na 型 | 仙居大战 DR1 井、磐热 1 井、嵊州 DR8 井、嵊州 DR10 井、汤溪 TXRT2 井、香炉岗、天台、西岙 1 井、秀山、龙泉 LQBD1、临安昌化 ZK1 | $P_{v+\gamma}$ |
| | | 永嘉南陈 1 井、瑞安 HL2 井、湍口 201 井、阳明-1 井、牛头山 ZK1 井、泰顺雅阳温泉、宁海晒 3 井 | $L_{v+\gamma}$ |
| | | 龙游 LR1 井、寿 2 井、新热 2 井 | $P_s$ |
| | | 千岛湖 ZK1、桐庐 DR1 井 | $L_s$ |
| | $HCO_3$-Na·Ca 型 | 湖州 DR12 井、WQ10 井 | $P_c$ |
| | | 唐风 WR2 井、横店 DR1 井 | $P_{v+\gamma}$ |
| | $HCO_3$·$SO_4$-Na 型 | 溪里 DR2 井、新昌 QX-1 井 | $P_{v+\gamma}$ |
| | $HCO_3$·Cl-Na 型 | 湘家荡 1 井 | $P_s$ |
| | | 王店 WR1 井 | $P_c$ |
| | $HCO_3$-Ca 型 | 湖州 WQ01 井、WQ05 井 | $L_c$ |
| | | 湖州 WQ08 井、湍口温 6 井 | $P_c$ |
| | | 红星坪 | $P_{v+\gamma}$ |
| 硫酸盐型 | $SO_4$·$HCO_3$-Na 型 | 东铭 1 井 | $L_{v+\gamma}$ |
| | | 寿 5 井 | $P_{v+\gamma}$ |
| | $SO_4$·Cl-Na 型 | 长热 1 井 | $P_c$ |
| | $SO_4$-Na 型 | 湿热 1 井、慈热 1 井 | |
| 氯化物型 | Cl-Na 型 | 善热 3 井 | $P_s$ |
| | Cl·$HCO_3$-Na 型 | 嘉热 2 井 | $L_s$ |
| | | 慈溪白金汉爵 | $L_{v+\gamma}$ |
| | | 湖州 WQ09 井 | $P_c$ |
| | Cl·$HCO_3$-Na·Ca 型 | 嘉热 4 井 | $L_s$ |
| | Cl·$SO_4$·$HCO_3$-Na 型 | 运热 1 井 | $P_c$ |
| | Cl-Ca·Na 型 | 运热 2 井 | $P_c$ |

氯化物型地热水包括 Cl-Na 型、Cl·$HCO_3$-Na 型、Cl·$HCO_3$-Na·Ca 型、Cl·$SO_4$·$HCO_3$-Na 型和 Cl-Ca·Na 型，主要分布在嘉兴地区，慈溪白金汉爵、湖州 WQ09 井也较高。浙江省地热水 $Cl^-$ 含量高的原因有待进一步分析，可能与温度升高使 $Cl^-$ 从岩石中释放反应速率加大有关，在沿海地区也可能与海水在深部与地热水混入有关（福建漳州就属于该原因）。

硫酸盐型和氯化物型水溶解性总固体含量总体较高（图 5-12），除象山爵溪东铭 1 井外，均超过 1000mg/L，长河凹陷内最高可达 14 566mg/L，这也说明这两种地下水循环时间长，水岩作用充分。

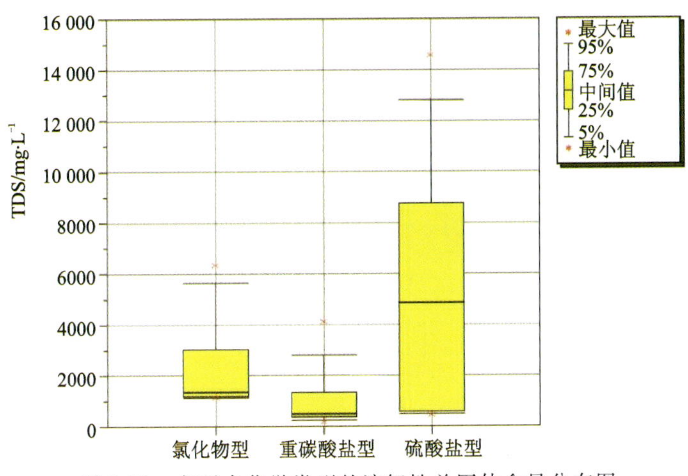


图 5-12　主要水化学类型的溶解性总固体含量分布图

（三）溶解性总固体

地热水溶解性总固体（$M$）含量在 183～14 566mg/L 之间，其中 28 处为 $M$<1g/L 的淡水，占 57%；13 处为 1g/L≤$M$<3g/L 的微咸水，占 27%；6 处为 3g/L≤$M$<10g/L 的咸水，占 12%，2 处溶解性总固体大于 10g/L，属盐水，占 4%。详见图 5-13。

整体而言，白垩纪沉积盆地型地热水溶解性总固体明显高于构造隆起型（图 5-14）。以慈溪长河凹陷内的新生代碎屑岩类孔隙型层状热储（$P_e$）最高，溶解性总固体含量为 7188～14 566mg/L；白垩纪沉积盆地碳酸盐岩类热储（$P_c$）也较高，溶解性总固体含量分别为：运热 2 井 6328mg/L，运热 1 井 4858mg/L，新热 2 井 2955mg/L，太湖南岸 WQ09 井 3539mg/L，DR12 井 2124mg/L，王店 WR1 井与太湖南岸几口浅井溶解性总固体含量较低，推测与浅部冷水混入有关；白垩纪沉积盆地其他岩类热储中，湘家荡 1 井溶解性总固体含量 2742mg/L，龙游 LR1 井溶解性总固体含量 8746mg/L。而火山岩（花岗岩）类及隆起区碳酸盐岩类地热水溶解性总固体含量整体低于 1g/L，隆起区通常盖层条件差，受浅部冷水影响强烈，而盆地型火山岩（花岗岩）类热储大部分受盆边断裂系统控制，盖层较薄。

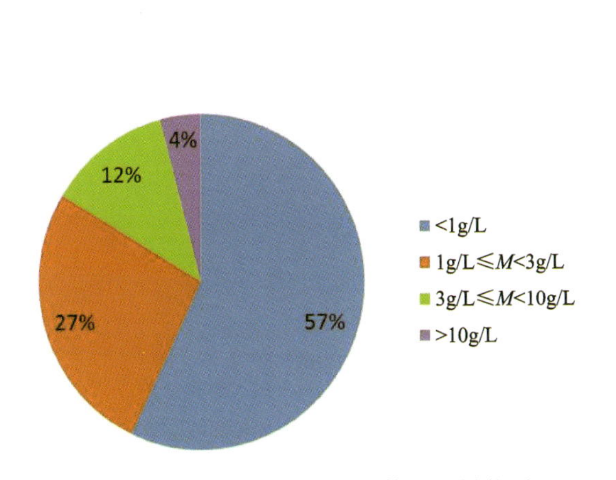


图 5-13　地热水溶解性总固体含量饼状图

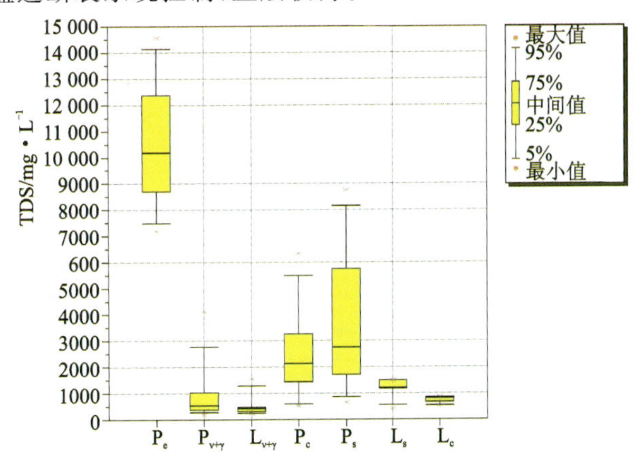


图 5-14　不同热储类型地热水溶解性总固体含量分布图

（四）pH

地热水 pH 在 6.1～9.36 之间，呈中性—碱性，构造隆起区花岗岩类以弱碱性水（8.1≤pH≤10）为主，其余基本为中性水（6.5≤pH≤8.0），相较而言，白垩纪沉积盆地碳酸盐岩类地热水 pH 偏低，总体小于 7（图 5-15）。

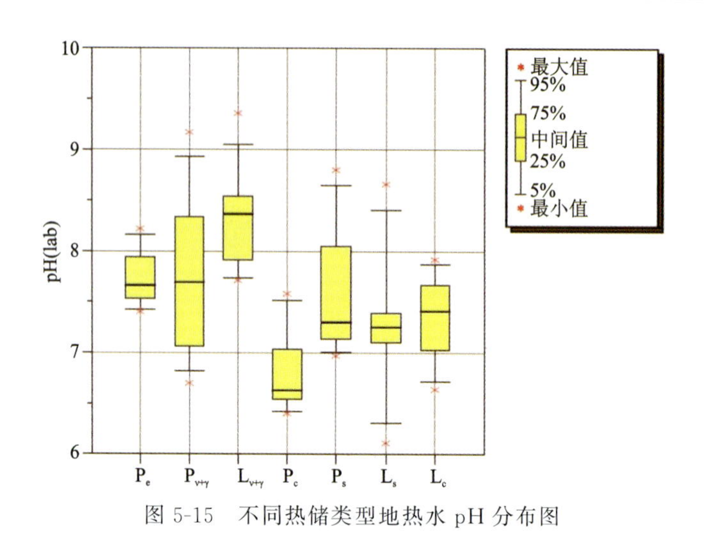


图 5-15　不同热储类型地热水 pH 分布图

## 二、微量元素和特征组分

地热水中包含多种对人体有益的微量元素，包括氟、偏硅酸、锶、锂、钡、铁、溴、碘、偏硼酸等，详见图 5-16。

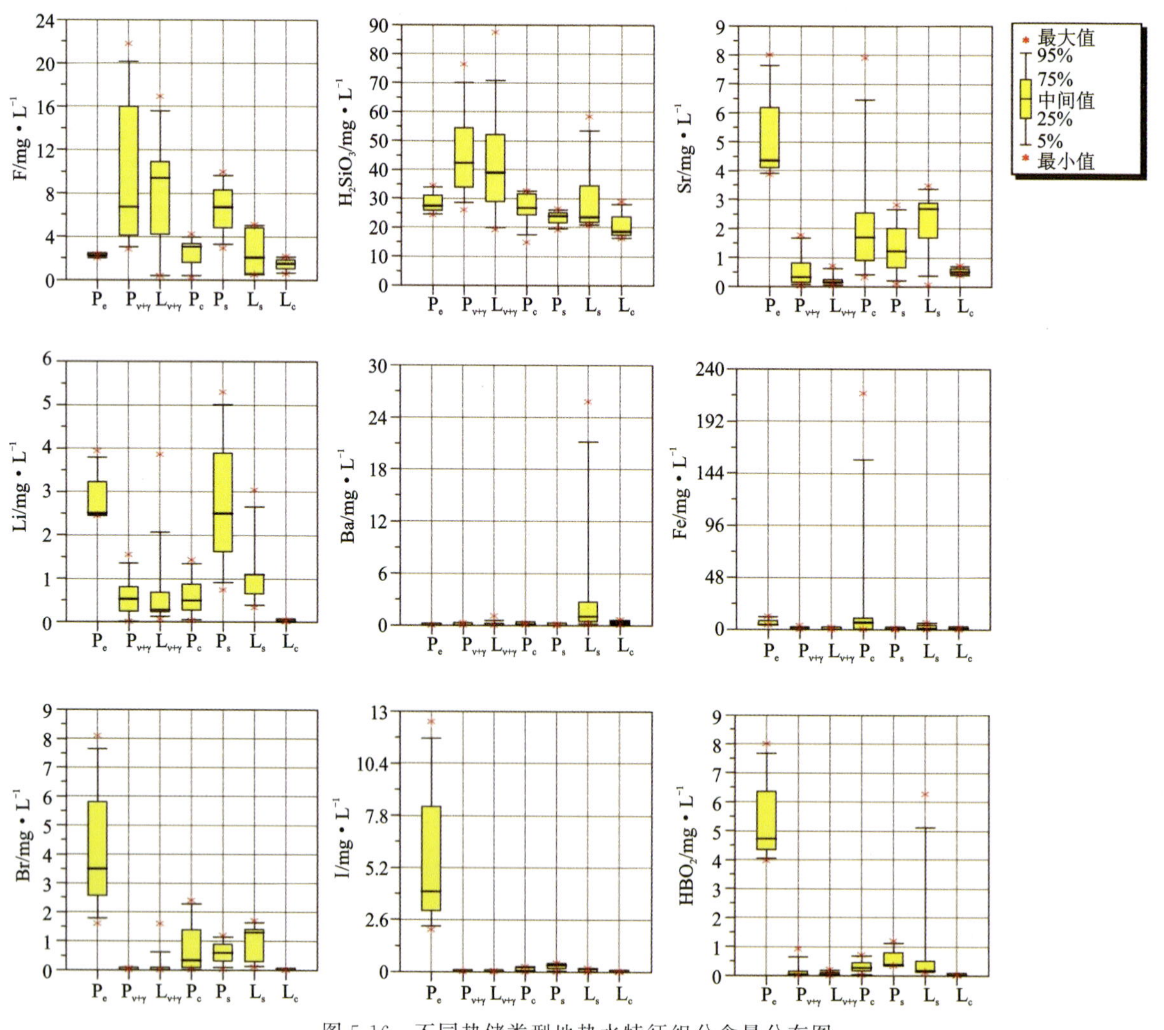


图 5-16　不同热储类型地热水特征组分含量分布图

### 1. 氟

氟含量变化范围在 0.14～21.8mg/L 之间，主要集中在 2～10mg/L 之间。大部分地热点氟含量均可以达到理疗热矿水的命名矿水浓度标准(≥2mg/L)，尤以火山岩类、花岗岩类热储氟含量最高。

### 2. 偏硅酸

偏硅酸含量变化范围在 2～87.6mg/L 之间，主要集中在 20～50mg/L 之间。大部分地热点偏硅酸含量仅达到理疗热矿水的矿水浓度标准(≥25mg/L)，仅部分火山岩类、花岗岩类地热水偏硅酸含量能达到命名矿水浓度标准(≥50mg/L)。

### 3. 锶

锶含量变化范围在 0.003～8mg/L 之间，主要集中在 0～3mg/L 之间，均未能达到理疗热矿水的矿水浓度标准(≥10mg/L)，锶含量相对较高的热储类型主要为新生代碎屑岩类孔隙型层状热储和盆地型碳酸盐岩热储，嘉热 4 井(隆起区砂岩热储)锶含量也较高。

### 4. 锂

锂含量变化范围在 0.016～5.3mg/L 之间，主要集中在 0～1mg/L 之间，浙江省内唯一达到理疗热矿水命名浓度标准(≥5mg/L)的地热井是龙游 LR1 井，锂含量 5.3mg/L，新生代碎屑岩类孔隙型层状热储含量相对较高，均能达到矿水浓度标准(≥1mg/L)，部分其他岩类热储(嘉热 2 井、千岛湖 ZK1 井、寿昌盆地地热井)也能达到矿水浓度标准。

### 5. 钡

钡含量变化范围在 0.002～25.8mg/L 之间，主要集中在 0～1mg/L 之间，仅嘉热 2 井(隆起区砂岩热储)和千岛湖 ZK1 井(元古宙硅质岩热储)钡含量较高，前者为 2.7mg/L，后者为 25.8mg/L，后者达到理疗热矿水命名矿水浓度标准(≥5mg/L)。

### 6. 铁

地热水中铁含量基本较少，很多未检出或仅微量检出，检出数据主要集中在 0～2mg/L 之间，也有些地热点铁含量较高，最典型的是新生代沉积盆地内第三纪砂岩热储($P_e$)，在 4.2～12.2mg/L 之间，湿热 1 井为 12.2mg/L，是目前唯一 1 处达到命名矿水浓度标准(≥10mg/L)的地热水。另外，嘉兴地区的善热 3 井和嘉热 4 井铁含量也较高，前者为 4.97mg/L，后者为 4.18mg/L。太湖南岸 WQ09 井铁含量为 8.12mg/L。

### 7. 溴

地热水中溴含量主要集中在 0～3mg/L 之间，新生代碎屑岩类孔隙型层状热储整体溴含量较高，其中长热 1 井为 8.1mg/L，达到矿水浓度标准(≥5mg/L)。

### 8. 碘

大部分地热水碘含量小于 1mg/L，新生代碎屑岩类孔隙型层状热储整体含量较高，均能达到矿水浓度标准(≥1mg/L)，其中长热 1 井为 12.5mg/L，达到命名矿水标准(≥5mg/L)，是目前浙江省内唯一 1 处碘水地热资源。

**9. 偏硼酸**

地热水偏硼酸含量较低，大部分地热井小于 1mg/L，新生代碎屑岩类孔隙型层状热储含量较高，部分隆起区其他岩类也可含较高的偏硼酸，能达到有医疗价值浓度(≥1.2mg/L)或矿水浓度(≥5mg/L)。目前长热 1 井偏硼酸含量最高，为 8mg/L，千岛湖 ZK1 井(隆起区硅质岩类热储)达到 6.276mg/L。

## 三、气体组分特征

地热水的气体组分主要有氡、硫化氢和二氧化碳。

**1. 氡**

地热水氡含量变化范围在 0.58～165Bq/L 之间(图 5-17)，大部分小于 37Bq/L，未达到有医疗价值浓度标准。达到有医疗价值浓度标准(≥37Bq/L)或矿水浓度标准(≥47.14Bq/L)的地热井以火山岩(花岗岩)类、碳酸盐岩类热储为主，碳酸盐岩类主要集中在嘉兴地区，全省仅运热 2 井氡含量 168Bq/L，达到命名矿水浓度标准(129.5Bq/L)。氡含量异常地热井详见表 5-6。

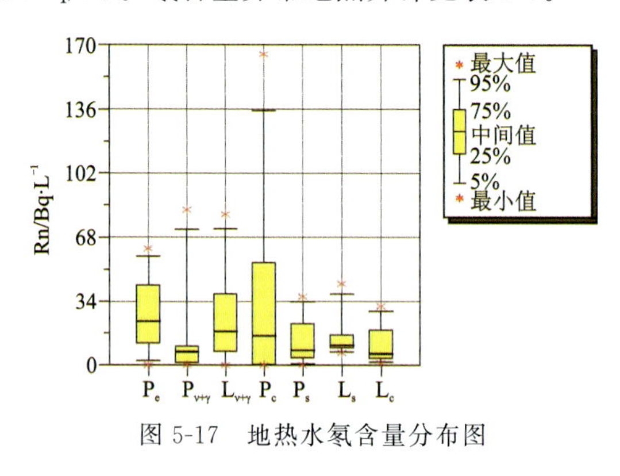


图 5-17　地热水氡含量分布图

**表 5-6　氡含量异常地热井一览表**

| 序号 | 地热井 | 氡含量/mg·L⁻¹ | 热储类型 |
|---|---|---|---|
| 1 | 永嘉南陈 1 井 | 47.3 | $L_v$ |
| 2 | 临安湍口 201 井 | 80 | $L_v$ |
| 3 | 秀山 XRT4 井 | 68.2 | $L_v$ |
| 4 | 宁海岬 3 井 | 38.6 | $L_v$ |
| 5 | 天台 | 82.5 | $P_v$ |
| 6 | 磐安 PR1 井 | 65.3 | $P_v$ |
| 7 | 慈热 1 井 | 61.9 | $P_e$ |
| 8 | 运热 2 井 | 165 | $P_c$ |
| 9 | 新热 2 井 | 66 | $P_c$ |
| 10 | 湖州 WQ10 井 | 43 | $P_c$ |
| 11 | 嘉热 4 井 | 43.3 | $L_s$ |
| 12 | 坑西 KX1 井 | 53.4 | $L_s$ |

### 2. 硫化氢

大部分地热水硫化氢含量 0.024～5.08mg/L，大部分介于未检出和 1mg/L 之间(图 5-18)。目前，达到理疗热矿水命名标准(≥2mg/L)的地热水两处，千岛湖 ZK1 井为 2.99～5.08mg/L，寿昌寿 2 井为 3.54～10.74mg/L，两处均为其他岩类热储，前者是构造隆起区震旦纪硅质岩，后者为白垩纪沉积盆地寿昌组砂岩。嘉兴运热 1 井硫化氢含量 1.6mg/L，坑西 KX1 井硫化氢含量 1.27mg/L，达到矿水浓度标准(≥1mg/L)。硫化氢的富集主要与深部封闭的还原环境有关。

### 3. 二氧化碳

大部分地热水游离 $CO_2$ 未检出，检出的也多小于 50mg/L。游离 $CO_2$ 含量异常的地热资源热储岩性主要是碳酸盐岩类、火山岩(花岗岩)类(图 5-19，表 5-7)。

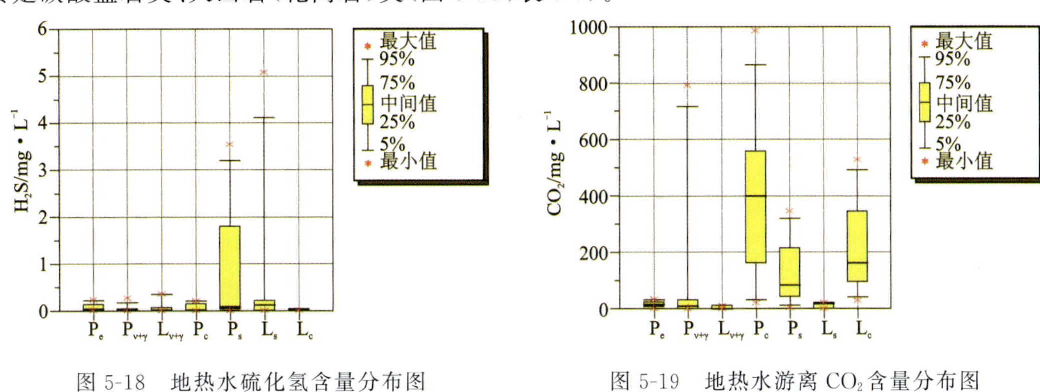


图 5-18　地热水硫化氢含量分布图　　　图 5-19　地热水游离 $CO_2$ 含量分布图

**表 5-7　游离 $CO_2$ 含量异常地热井一览表**

| 编号 | 室内编号 | 溶解性总固体含量/mg · $L^{-1}$ | pH | 游离 $CO_2$ 含量/mg · $L^{-1}$ | 热储类型 |
|---|---|---|---|---|---|
| 1 | 运热 1 井 | 4858 | 6.75 | 61.3～180 | $P_c$ |
| 2 | 运热 2 井 | 6328 | 6.46 | 399 | $P_c$ |
| 3 | DR12 井 | 2124 | 6.4 | 405～534 | $P_c$ |
| 4 | WQ09 井 | 3539 | 6.71 | 218～584 | $P_c$ |
| 5 | WQ10 井 | 2117 | 6.63 | 137～265 | $P_c$ |
| 6 | WQ01 井 | 797 | 6.64 | 129～529 | $L_c$ |
| 7 | 湍口温 6 井 | 857 | 7.41 | 95～162 | $L_c$ |
| 8 | 磐安 PR1 井 | 1856 | 7.08 | 88～450 | $P_v$ |
| 9 | 嵊州 DR8 井 | 1736 | 6.70 | 537～793 | $P_v$ |
| 10 | 嵊州 DR10 井 | 4117 | 6.90 | 636～666 | $P_v$ |
| 11 | 青 2 井 | 850 | — | 1101～1532 | $L_v$ |
| 12 | 龙游 LR1 井 | 8746 | 6.97 | 347 | $P_s$ |
| 13 | 新热 2 井 | 2955 | 6.62 | 602～986 | $P_s$ |

游离 $CO_2$ 达到或曾经达到矿水浓度标准(≥250mg/L)的地热井主要分布在青田、临安湍口、太湖南岸、嵊州盆地及嘉兴地区，游离 $CO_2$ 含量往往变化很大。

(1)湍口温 6 井。碳酸水是珍稀的矿水资源，对其成因研究工作仍然不足。初步分析，碳酸水的形成与深大断裂活动有关。游离 $CO_2$ 含量可以变化较大，湍口盆地温 6 井，在 1992 年矿泉水评价时，测定游离 $CO_2$ 含量 328.04～347.1mg/L，2014 年重新测定含量仅 95～162mg/L，结合溶解性总固体、$HCO_3^-$、偏硅酸等组分均略有下降，推断与浅部岩溶水量增大，稀释深部热矿水特征组分有关。

(2)青田鹤溪。20 世纪 50 年代末—60 年代初，华东水电勘察设计院在青田进行坝址勘探，施工中有 28 个钻孔发现喷气冒水，涌出孔口最大高度达 13.78m。含气带长 2600m，宽 300～600m，形成南北两个富集带。测定游离 $CO_2$ 含量在北区最高 1028mg/L，南区最高 1588mg/L。1987 年施工的青 2 井游离 $CO_2$ 含量在 1101～1532mg/L 之间。

(3)嵊州 DR8 井、DR10 井。DR8 井成井初期，游离 $CO_2$ 含量达到 2643mg/L，后期测量为 537～793mg/L，DR10 井游离 $CO_2$ 含量为 636～666mg/L。两者均有间歇性喷发现象，DR10 井成井后，DR8 井间歇喷发现象消失，说明两者之间水力联系密切。

(4)太湖南岸。湖州苍山灰岩裸露区揭露的 WQ01 井，多年观测游离 $CO_2$ 含量为 129～529mg/L，DR12 井游离 $CO_2$ 含量为 405～534mg/L。太湖南岸地区，WQ09 井游离 $CO_2$ 含量为 68.2mg/L，WQ10 井游离 $CO_2$ 含量为 137mg/L，也存在明显的异常。

(5)嘉兴地区。嘉兴地区运热 1 井游离 $CO_2$ 含量 61.3～180mg/L，运热 2 井游离 $CO_2$ 含量 399mg/L，新热 2 井游离 $CO_2$ 含量 602～986mg/L，均属于白垩纪沉积盆地型碳酸盐岩热储($P_c$)，游离 $CO_2$ 异常明显。

(6)其他地区。金衢盆地内的龙游 LR1 井游离 $CO_2$ 含量 347mg/L，为白垩纪沉积盆地其他岩类热储($P_s$)，磐安 PR1 井游离 $CO_2$ 含量 88～450mg/L，为白垩纪沉积盆地火山岩类热储($P_v$)。

研究表明，游离 $CO_2$ 含量通常和深大断裂构造蚀变有关，往往分布在近期构造活动频繁的断裂带上，加强对游离 $CO_2$ 成因研究，对珍稀碳酸水资源的勘查开发及地热勘查都具有重要意义。

## 四、稳定同位素特征

### 1. 氢氧稳定同位素

本次工作收集了 29 处，共 34 组井(泉)流体的氢氧同位素测试结果，结果见表 5-8。

表 5-8 地热井(泉)流体氢氧同位素测试结果

| 编号 | 室内编号 | 井深/m | 水温/℃ | δD/‰ | $\delta^{18}O$/‰ | 热储类型 |
|---|---|---|---|---|---|---|
| 1 | 寿 5 井 | 950 | 38 | −56.8 | −7.4 | $P_{v+\gamma}$ |
| 2 | 溪里 DR2 井 | 330 | 42.7 | −62.6 | −11.4 | |
| 3 | 红星坪 | 242.38 | 37.5 | −55.4 | −6.7 | |
| 4 | TXRT2 井 | 1 264.16 | 45.5 | −59.1 | −7 | |
| 5 | | | | −56.23 | −8.8 | |
| 6 | 嵊州 DR8 井 | 450 | 29 | −53.8 | −7.3 | |
| 7 | 东阳横店 DR1 井 | 850 | 26 | −46 | −2.5 | |
| 8 | 天台 | 1800 | 39 | −57.7 | −7.3 | |
| 9 | 仙居大战 DR1 井 | 456.35 | 29 | −58.2 | −7 | |

**续表 5-8**

| 编号 | 室内编号 | 井深/m | 水温/℃ | δD/‰ | $\delta^{18}O$/‰ | 热储类型 |
|---|---|---|---|---|---|---|
| 10 | 永嘉南陈 1 井 | 1800 | 48.3 | −57.69 | −8.8 | $L_{v+\gamma}$ |
| 11 | 瑞安湖岭 | 2300 | 52 | −55.28 | −8.6 | |
| 12 | 深甽甽 3 井 | 150 | 48 | −64.03 | −8.4 | |
| 13 | 象山爵溪东铭 1 井 | 2 606.18 | 40.5 | −55.5 | −7.6 | |
| 14 | 西岙 1 井 | 1230 | 30.2 | −55.9 | −7 | |
| 15 | | | | −50.0 | −7.75 | |
| 16 | 新昌 QX－1 井 | 1500 | 40 | −60.1 | −7.6 | |
| 17 | LQBD1 井 | 150 | 35 | −52.3 | −3.4 | |
| 18 | 叶唬 | 1500 | 26.5 | −53 | −6.9 | |
| 19 | 泰顺雅阳 | — | 42 | −57.6 | −7.4 | |
| 20 | 余姚陆埠 | 2500 | 35 | −50.71 | −8.01 | |
| 21 | 慈溪白金汉爵井 | 2 200.02 | 31 | −53.25 | −8.04 | |
| 22 | WQ09 井 | 1 596.3 | 41 | −52 | −7.1 | $P_c$ |
| 23 | 运热 1 井 | 2 003.78 | 62 | −58.2 | −6.9 | |
| 24 | | | | −58.6 | −7.1 | |
| 25 | 王店 1 井 | 2 002.58 | 42 | −58.3 | −8.9 | |
| 26 | | | | −49.27 | −7.21 | |
| 27 | WQ08 井 | 397.9 | 30 | −54.4 | −7.5 | |
| 28 | WQ10 井 | 1 725.51 | 62 | −52.1 | −4.2 | |
| 29 | 运热 2 井 | 2 003.78 | 52 | −57.5 | −10.5 | |
| 30 | WQ01 井 | 421.76 | 29.5 | −54.4 | −7.6 | $L_c$ |
| 31 | | | | −50.10 | −8.10 | |
| 32 | WQ05 井 | 552.18 | 25.5 | −51.2 | −9.5 | |
| 33 | 善热 3 井 | 2 005.75 | 40 | −56.3 | −6.2 | $P_s$ |
| 34 | 嘉热 4 井 | 2 001.65 | 43 | −57.6 | −8.8 | $L_v$ |

注：数据来源①《浙江省地热资源现状调查与区划成果报告》(2015)；②《浙江省温镇断裂带地热资源成矿规律研究及远景预测》(2019)。

本次工作收集了金华地区的 12 个降水氢氧同位素测试值，δD 和 $\delta^{18}O$ 相关系数 0.99，相关线性方程为：

$$\delta D = 8.285\delta^{18}O + 15.846$$

氢氧同位素测试结果主要位于大气降水线上及偏向右下方的位置(图 5-20)，部分地热水存在右漂现象。$\delta^{18}O$ 值右漂现象指示可能有海水混入，也可能是热水运移过程中水岩作用造成。图上 $\delta^{18}O$ 值右漂现象最明显的地热井为湖州 WQ10 井、横店 DR1 井和龙泉八都矿坑涌水，均处内陆地区，排除了有海水混入的可能性。$\delta^{18}O$ 值在碳酸盐岩及硅酸盐矿物中含量均较高，$^{18}O$ 与地下水中的 $^{16}O$ 发生交换，使水中的 $^{18}O$ 含量显著增大，说明地热水主要接受大气降水补给，并不同程度在深循环过程中发生水岩相互作用，水岩相互作用越强烈，$\delta^{18}O$ 值右漂现象越明显。

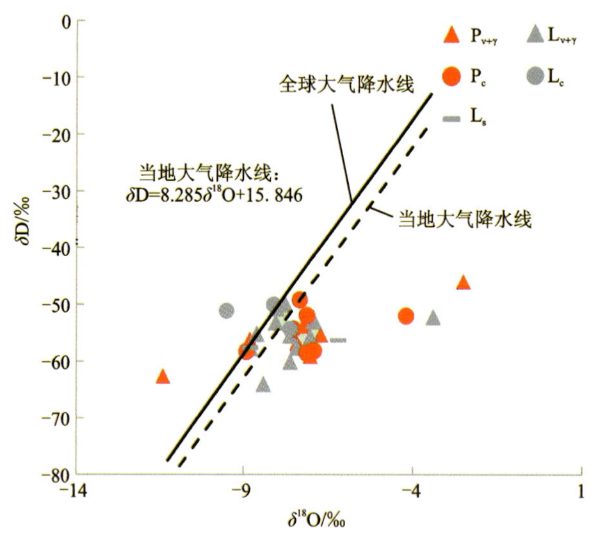


图 5-20　各类型地热水 $\delta^{18}O$ 与 $\delta D$ 关系图

### 2. 年龄同位素特征

本次工作收集到浙江省 7 处热水的 $^{14}C$ 测试成果，总体上，浙江省地热流体 $^{14}C$ 表观年龄在(19.98±1.28)～(27.62±1.05)ka 之间，对应晚更新世的古大气降水。长河凹陷内的湿地地热井(SR1 井)$^{14}C$ 测年结果显示年龄偏老，大于 43.5ka，与地热田含水层平缓、封闭条件好，径流条件差有关。

表 5-9　浙江省部分地热流体 $^{14}C$ 测试结果

| 序号 | 地热井 | 地热资源类型 | 井深/m | $^{14}$CPMC/% | 表观年龄/ka |
|---|---|---|---|---|---|
| 1 | WQ10 井 | $P_c$ | 1 725.51 | 4.85±1.27 | 25.01±2.16 |
| 2 | 运热 1 井 | $P_c$ | 2 003.78 | 3.54±0.45 | 27.62±1.05 |
| 3 | 深圳圳 3 井 | $L_{v+\gamma}$ | 150 | 8.92±1.38 | 19.98±1.28 |
| 4 | | | | 6.50±0.10 | 22.02 |
| 5 | 泰顺雅阳 | $L_{v+\gamma}$ | — | 4.25±2.39 | 26.11±1.28 |
| 6 | 瑞安 HL2 井 | $L_{v+\gamma}$ | 2300 | 3.20±0.00 | 27.73 |
| 7 | 永嘉南陈 1 井 | $L_{v+\gamma}$ | 1 745.99 | 5.10±0.10 | 23.87 |
| 8 | SR1 井 | $P_s$ | — | <0.44 | >43.5 |

## 五、不同热储类型水化学特征

### 1. 新生代沉积盆地碎屑岩类孔隙亚型

该亚型属于高矿化度地热水，溶解性总固体含量在 7188～14 566mg/L 之间，阴离子以 $SO_4^{2-}$ 为主，

阳离子以 $Na^+$ 为主，呈弱碱性水，pH 7.4～8.22。锶、锂、铁、溴、碘、偏硼酸等相对富集。

**2. 火山岩(花岗岩)类热储**

白垩纪沉积盆地火山岩（花岗岩）类构造裂隙亚型（$P_{v+\gamma}$）和构造隆起区火山岩（花岗岩）类构造裂隙亚型（$L_{v+\gamma}$）具有较为相似的水化学特征，属于低矿化度、弱碱性地热水，阴离子以 $HCO_3^-$ 为主，阳离子以 $Na^+$ 为主。普遍富含偏硅酸和氟，部分富集氡和游离 $CO_2$。

**3. 碳酸盐岩类热储**

白垩纪沉积盆地基底碳酸盐岩岩溶裂隙亚型（$P_c$）溶解性总固体含量在 516～6328mg/L 之间，pH 6.4～7.92。除太湖南岸 WQ08 井和王店 WR1 井可能受地表水影响较大外，其余地热井溶解性总固体含量均大于 1000mg/L，pH＜7，游离 $CO_2$ 异常明显（表 5-10）。

**表 5-10　碳酸盐岩类热储水化学统计表**

| 编号 | 室内编号 | 溶解性总固体含量/g·mL$^{-1}$ | pH | Sr/mg·L$^{-1}$ | 游离 $CO_2$ 含量/mg·L$^{-1}$ | 热储类型 |
|---|---|---|---|---|---|---|
| 1 | 运热 1 井 | 4858 | 6.75 | 2.86 | 61.3～180 | $P_c$ |
| 2 | 运热 2 井 | 6328 | 6.46 | 3.10 | 399 | |
| 3 | DR12 井 | 2124 | 6.40 | 1.70 | 405～534 | |
| 4 | WQ09 井 | 3539 | 6.71 | 7.90 | 218～584 | |
| 5 | 王店 WR1 井 | 738 | 7.36 | 0.32 | 20 | |
| 6 | WQ08 井 | 516 | 7.58 | 0.64 | 16～57.3 | |
| 7 | WQ10 井 | 2117 | 6.63 | 2.00 | 137～265 | |
| 8 | 湍口温 6 井 | 857 | 7.41 | 0.73 | 95～162 | $L_c$ |
| 9 | WQ01 井 | 797 | 6.64 | 0.52 | 129～529 | |
| 10 | WQ05 井 | 500 | 7.92 | 0.39 | 29 | |

构造隆起区碳酸盐岩岩溶裂隙亚型（$L_c$）地热井溶解性总固体含量在 500～857mg/L，为淡水，pH 6.64～7.92，属中性—弱碱性水，温 6 井和 WQ05 井存在明显游离 $CO_2$ 含量异常。根据地热地质条件分析认为，目前揭露的该种热储类型地热水受浅部冷水影响较大。

总体来讲，碳酸盐岩热储均以 $HCO_3^-$ 为主要阴离子，阳离子以 $Na^+$ 为主，少数为 $Ca^+$，相对富集锶及游离 $CO_2$。

**4. 其他岩类热储**

其他岩类热储主要是砂岩类和硅质岩类，统计样本较少，典型的水质特征不明显，硫化氢、钡、铁、锂、锶等均存在相对富集的可能。

## 第四节　地热流体质量特征

本次工作收集了所有地热井的流体质量评价结果，部分未评价地热井根据水化学资料进行评价，结果详见表 5-11。

**表 5-11　地热井地热流体质量评价结果一览表**

| 编号 | 热储类型 | 井号 | 不同用途评价 | | | | | | | 地热水排放评价 |
|---|---|---|---|---|---|---|---|---|---|---|
| | | | 理疗矿水水质评价 | | | 饮用天然矿泉水评价 | 生活饮用水评价 | 农业灌溉用水评价 | 渔业用水评价 | |
| | | | 有医疗价值浓度 | 矿水浓度 | 命名矿水浓度 | | | | | |
| 1 | $P_e$ | 长热 1 井 | F、Br、I、Li、$HBO_2$、$H_2SiO_3$ | Br、I、Li、$HBO_2$、$H_2SiO_3$ | I | 不符合 | 不符合 | 不符合 | 不符合 | 符合 |
| 2 | | 湿热 1 井 | F、I、Li、$HBO_2$、Fe | F、I、Li、$HBO_2$、Fe | F、Fe | 不符合 | 不符合 | 不符合 | 不符合 | 符合 |
| 3 | | 慈热 1 井 | F、I、Li、$HBO_2$、$H_2SiO_3$ | F、I、Li、$HBO_2$、$H_2SiO_3$ | F | 不符合 | 不符合 | 不符合 | 不符合 | 符合 |
| 4 | $P_{\nu+\gamma}$ | 嵊州 DR8 井 | $CO_2$、F、$H_2SiO_3$、Rn | $CO_2$、F、$H_2SiO_3$ | F、$H_2SiO_3$ | 不符合 | 不符合 | 不符合 | 不符合 | 符合 |
| 5 | | 东阳横店忠信堂 DR1 井 | F、$H_2SiO_3$、Rn | F、$H_2SiO_3$ | F | 不符合 | 不符合 | 不符合 | 不符合 | 符合 |
| 6 | | 嵊州 DR10 井 | $CO_2$、F、$H_2SiO_3$、Li | $CO_2$、F、$H_2SiO_3$、Li | F、$H_2SiO_3$ | 不符合 | 不符合 | 不符合 | 不符合 | 不符合 |
| 7 | | 仙居大战 DR1 井 | F、Li、$H_2SiO_3$ | F、Li、$H_2SiO_3$ | F | 不符合 | 不符合 | 不符合 | 不符合 | 不符合 |
| 8 | | 磐安 PR1 井 | $CO_2$、F、$H_2SiO_3$、Rn | $CO_2$、F、$H_2SiO_3$、Rn | F | 不符合 | 不符合 | 不符合 | 不符合 | 不符合 |
| 9 | | 寿 5 井 | F、Li、$H_2SiO_3$ | F、Li、$H_2SiO_3$ | F | 不符合 | 不符合 | 不符合 | 不符合 | 不符合 |
| 10 | | TXRT2 井 | F、$H_2SiO_3$ | F、$H_2SiO_3$ | F | 不符合 | 不符合 | 不符合 | 不符合 | 不符合 |
| 11 | | 溪里 DR2 井(A) | F、$H_2SiO_3$ | F、$H_2SiO_3$ | F、$H_2SiO_3$ | 不符合 | 不符合 | 不符合 | 不符合 | 不符合 |
| 12 | | 溪里 DR2 井(B) | F、$H_2SiO_3$ | F、$H_2SiO_3$ | F、$H_2SiO_3$ | 不符合 | 不符合 | 不符合 | 不符合 | 不符合 |
| 13 | | 唐风 WR2 井 | F、$H_2SiO_3$ | F、$H_2SiO_3$ | F、$H_2SiO_3$ | 不符合 | 不符合 | 不符合 | 不符合 | 符合 |
| 14 | | 香炉岗 DR2 井 | F、$H_2SiO_3$ | F、$H_2SiO_3$ | F、$H_2SiO_3$ | 不符合 | 不符合 | 不符合 | 不符合 | 符合 |
| 15 | | 红星坪 | F、$H_2SiO_3$ | F、$H_2SiO_3$ | F | 不符合 | 不符合 | 不符合 | 不符合 | 符合 |
| 16 | | 天台 | F、$H_2SiO_3$、Rn | F、$H_2SiO_3$、Rn | F | 不符合 | 不符合 | 不符合 | 不符合 | 符合 |
| 17 | $L_{\nu+\gamma}$ | 象山爵溪东铭 1 井 | F、$H_2SiO_3$ | F、$H_2SiO_3$ | F | 不符合 | 不符合 | 不符合 | 不符合 | 不符合 |
| 18 | | 余姚陆埠阳明-1 井 | F、$H_2SiO_3$ | F、$H_2SiO_3$ | F | 不符合 | 不符合 | 不符合 | 不符合 | 符合 |
| 19 | | 秀山 XRT4 井 | Rn、F | Rn、F | F | 符合 | 不符合 | 不符合 | 不符合 | 符合 |
| 20 | | 宁海吅 3 井 | Rn、F、$H_2SiO_3$ | F、$H_2SiO_3$ | F、$H_2SiO_3$ | 不符合 | 不符合 | 不符合 | 不符合 | 不符合 |
| 21 | | 龙泉 LQBD1 井 | Li、$H_2SiO_3$ | Li、$H_2SiO_3$ | Li、$H_2SiO_3$ | 不符合 | 不符合 | 不符合 | 不符合 | 符合 |
| 22 | | 新昌 QX-1 井 | Li、$H_2SiO_3$ | Li、$H_2SiO_3$ | 无 | 不符合 | 不符合 | 不符合 | 不符合 | 符合 |
| 23 | | 白金汉爵 CRT1 井 | F、Rn | F、Rn | 无 | 不符合 | 不符合 | 不符合 | 不符合 | 符合 |
| 24 | | 西岙 1 井 | F、$H_2SiO_3$ | F、$H_2SiO_3$ | F、$H_2SiO_3$ | 不符合 | 不符合 | 不符合 | 不符合 | 符合 |
| 25 | | 牛头山 ZK1 井 | F、Li、$H_2SiO_3$ | F、Li、$H_2SiO_3$ | F | 不符合 | 不符合 | 不符合 | 不符合 | 符合 |
| 26 | | 泰顺雅阳 | F、$H_2SiO_3$、Rn | F、$H_2SiO_3$、Rn | F、$H_2SiO_3$ | 不符合 | 不符合 | 不符合 | 不符合 | 不符合 |

续表 5-11

| 编号 | 热储类型 | 井号 | 不同用途评价 | | | | | | | 地热水排放评价 |
|---|---|---|---|---|---|---|---|---|---|---|
| | | | 理疗矿水水质评价 | | | 饮用天然矿泉水评价 | 生活饮用水评价 | 农业灌溉用水评价 | 渔业用水评价 | |
| | | | 有医疗价值浓度 | 矿水浓度 | 命名矿水浓度 | | | | | |
| 27 | $L_{v+\gamma}$ | 昌化九龙湖ZK1井 | F、$H_2SiO_3$ | F、$H_2SiO_3$ | F | 不符合 | 不符合 | 不符合 | 不符合 | 不符合 |
| 28 | | 永嘉南陈1井 | F、$H_2SiO_3$、Rn | F、$H_2SiO_3$、Rn | F | 不符合 | 不符合 | 不符合 | 不符合 | 不符合 |
| 29 | | 瑞安HL2井 | F、$H_2SiO_3$ | F、$H_2SiO_3$ | F、$H_2SiO_3$ | 不符合 | 不符合 | 不符合 | 不符合 | 不符合 |
| 30 | | 临安湍口201井 | Rn、F | Rn、F | F | 不符合 | 不符合 | 不符合 | 不符合 | 符合 |
| 31 | $P_c$ | 王店WR1井 | 无 | 无 | 无 | 不符合 | 不符合 | 不符合 | 不符合 | 符合 |
| 32 | | WQ08井 | F、Fe | F、Fe | F | 不符合 | 不符合 | 不符合 | 不符合 | 符合 |
| 33 | | 运热1井 | $H_2S$、F、$H_2SiO_3$ | $H_2S$、F、$H_2SiO_3$ | F | 不符合 | 不符合 | 不符合 | 不符合 | 不符合 |
| 34 | | 运热2井 | $CO_2$、F、Fe、Rn、$H_2SiO_3$ | $CO_2$、F、Fe、Rn、$H_2SiO_3$ | F、Fe、Rn | 不符合 | 不符合 | 不符合 | 不符合 | 不符合 |
| 35 | | DR12井 | $CO_2$、F | $CO_2$、F | F | 不符合 | 不符合 | 不符合 | 不符合 | 不符合 |
| 36 | | WQ09井 | F、Li、$H_2SiO_3$ | F、Li、$H_2SiO_3$ | F | 不符合 | 不符合 | 不符合 | 不符合 | 不符合 |
| 37 | | WQ10井 | $CO_2$、F、$H_2SiO_3$、Rn、Fe | $CO_2$、F、$H_2SiO_3$、Fe | F、Fe | 不符合 | 不符合 | 不符合 | 不符合 | 不符合 |
| 38 | $L_c$ | 湖州WQ01井 | $CO_2$、F、$H_2SiO_3$ | $CO_2$、F、$H_2SiO_3$ | 无 | 不符合 | 不符合 | 符合 | 不符合 | 符合 |
| 39 | | WQ05井 | F | F | F | 不符合 | 不符合 | 不符合 | 不符合 | 符合 |
| 40 | | 湍口温6井 | 无 | 无 | 无 | 不符合 | 不符合 | 符合 | 符合 | 符合 |
| 41 | $P_s$ | 寿2井 | F、$H_2S$ | F、$H_2S$ | F、$H_2S$ | 不符合 | 不符合 | 符合 | 不符合 | 不符合 |
| 42 | | 龙游LR1井 | $CO_2$、F、Li、$HBO_2$ | $CO_2$、F、Li | F、Li | 不符合 | 不符合 | 不符合 | 不符合 | 不符合 |
| 43 | | 新热2井 | $CO_2$、F、$H_2SiO_3$、Rn、Li | $CO_2$、F、$H_2SiO_3$、Rn、Li | F | 不符合 | 不符合 | 不符合 | 不符合 | 符合 |
| 44 | | 湘家荡1井 | F、$H_2SiO_3$ | F、$H_2SiO_3$ | F | 不符合 | 不符合 | 不符合 | 不符合 | 符合 |
| 45 | $L_s$ | 嘉热2井 | Li、$H_2SiO_3$ | Li、$H_2SiO_3$ | $H_2SiO_3$ | 不符合 | 不符合 | 不符合 | 不符合 | 符合 |
| 46 | | 善热3井 | F、Li | F、Li | F | 不符合 | 不符合 | 不符合 | 不符合 | 不符合 |
| 47 | | 千岛湖ZK1井 | $H_2SiO_3$、Li、$H_2S$、F、Ba、$HBO_2$ | $H_2SiO_3$、Li、$H_2S$、F、Ba | $H_2S$、F、Ba | 不符合 | 不符合 | 不符合 | 不符合 | 符合 |
| 48 | | 嘉热4井 | Rn | 无 | 无 | 不符合 | 不符合 | 不符合 | 不符合 | 符合 |
| 49 | | 桐庐阆里村DR1井 | F | F | F | 不符合 | 不符合 | 不符合 | 不符合 | 符合 |
| 50 | | 坑西KX1井 | F、Rn、$H_2SiO_3$、$H_2S$ | F、Rn、$H_2SiO_3$、$H_2S$ | F | 不符合 | 不符合 | 不符合 | 不符合 | 不符合 |

## 一、理疗热矿水评价

地下流体通常含有某些特有的矿物质(化学)成分,可作为理疗矿水开发利用,可参照《地热资源地质勘查规范》(GB/T 11615—2010)附录E中表E.1进行分析评价。

根据已有成果资料分析,浙江省地热资源中达到有医疗价值浓度或矿水浓度的项目有氟、偏硅酸、锂、钡、铁、溴、碘、偏硼酸、氡、硫化氢、游离$CO_2$,仅锶未见地热井能达到该标准,达到命名矿水浓度标准的成分有氟、偏硅酸、钡、铁、碘、氡、硫化氢(表5-12)。其中,氟元素是浙江省地热资源最典型的特征元素,所有热储类型、大部分地热井均能达到命名矿水浓度标准;偏硅酸也是典型的特征元素,大部分地热井均能达到矿水浓度标准,火山岩(花岗岩)类能达到命名矿水浓度标准;此外,浙江省地热资源中氡、游离$CO_2$也相对较为富集。

表5-12　各热储类型理疗热矿水评价

| 特征组分 | 热储类型 | | | | | | |
|---|---|---|---|---|---|---|---|
| | $P_e$ | $P_{v+\gamma}$ | $L_{v+\gamma}$ | $P_c$ | $L_c$ | $P_s$ | $L_s$ |
| 游离$CO_2$ | — | 矿水 | 矿水 | 矿水 | 矿水 | 矿水 | — |
| 总硫化氢 | — | — | — | 矿水 | — | 矿水 | 命名 |
| 氟 | 命名 | 命名 | 命名 | 命名 | 命名 | 命名 | 命名、矿水 |
| 溴 | 矿水 | — | — | — | — | — | — |
| 碘 | 命名、矿水 | — | — | — | — | — | — |
| 锶 | — | — | — | — | — | — | — |
| 铁 | 命名、矿水 | — | — | 命名、矿水 | — | — | — |
| 锂 | 矿水 | 矿水 | — | — | — | 命名、矿水 | 矿水 |
| 钡 | — | — | — | — | — | — | 命名 |
| 偏硼酸 | 矿水 | — | — | — | — | — | 矿水 |
| 偏硅酸 | 矿水 | 命名、矿水 | 命名 | 矿水 | 矿水 | 矿水 | 命名、矿水 |
| 氡 | 矿水 | 有医疗价值或矿水 | 有医疗价值或矿水 | — | — | 矿水 | 有医疗价值 |

注:①"命名"指地热井达到理疗热矿水命名矿水浓度标准;"矿水"指地热井达到矿水浓度标准;"有医疗价值"指地热井达到有医疗价值浓度标准;"—"指均未达到有医疗价值浓度标准。

浙江省50处地热资源中2处未达到有医疗价值浓度标准,占总数的4%;仅达到有医疗价值浓度标准的4处,占总数的8%;达到命名矿水浓度标准的地热资源中,仅1种元素达标的28处,占56%;仅2种元素达标的14处,占28%;3种及以上元素达标的2处,占4%(图5-21)。

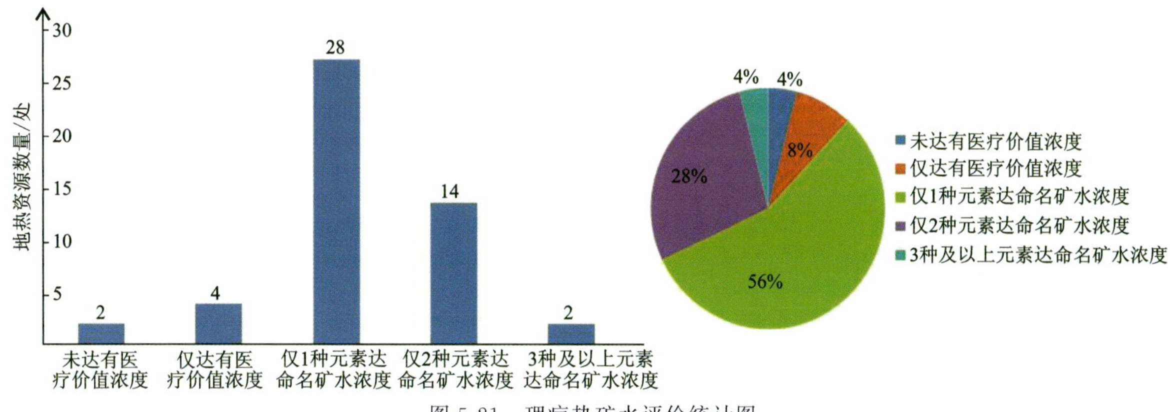


图 5-21　理疗热矿水评价统计图

## 二、饮用天然矿泉水评价

根据《饮用天然矿泉水标准》(GB 8537—2008)，对浙江省 50 处地热水水质按照感官要求、理化要求(界限指标、限量指标和污染物指标)进行评价，评价结果如表 5-11 所示。

浙江省 50 处地热井(温泉)中仅 1 处达到饮用天然矿泉水标准，为秀山 XRT4 井，其余 49 处地热井(温泉)流体限量指标中锰、溴酸盐、氟化物、砷和钡有 1 种或多种不符合标准，部分感官要求和污染物指标不符合标准，均不可作为饮用天然矿泉水水源。

## 三、生活饮用水评价

根据《生活饮用水卫生标准》(GB 5749—2006)，对浙江省 50 处地热水水质按照常规指标及限值和非常规指标及限值进行评价，评价结果列入表 5-11 中。

浙江省 50 处地热井(温泉)中，地热流体的氟化物、溴酸盐、pH、铝、铁、锰、氯化物、硫酸盐、溶解性总固体等均有多项不符合该标准，不可作为生活饮用水源。

## 四、农业灌溉用水评价

根据《农田灌溉水质标准》(GB 5084—2005)，对浙江省 50 处地热水水质按照水质基本控制项目和选择性控制项目进行评价，评价结果列入表 5-11 中。

浙江省 50 处地热井(温泉)中有 3 处符合农业灌溉用水标准，分别为 WQ01 井、寿 2 井和湍口温 6 井，其余 47 处地热流体的水质控制项目中氟化物、pH、全盐量、氯化物、硫化物有 1 项或多项不符合标准，不适宜直接用于农业灌溉。其中氟化物为主要超标项目。

## 五、渔业用水评价

根据《渔业水质标准》(GB 11607—1989)，对浙江省 50 处地热水水质按照水质基本控制项目和选择性控制项目进行评价，评价结果列入表5-11中。

浙江省50处地热井(温泉)中仅1处符合渔业用水标准，为湍口温6井。其余49处热水中pH、汞、铜、锌、硫化物、氟化物等1项或多项不符合标准，不适宜直接作为渔业用水。其中氟化物为主要超标项目。

## 六、可利用方向

浙江省目前温泉或地热井的温度在25～64℃之间，属于低温地热资源，氟、偏硅酸、钡、铁、碘、氡、硫化氢等1项或2项可达到理疗热矿水水质标准的命名矿水浓度标准，适用于洗浴、理疗，少数地热井满足农业灌溉用水标准及渔业用水标准，可作为农业灌溉、养殖开发利用(表5-11)。另外，地热资源还可作为温室、采暖开发利用。

## 七、环境影响评价

地热流体对环境的影响主要表现在两个方面，一是地热流体直接排放(表5-11)，二是地面沉降。

### 1. 地热流体直接排放

地热流体直接排放对环境的影响表现在热污染和化学污染两个方面。

高温地热流体未经降温处理直接排放到地表水或地下水系统中，会对浅层地下水资源造成水质的破坏，影响生态环境和农业发展。所以，高温地热流体需经过降温无害化处理后，方可排放。

浙江省50处地热井(温泉)中，有28处符合地热水排放标准，可以直接排放，其余22处地热流体中pH、硫化物、氟化物、总锌、总锰、总α放射性等1项或多项不符合标准，不能直接排放。对于不能直接排放的地热流体，需经过无害化处理，将其中的有害成分转化成无害成分，方可排放到自然环境中。

### 2. 地面沉降评价

因地热流体开采造成的地面沉降在浙江省主要体现在杭嘉湖平原区和宁绍平原区内的层状热储开采上。

杭嘉湖平原层状热储主要为碳酸盐岩热储，热储埋深均较深，短期来看，地热资源的开采影响较小，但当深部地热流体的补给小于开采时，容易在地下形成采空区，造成应力集中，引起塌陷并诱发地震，危害巨大。对于碳酸盐岩类热储地热资源要分时段开采，同时加大地热区地热资源勘探，分散单井开采压力。

对于宁波杭州湾新区长河地热田，其热储为新生界古近系长河组砂岩热储，地热流体赋存在砂岩孔隙中，长期的开采可能造成地面沉降，引起地面塌陷、地裂缝等灾害。要做好回灌工作，这既降低了地面沉降产生的概率，同时也加大了地热资源的开发利用率。

# 第五节　地热水来源及低温原因讨论

## 一、地热水来源分析

地热水氢氧同位素特征反映了地热水接受大气降水补给，而$^{14}C$测年则反映了地热水对应古大气降水，这从水化学的角度反映了深循环地热水(古大气降水)与浅部地下水的混合。

从 Na－K－Mg 三角图(图 5-22)上可以看出，浙江省地热水多位于未成熟水区或部分平衡区，说明热水在运移的过程中受到浅部冷水渗入影响较大。

本次工作收集了部分地热井基于混合模型计算的冷水混入比例数据(表 5-13)，宁海深甽、永嘉南陈、瑞安湖岭、泰顺雅阳冷水混入比例在 66%～74%之间，临安湍口盆地内地热井冷水混入比例达到 94%。

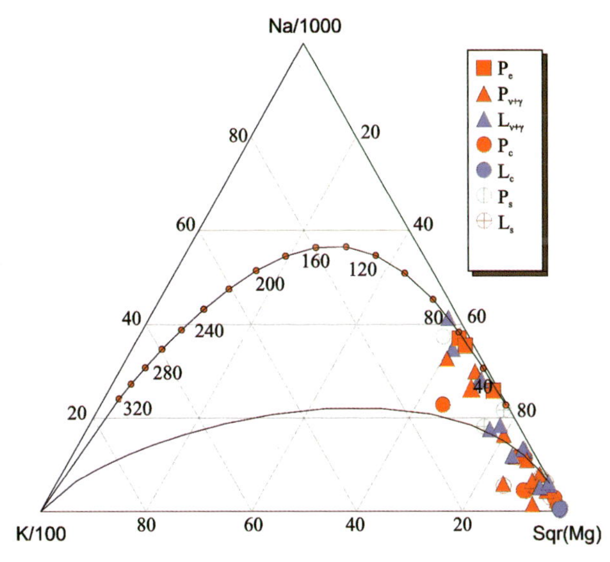


图 5-22　各类型地热水 Na－K－Mg 三角图

表 5-13　各地热水混合模型计算结果一览表

| 热水点 | 冷水混入比例 | 热储温度/℃ |
| --- | --- | --- |
| 宁海深甽 | 0.66 | 99 |
| 永嘉南陈 | 0.66 | 103 |
| 瑞安湖岭 | 0.63 | 106 |
| 泰顺氡泉 | 0.74 | 182 |
| 湍口温 6 井 | 0.939 | 175 |
| 湍口温 2 井 | 0.94 | 175 |

综上所述，浙江省目前揭露的地热水补给来源包括古大气降水和现代大气降水。晚更新世古大气降水在深循环过程中不断增温，且与围岩发生水岩作用，形成地热水并向上运移；在地表浅部，现代大气

降水通过浅部断裂系统近距离循环后与深部地热水混合，补给地热水(图 5-23)。从混合比例来看，浅部地下水补给比例更高。目前浙江省地热井揭露的热水多为深层热水与上层冷水或低温热水混合后的产物，深层热水是“热”的主要来源，而浅层循环冷(低温热)水则贡献了大部分的水量。

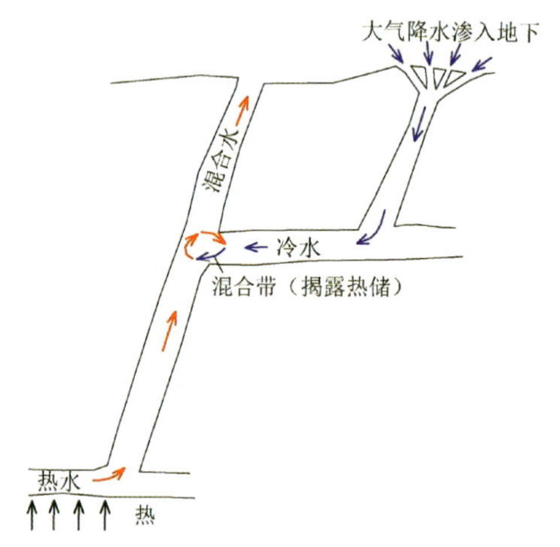


图 5-23　地热水补给来源示意图(据朱炳球，1992 修编)

对于长河凹陷地热田，热储层平缓、封闭条件好，径流条件差，在 Na－K－Mg 三角图(图 5-22)上可以看出，热水点均非常靠近成熟水区，判断地热田冷水混入较少。

### 二、地热水低温原因分析

根据对热源的分析，浙江省的地热系统在成因上属于板块内部基岩裂隙深循环的水热系统。无特殊的高热背景，无近期岩浆活动的高温热源，在正常或略为偏高的大地热流背景值的基础上，由于地下水的深循环而获得热量，属于传导型地热系统。地下水的循环深度是决定地热资源温度的主要因素，地下水的深循环严格受区域深大断裂控制，与深大断裂的切割深度、性质(胶结程度、导水特征)关系密切。这也决定了单纯依靠断裂系统形成的地热水温度是有限的。

根据对水源的分析，浙江省地热资源为现代大气降水和古大气降水的混合，古大气降水径流形成的地热资源与浅部循环地下水在浅部混合，目前揭露地热资源的温度与冷水混入比例关系密切。地热区构造活动强烈，浅部断裂节理裂隙系统发育，冷水与地热水交替强烈，则温度偏低；揭露热储层埋深较大，盖层条件好，围岩节理裂隙发育一般，则冷水混入较少，温度可能相对较高。

目前，浙江省温泉或地热井的温度在 25～64℃之间，均为低温地热资源，未见中温、高温地热资源。宏观因素是没有特殊的高热背景，具体则与导热的深断裂切割深度、连通性及冷水混入比例有关。

## 第六节　地热(温泉)资源分级

根据浙江省天然温泉资源特征及温泉开发需求，对全省范围天然温泉资源进行分级及评定，以规范全省温泉资源开发利用管理，维护消费者和矿业权人的合法权益，鼓励高等级温泉开发。

## 一、浙江省天然温泉资源分级标准

根据前文分析，浙江省地热资源均为低温地热资源，降深较大、单位涌水量整体偏小、资源规模大中小型各约占总量的1/3。地热流体大部分能达到理疗热矿水资源标准，符合饮用天然矿泉水、生活饮用水、农业灌溉及渔业用水标准的资源极少。目前省内地热资源均用于温泉洗浴理疗开发利用。

根据以上基本特点，选择了温度、质量、可开采量作为主要指标，并综合考虑资源/储量查明程度和降深。

### 1.温度

根据《地热资源地质勘查规范》(GB/T 11615—2010)、《天然矿泉水资源地质勘查规范》(GB/T 13727—2016)和《温泉服务基本规范》(GB/T 35555—2017)，选取25℃、36℃、45℃、60℃、90℃五个界限值。25℃、60℃和90℃是《地热资源地质勘查规范》(GB/T11615—2010)规定的温度界限值，温度越高，资源的梯级利用价值越高；36℃是《天然矿泉水资源地质勘探规范(GB/T 13727—2016)》规定的理疗矿泉水的一项命名指标；45℃是《温泉服务基本规范》(GB/T 35555—2017)规定的温泉池水温(宜保持在34℃～42℃之间)。考虑温泉水从井口到水池的自然降温，36～45℃温度区间的地热资源无需加热或降温，具有较好的经济环境效益。

### 2.地热流体质量

根据《地热资源地质勘查规范》(GB/T 11615—2010)、《天然矿泉水资源地质勘查规范》(GB/T 13727—2016)和浙江省天然温泉资源水质特征，制定了《天然温泉资源水质标准》(表5-14)。

表5-14　天然温泉资源水质标准

| 项目 | 有医疗价值浓度 | 命名矿水浓度 | 矿水名称 |
|---|---|---|---|
| 二氧化碳($CO_2$) | ≥250mg/L | >500mg/L | 碳酸水 |
| 总硫化氢($H_2S$、$HS^-$) | ≥1mg/L | >2mg/L | 硫化氢水 |
| 偏硅酸($H_2SiO_3$) | ≥25mg/L | >50mg/L | 硅酸水 |
| 偏硼酸($HBO_2$) | ≥1.2mg/L | >35mg/L | 硼酸水 |
| 溴($Br^-$) | ≥5mg/L | >25mg/L | 溴水 |
| 碘($I^-$) | ≥1mg/L | >5mg/L | 碘水 |
| 总铁($Fe^{2+}+Fe^{3+}$) | ≥10mg/L | >10mg/L | 铁水 |
| 砷(As) | / | >0.7mg/L | 砷水 |
| 氡($^{222}Rn$) | ≥37Bq/L | >110Bq/L | 氡水 |
| 氟(F) | ≥1mg/L | >2mg/L | 氟水 |
| 锶 | ≥10mg/L | ≥10mg/L | 锶水 |
| 锂 | ≥1mg/L | ≥5mg/L | 锂水 |
| 钡 | ≥5mg/L | ≥5mg/L | 钡水 |

根据地热流体达到《天然温泉资源水质标准》命名的矿水浓度标准指标数量进行分级。天然温泉组分含量达到天然温泉水质标准命名的矿水浓度即为达标，三项及以上组分含量达到天然温泉水质标准

有医疗价值浓度标准相当于一项达标。根据《天然矿泉水资源地质勘探规范》(GB/T 13727—2016)规定,超过36℃也作为理疗热矿水的一项指标,可命名为温矿水,以此为依据,本标准规定温度高于36℃即可评定为A级地热资源。

### 3.可开采量

可开采量的选择既要保证资源应用尽用,同时也要保证资源的可持续利用。

为保证资源的应用尽用,对A级、AA级的资源不作可开采量要求,由市场充分选择;AAA级及以上资源则规定最低水量要求。

根据对浙江省可开采量统计,单井年开采量不低于5万$m^3$的地热资源占总资源量的94%,因此取最小开采规模下限为年开采量5万$m^3$,既保证资源形成一定规模,实现良好的经济效益,同时又实现资源的充分利用。因此确定单井最小规模年开采量为5万$m^3/a$,按250d换算,日开采量最低要求为200$m^3$,多井则适当提高要求。泉不分单泉、泉群,和单井的要求相同,考虑泉通常流量不大,且以泉开采地热资源,没有前期勘探投入,存在较好的经济价值。

另外,为保证评价的统一性,规定可开采量统一按降深50m计算。50m为《地热资源地质勘查规范》(GB/T 11615—2010)中规定的最大降深值。

### 4.资源/储量查明程度

根据《地热资源地质勘查规范》(GB/T 11615—2010),经勘查评价的地热资源/储量,地热流体可开采量依据地质勘查可靠程度分为验证的、探明的、控制的和推断的四级。为保证资源可靠程度,要求参与评级的温泉资源至少达到探明的地热资源/储量级别。

天然温泉资源分级详见表5-15,由高到低依次为AAAAA级、AAAA级、AAA级、AA级、A级。

表5-15 天然温泉资源分级

| 分级 | 温度($t$)/℃ | 质量 | 可开采量/$m^3 \cdot d^{-1}$ | |
|---|---|---|---|---|
| | | | 单井(泉、泉群) | 多井 |
| A | $t>36$ | / | / | / |
| | $25 \leq t \leq 36$ | 至少一项达标 | | |
| AA | $36<t<45$ | 一项达标 | | |
| AAA | $36<t<45$ | 至少两项达标 | ≥200 | ≥300 |
| | $45 \leq t<60$ | 一项达标 | | |
| AAAA | $45 \leq t<60$ | 两项达标 | | |
| | $60 \leq t<90$ | 一项达标 | | |
| AAAAA | $45 \leq t<60$ | 至少三项达标 | ≥300 | ≥500 |
| | $60 \leq t<90$ | 至少两项达标 | | |

注:温度、质量和可开采量三项指标须同时参与分级,多井(泉群)开采时,取最低级别。

## 二、已有温泉资源分级

根据分级标准,浙江省已有地热(温泉)资源中,AAAAA级2处(4%),AAAA级3处(6%),AAA

级 5 处(10%),AA 级 16 处(32%),A 级 24 处(48%),详见图 5-24。

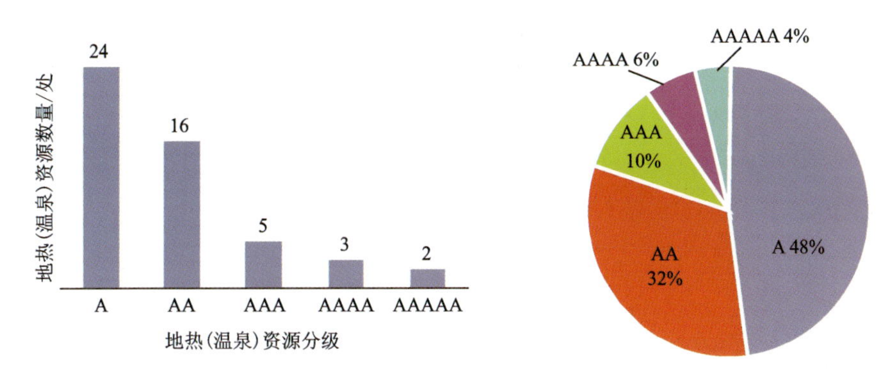


图 5-24　理疗热矿水资源分级统计表

# 第六章　地热与成矿控制条件

地下热水资源的分布极不均匀，受“储、盖、通、源”条件控制。由于地球深部的温度很高，存在向外扩散的传导热，所以热源是普遍存在的，区别在于各地热流值的大小不同，地温梯度（即地下温度随深度增加的增长率）不同，浙江省无岩浆活动等特殊热源，因此差异也并不显著。通过地质调查，确定有无渗透性差的盖层是比较容易做到的，浙江省大部分地热系统对盖层的要求也比较低。因此，4 项条件中，“储”和“通”成为两个最主要的条件。

从总体而言，不同年代的地层、不同的岩石类型（沉积岩、岩浆岩、变质岩）中，都有地下热水的发现，似乎并不具有专属性，但是不同类型的岩石其富水性的差异是非常大的。已有地热成果资料表明，浙江省最主要的热储层有三大类，即孔隙度高的松散岩类、溶蚀性强的碳酸盐岩类、硬脆性火山岩（花岗岩）类和石英砂岩类等。

在三大类热储层中，“孔隙性的层状热储”很少，以“裂隙性的带状热储”为主，其次是“带状兼层状热储”。因此，研究构造活动形成的断裂破碎带、节理裂隙带等导水导热通道，对寻找地热资源具有重要意义。浙江省与地热关系密切的构造活动主要有断裂构造、盆地构造和火山构造。

## 第一节　地层岩性对地热成矿的控制

地热资源的赋存与地层岩石性质有关，孔隙度高的松散岩类、溶蚀性强的碳酸盐岩类、硬脆性火山岩（花岗岩）类和石英砂岩类等能够构成有利的热水赋存空间和水热运移的通道。

### 一、碳酸盐岩

在浙西北的沉积盖层中有两套碳酸盐岩，在一定条件下可以成为重要的热储层系。下部的一套为震旦系灯影组至寒武系（含杭州—嘉兴一带的下中奥陶统），上部的一套为石炭系—下三叠统。

#### （一）石炭系—下三叠统碳酸盐岩

该套碳酸盐岩热储包括石炭系黄龙组、船山组，中二叠统栖霞组，以及上二叠统长兴组和下三叠统青龙组。这套碳酸盐岩以中二叠统孤峰组、龙潭组的碎屑岩类为界可以再分为两个部分。岩性为灰岩、含燧石灰岩、薄层灰岩等，碳酸盐岩的累计厚度 400～1000m。

受构造抬升剥蚀，该套碳酸盐岩分布范围十分有限，主要出露在江山—绍兴、开化—杭州、衢州—长兴一带，呈狭长带状，且断续分布。隐伏的晚古生代碳酸盐岩主要分布在太湖南岸地区、桐乡凹陷、寿昌盆地、金衢盆地、杭州周浦、余杭皋亭山一带。这些隐伏的晚古生代碳酸盐岩埋藏于中生代地层之下，以白垩纪红层为主，部分为火山岩或侏罗纪煤系地层，分布面积差别很大，以金衢盆地内分布面积最大，有近千平方千米。

晚古生代碳酸盐岩岩性较纯，呈厚层至块状，泥质含量低。另外，该套地层层位较高，在经历印支、燕山等多期构造运动之后，长期的剥蚀作用使其仅在向斜的核部（即构造下凹部分的最低处）少量残存，又由于断裂、外力作用引起的地形切割等因素，使其呈小块断续分布。

目前揭露该套热储的地热井主要有运热1井、运热2井、桐热1井、桐热2井、太湖南岸WQ01井、WQ05井、WQ08井、WQ09井、WQ10井、DR12井。

### （二）震旦系灯影组至寒武系碳酸盐岩

该套碳酸盐岩热储包括震旦系灯影组至寒武系（含杭州—嘉兴一带的下中奥陶统），灯影组为白云岩；寒武系包括大陈岭组、杨柳岗组、华严寺组、西阳山组，岩性以白云质灰岩、条带状灰岩为主；奥陶系虽以碎屑岩为主，但在杭州—嘉兴一带下中奥陶系统则为灰质白云岩、白云质灰岩等。这套碳酸盐岩的厚度变化较大，总厚度500～1000m。

该套碳酸盐岩连续分布于浙西北褶皱带内，在浙北平原区，杭州—嘉兴一线也有隐伏的早古生代碳酸盐岩分布，分布面积较大，为勘探开发地热资源提供了较大的空间和选择余地。

该套碳酸盐岩之上有一套与之连续沉积且厚度很大的奥陶纪泥岩，透水性差，是良好的区域盖层，这套泥质盖层妨碍了其下寒武纪碳酸盐岩溶蚀缝洞的发育，使其缺少储集空间，另外，这套地层泥质含量也较高。

目前揭露该套热储的地热井主要有王店WR1井和湍口温2井、温6井、临19-1井、CK5-1井。

### （三）碳酸盐岩热储对地热的控制特征

碳酸盐岩热储是浙江省内一种重要的热储类型，在已成井地热资源中占了总量的24%，省内目前温度最高的运热1井就属于该种热储类型。但该种热储的勘查难度很大，主要原因是不同于北方碳酸盐岩热储，浙江省碳酸盐岩热储的整体岩溶发育程度较差。近些年，在杭州闲林、常山城东、杭州之江、江山淤头盆地（前两者目标热储为早古生代碳酸盐岩，后两者目标热储为晚古生代碳酸盐岩）对碳酸盐岩的勘查工作均未能取得突破，钻井岩芯显示，灰岩溶蚀裂隙不发育，且多被方解石、碳质泥岩或花岗岩充填闭合，岩石完整性好，富水性差，少量未充填的裂隙，与外界连通性差，水循环不畅；千岛湖ZK1井寒武系碳酸盐岩为不透水的盖层，热储层位之下的震旦系硅质岩；新塍XR1井寒武系碳酸盐岩仅为次要含水层。而取得成功的地热井主要集中在太湖南岸、临安湍口，都具有特定的地质构造条件，通过总结分析，我们得出以下认识。

#### 1. 深部热水赋存主要受断裂构造控制

目前出水的碳酸盐岩地热井中，除临安湍口及太湖南岸西部隆起区，属于覆盖型岩溶含水层，接受深部地热水侧向补给外，其余均和断裂关系密切。

太湖南岸地区施工多口地热井，岩溶发育情况均受断裂控制（表6-1，图4-4），WQ09井、WQ10井的深部岩溶主要受$F_{-2}$断裂控制；WQ01井（图4-3）于$F_6$北西向断层上见灰岩热储，发生涌水；WQ05井于北东向断裂带3条逆断层破碎带及周围岩溶裂隙赋水；WQ08井岩溶裂隙赋水层受$F_{d10}$北西西向断裂控制。岩溶发育带也严格受区域断裂控制。

金衢盆地内，金66井揭露北东东向断裂（$F_6$），858m即揭露石炭系碳酸盐岩岩溶裂隙型带状兼层状热储，1320～1 329.3m岩芯段裂隙发育，多为构造-溶蚀裂隙，裂隙密度30条/m，裂隙宽度0.5～15mm，局部见有较大溶蚀孔洞，最大5cm×12cm，一般为2cm×6cm。金66井整孔下套管，却常年溢水，分析主要来自孔底约5m左右的射孔层渗入所致，反映深部灰岩含水。钱家1号井（QR1）距金66井仅

表 6-1　太湖南岸地区地热井岩溶发育情况统计表

| 编号 | 井深/m | 控矿断裂 | 岩溶发育情况 |
|---|---|---|---|
| WQ01 井 | 421.76 | 北西向 $F_6$ 断裂 | 182.34～188.19m 为破碎带(溶洞及灰岩碎块组成),215.68～227.49m、261.07～262.19m 为两处侵入岩,沿破碎带及溶洞侵入 |
| WQ05 井 | 552.18 | 北东向 $F_7$ 断裂带 | 118.00～119.01m、139.40～140.00m、159.35～162.10m、298.20～300.90m 为溶洞(269.50～300.93m 为断层破碎带),512.19～519.07m 为断裂破碎带 |
| WQ08 井 | 397.90 | 北北西向 $F_{d10}$ 断裂 | 溶洞裂隙主要发育在 295.05～298.21m 及 365.68～397.90m(365.68～377.44m 为断裂破碎带) |
| WQ09 井 | 1 596.00 | 北东向 $F_{-2}$ 断裂 | 974.85～975.62m、1 425.65～1 427.80m 为溶洞 |
| WQ10 井 | 1 725.51 | 北东向 $F_{-2}$ 断裂 | 1 632.8～1 635.05m、1 657.7～1 661.60m 为溶洞 |

注:资料引自《浙江省湖州市太湖南岸地热田地热资源研究评价报告》(2016)、《浙江省湖州市杨家埠苍山(WQ01 地热井)地热资源勘查报告》(2011)、《浙江省湖州市太湖旅游度假区小梅口(WQ08、WQ05 地热井)地热资源勘查报告》(2011)。

400m(图 4-23、图 4-24),QR1 井于 2068m 钻遇石炭系—二叠系船山组,因断裂构造不发育,孔内揭露的碳酸盐岩岩溶不发育。可见地热资源主要赋存于构造破碎带及构造-溶蚀裂隙中。

**2. 沉积间断是碳酸盐岩热储发育的有利因素**

碳酸盐岩地层之后的沉积间断是碳酸盐岩发育岩溶的重要因素。北京的雾迷山组灰岩之上没有志留系和泥盆系的沉积,经历了很长的风化剥蚀时期,使以前沉积的灰岩形成了很多溶蚀缝洞,为储集热水提供了空间。目前浙江省内已出水的碳酸盐岩热储也均存在较长时间的沉积间断,例如太湖南岸 WQ05 井、WQ01 井、湍口温 6 井、温 2 井、临 19-1 井碳酸盐岩直接出露地表,太湖南岸 WQ08 井、DR12 井、WQ09 井、王店 WR1 井和运热 1 井均为碳酸盐岩之上仅覆盖白垩系。

沉积间断是灰岩热储赋水的有利条件,但并不是只要有沉积间断的地区,灰岩赋水条件均较好,断裂构造仍然是重要的考量因素。江山淤头盆地内,白垩系之下为石炭系—二叠系灰岩,ZK2 井和 ZK4 井均揭露灰岩储层,但灰岩岩溶并不发育,据岩芯观察,裂隙多被石英、方解石充填。

**3. 盆地中的“洼中隆”和断阶是碳酸盐岩有利的热储空间**

“洼中隆”指沉积盆地内的碳酸盐岩凸起,通常为背斜构造,在“洼中隆”内,碳酸盐岩热储埋深一般比较合理,如金衢盆地内有一北东东向隆起(钱家-杨塘隆起),埋深在 1000～2400m 之间,其中钱家凸起基底埋深在 1000～1600m 之间,其余部分埋深在 1600～2400m 之间。在凸起以北,基底埋深超过 3200m,凸起以西基底埋深超过 3600m,凸起以南基底埋深达 4200m 以深(图 6-1)。另外,“洼中隆”一般受两侧断裂控制,边界断裂通常具备一定的规模,断裂破碎及溶蚀孔隙发育,赋水条件较好。

位于桐乡凹陷西部斜坡带内的运热 1 井和运热 2 井(图 4-17),两口井均在 1400m 左右深度揭露石炭系碳酸盐岩,但赋水情况差异较大。运热 1 井水温 64℃,涌水量 2000m³/d(降深 35m),运热 2 井水温 52℃,水量 302.17m³/d(降深不详)。根据胡宁等(2013)对嘉兴桐乡—秀洲地区地热勘查工作,运热 1 井及运热 2 井均位于董家桥-观塘桥-月河浜重力高值异常区,属于基底碳酸盐岩隆起区,但运热 1 井位于高值异常区边缘,运热 2 井位于内部,运热 1 井 1380～1550m 段灰岩上部有明显溶洞迹象,分析运热 1 井的控矿断裂规模远大于运热 2 井。

另外，大地热流值在地表会根据地层热物性差异再次分配，在“洼中隆”内形成地温异常。碳酸盐岩热储埋深等值线通常和地温梯度等值线相似，即在“洼中隆”内形成地温异常。图 6-1 为根据金衢盆地内金 66 井、金深 8 井测温曲线绘制等温线图，地温梯度等值线与碳酸盐岩热储埋深等值线相似，在“洼中隆”形成地温异常。

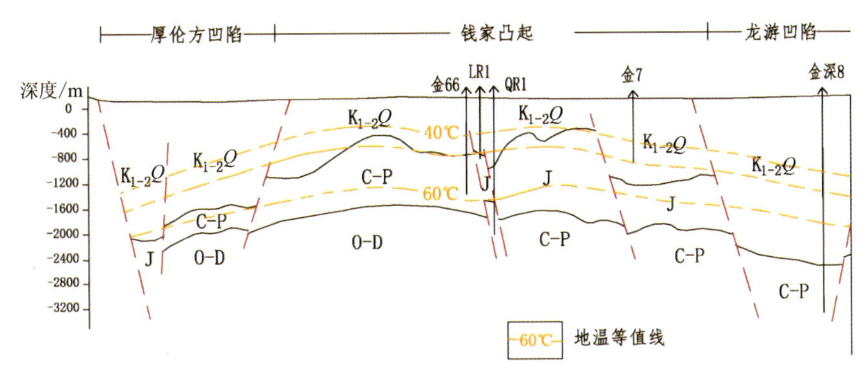


图 6-1 龙游-钱家剖面地温分布等值线图

在沉积盆地内，断阶是另一个寻找碳酸盐岩热储的有利条件。碳酸盐岩热储在断阶处的埋深通常相对较小，经济合理性较好，另外，断阶受断裂构造控制，利于岩溶孔隙及构造裂隙的形成，王店 WR1 井即位于桐乡凹陷西侧的建设断阶内，432m 即揭露早古生代碳酸盐岩热储，水温 39℃，水量 371m$^3$/d，热储模式见图 4-17。

## 二、火山岩类

浙江省的火山岩类热储主要是早白垩世早期火山岩系及白垩纪沉积盆地盖层中的火山熔岩夹层。

### 1. 早白垩世早期火山岩系

早白垩世早期是燕山期火山活动的鼎盛时期，浙江省普遍发育一套巨厚的陆相酸性火山-沉积岩系。浙西北称建德群，浙东南称磨石山群。建德群包括劳村组、黄尖组、寿昌组、横山组，其中黄尖组以火山岩为主，夹河湖相粉砂岩等沉积夹层，劳村组、寿昌组、横山组以沉积岩为主，夹酸性火山碎屑岩或薄层凝灰岩。建德群主要呈北东向分布于天目山、莫干山、清凉峰、宋村、淳安、寿昌-马剑、墩头等火山构造内。磨石山群呈面状分布于浙东南广大区域内，包括大爽组、高坞组、西山头组、茶湾组、九里坪组、祝村组，火山规模大于浙西北地区，除茶湾组为沉积岩夹酸性火山岩外，均以酸性火山碎屑岩、酸性火山熔结凝灰岩为主。

根据统计，浙江省有近一半的地热井为火山岩热储出水，其中以黄尖组、高坞组、西山头组酸性火山岩和酸性熔结凝灰岩为主。该套地层本身渗透性能很差，但岩石性质为脆性，在断裂系统作用下，容易形成裂隙破碎带导水，生产井只有贯穿主要的导水断裂，才能获得较大的流量。这也决定了火山岩热储层受断裂破碎带及围岩节理裂隙控制，成带状，实际储水空间非常复杂，相邻两口井的水温、水量、水质、水力条件都可能存在较大差距。

### 2. 早白垩世晚期—晚白垩世火山熔岩夹层

早白垩世晚期至晚白垩世，火山活动渐趋减弱直至停息，因此永康群、衢江群、天台群主要岩性以紫红色砾岩、砂岩、粉砂岩、泥岩等沉积岩为主，渗透性差，热传导率低，是理想的热储盖层。但该套地层多处有玄武岩夹层分布，目前在金衢盆地、宁波盆地、桐乡凹陷内均有多个勘探钻孔见白垩纪地层中夹多层玄武岩(或安山玄武岩、安山玢岩等)。

玄武岩、玄武玢岩等中基性熔岩类的垂直节理、裂隙和气孔较发育,再有构造活动,可构成一种特殊的层状热储。宁波五乡埋藏于浅部(150m以浅)玄武岩抽水试验表明,单井涌水量可达$1500m^3/d$,并富含偏硅酸、锶、碘等成分,属优质饮用矿泉,虽水温仅19℃,但证明节理发育的玄武岩富水。

根据桐乡凹陷石油勘探地震勘探成果,确定T1反射构造层埋深即为玄武岩顶板埋深,结合钻探资料,该套地层对地热的控制有以下几个特点:①热储层虽为层状,但严格受玄武岩分布控制,顶板埋深及厚度变化大(图6-2)。桐乡-平湖坳陷中白垩纪碎屑岩的中基性熔岩有多层,不连贯,呈断续分布,顶板埋深185.6～1 731.5m,单层厚4.5～65.97m,最大厚度约78m。②含水性不均。桐乡凹陷中,杭探1井测井曲线分析734～785m段玄武岩段渗透性能较好,判定为含水层,而杭32井484～490m段和494～501.5m段渗透性能差,水量贫乏。

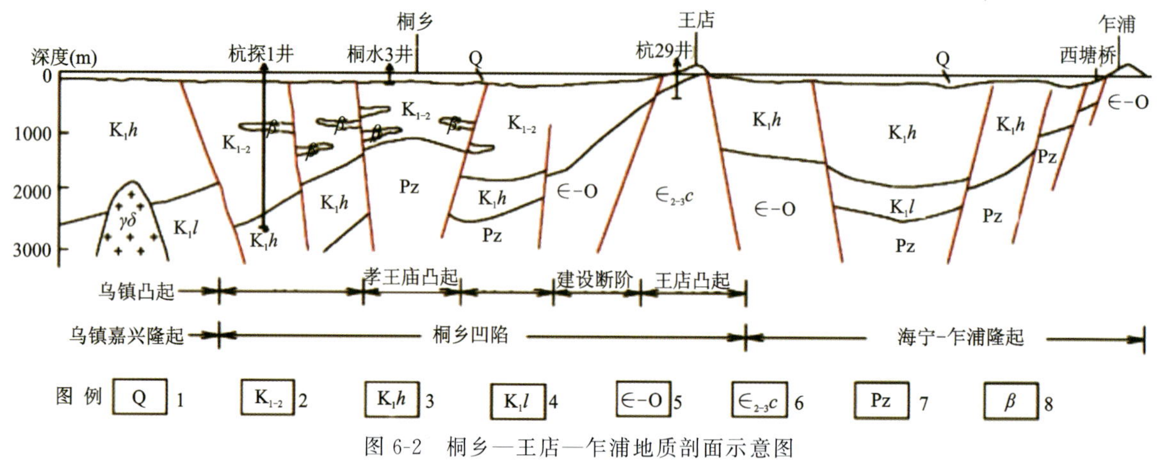


图6-2　桐乡—王店—乍浦地质剖面示意图

1.第四系;2.白垩系永康群-衢江群;3.白垩系黄尖组;4.白垩系劳村组;5.寒武系—奥陶系;6.寒武系超峰组;7.古生界;8.玄武岩

中生代中基性熔岩以似层状夹于白垩纪碎屑岩中,厚度变化大,形态不规则,但毕竟源自岩浆活动,定有断裂裂隙通道向深部贯穿,且玄武岩特有的原生节理,当有足够的厚度而形成储水构造。

## 三、侵入岩类(以花岗岩类为主)

浙江省岩浆活动非常发育,有超过1435个大小不等的侵入岩体出露,总面积$6430km^2$,占全省总面积的6.4%。以小型岩株、岩枝为主,且多为复式岩体。在岩石类型上,岩类齐全,但尤以酸性和中酸性岩分布广泛;在地质时代上,自古元古代至新生代均有分布,但燕山期是最为壮观而强烈的一期岩浆活动,按面积,占了侵入岩的91.5%。

浙西北地区,侵入岩主要沿北东向断裂,在背斜、向斜、穹隆或盆地的核部侵入;浙东南地区,侵入岩侵入受区域断裂及火山构造控制,主要分布在火山洼地、破火山等火山构造核部及边缘、断陷盆地边缘。

侵入岩类对地热的控制体现在两个方面:第一,侵入岩以脆性岩类为主,同火山岩一样,完整基岩本身渗透性较低,热水的储存严格受构造活动形成的破碎带及围岩裂隙制约。象山爵溪东铭1井、瑞安HL2井(图4-53)均为全孔花岗岩,前者受北东向、北北东向及东西向断裂控制,分别在1680～1689m、1756m、1947m、1977m、1998m、2450m揭露热储层;后者受北西向断裂控制,965～995m、1065～1090m、1365～1390m、1915～1940m、2140～2165m为主要热储层。第二,岩体侵入时,在与围岩接触带附近形成冷凝裂隙,后期在地下水活动下,不断溶蚀扩大,可能成为热水有利的储存空间,构造活动也能进一步扩大岩体的原生节理裂隙。根据浙西萤石矿勘查成果,浙西很多岩体在侵入过程中,倾伏端会形成张性断裂，形成有利的容矿空间，复合区域断裂活动，成矿条件更佳。

## 四、其他岩类

目前揭露的其他岩类热储主要为砂岩、砂砾岩及硅质岩。在新生代、中生代、古生代、元古宙均有分布。除古近系长河组存在孔隙型热储外，其他依靠节理裂隙赋水，形成脉状或网脉状热储。

### 1. 古近系长河组砂岩、砂砾岩

主要分布于宁波市杭州湾新区和慈溪市的长河凹陷，长河组厚 600～1700m，由泥岩、砂岩、砂砾岩等组成多层结构，自下而上划分为长一段—长四段 4 个岩性段，每段均有孔隙率、渗透率较高的砂岩和砂砾岩层。据石油勘探资料分析，长二段和长一段中砂岩段为主要热储层(图 4-45、图 4-46)。长二段下部"第一砂岩段"系河流相沉积，一般厚 10～15m，最厚 38m，最薄处仅 0.5m，孔隙度 6.23%～31.86%，平均 22.96%；渗透率 0.17～3777mD，平均 420.16mD。长一段底部砂砾岩层系洪积相沉积物，厚度较大，一般厚 40～50m，最厚处超过 60m。热储层含水性较长二段差，孔隙率多为 11%～18%。

该套地层自身胶结程度低、孔隙率高、渗透率大，是浙江省内唯一的孔隙型层状热储，但地层平缓，封闭条件好，径流条件差。震泽-天凝坳陷、桐乡-平湖坳陷等地也有长河组的分布，但在浙江省内范围较小，资料不详，尚难评估。

### 2. 白垩纪沉积盆地盖层中的红色碎屑岩夹层

白垩纪沉积盆地内，沉积盖层的厚度多在千米以上，岩性多由泥质岩、泥质或钙质粉砂岩等组成，地层产状平缓，渗透性能弱。但仍有很多的储水砂岩夹层，岩性以钙质粉砂岩、石英砂岩为主。

据统计，桐乡-平湖坳陷中白垩纪红层中的砂岩、砂砾岩平均孔隙率 11.32%，平均渗透率 10.97mD，最大孔隙率 24.42%，最大渗透率 220.96mD，在水力连通且埋深适度时可构成热储层。

另外，砂岩、砂砾岩还可能形成裂隙性储层，特别是胶结质中碳酸钙含量较高的砂岩，其原生孔隙度虽然很低，但沿破碎带因地下水的溶蚀，可形成溶蚀孔洞，金衢盆地中曾钻遇钙质砂岩裂隙水，涌水量 300～700$m^3$/d。

### 3. 白垩系寿昌组砂岩

寿昌期沉积岩主要分布在寿昌-马剑火山岩带内火山穹隆边缘及洼地内，特别是梓州和寿昌等处，沉积岩厚达 500m，岩性为灰色-深灰色粉砂质泥岩、粉砂岩、页岩、泥质灰岩等，上部为以溢流相流纹岩为主的一套酸性火山岩，主要靠构造裂隙赋水。

寿昌盆地内于 1986 年浙江石油地质大队所钻的寿 1 井，井深 852.67m。在钻至 560m 井深时开始涌水，完钻后经测井显示主要水层有二：上层 457.4～472.8m，厚 14.4m，岩性为晶屑玻屑凝灰岩；下层 688.8～706m，厚 17.2m，岩性为灰黑色粉砂质泥岩。皆为寿昌组地层中的裂隙水。该井当时未进行抽水试验，仅在井口测定其自流量为 32$m^3$/d，水头高出地面大于 8.63m。水很清，井口有浓烈的硫化氢臭味。经测定硫化氢含量为 3.07mg/L。

### 4. 侏罗系同山群砂岩

在诸暨、兰溪、常山、衢州等地有中侏罗统同山群(马涧组和渔山尖组)的小块分布，为河湖相含煤碎屑岩建造，厚 600～3500m，见砂岩夹层，基本属于河流相沉积。该套地层沉积于中生代大规模火山活动之前，碎屑中石英含量很高，且搬运距离较长，磨圆和分选较好，具有一定埋深时可作为热储层考虑，但整体上岩石压实作用较强，热水赋存要综合断裂构造影响。

金衢盆地内龙游1井(LR1)(图4-24)即在白垩系中戴组之下772～840.26m揭露同山群浅灰绿色泥质粉砂岩、灰白色长石石英砂岩，其中804m以下为漏失段，地层破碎严重，为主要含水段，LR1井水温41℃，涌水量968.42$m^3$/d(降深106.12m)。

**5. 志留系—泥盆系石英砂岩、岩屑砂岩**

该套热储主要指上泥盆统西湖组石英砂岩和上志留统唐家坞组岩屑砂岩，主要分布在浙西北杭州—桐庐—常山一线以西，呈北东-南西向条带状展布，组成向斜的两翼或复式背斜。杭嘉湖平原第四系之下，古生代基底地层中亦有分布。岩石节理裂隙发育，可能形成脉状或网脉状热储。湘家荡1井岩屑录井1300m珠藏坞组长石石英砂岩取芯段显示该处存在一明显裂隙(图6-3)，裂隙内岩石溶隙、溶孔发育，证明该处不仅破碎，而且含水。

该套热储埋藏于晚古生代碳酸盐岩之下，两者关系密切，常共同构成热水含水层，如太湖南岸地热田。

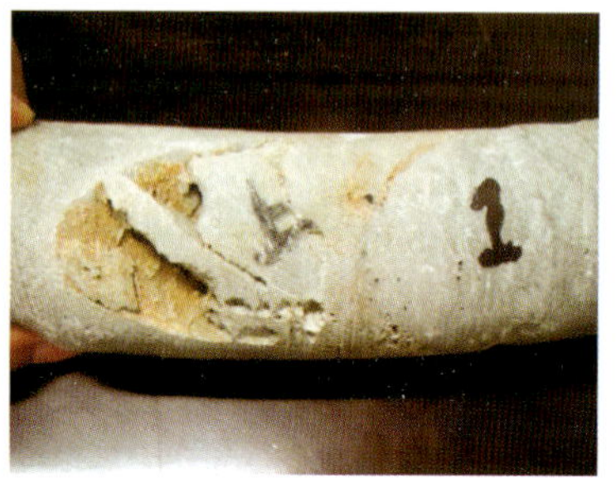

图6-3　湘家荡1井1300m取芯段岩石溶隙照片

**6. 奥陶系砂岩段**

奥陶系砂岩段主要分布在浙西北褶皱带内及嘉兴古生代基底地层中，岩性以泥岩、泥质粉砂岩为主，主要作为盖层考虑，但在嘉兴地区，存在一定厚度的砂岩层，受构造裂隙影响，能富集地热水。

新热2井井深3 000.66m，依次揭露第四系(0～280m)、白垩纪红层(280～690m)、奥陶系(690～1050m)和寒武系(1050～3 000.66m)，岩芯编录结合测井判断720～760m奥陶系砂岩为主要含水层，涌水量500$m^3$/d，降深200m。

嘉热2井(图4-20)295～2 161.85m段均为奥陶系长坞组，揭露4段构造破碎含水层(1210～1220m、1440～1450m、1525～1550m和1710～1745m)，岩性为泥岩、砂岩、粉砂岩，涌水量360$m^3$/d，降深231.9m。

**7. 震旦系硅质岩、石英砂岩**

震旦系主要分布在浙西北褶皱带内，组成北东向复背斜核部，岩性为一套白云岩、白云质灰岩和石英砂岩，其中的硅质岩、硅质页岩、硅质砂岩和石英砂岩岩性较硬而脆，受构造活动，赋水性较好。

千岛湖ZK1井(图4-8)揭露两段含水层：1 031.56～1 156.6m为寒武系灰岩，1 213.3～1 429.01m为震旦系硅质岩，硅质岩段为主要热储层。

根据本次淳安千岛湖1∶5万地热地质补充调查成果，区内寒武系地层以层状泥岩、灰岩、泥质灰岩为特征，易发生塑性形变，在构造应力作用下主要形成褶皱构造，发育一系列北东向同生断层，但规模较小，且多被方解石脉充填；而震旦纪地层均可见硅质砂岩条带，岩性较脆，在应力作用下易发生破碎，有利于形成良好的地下水储集空间。

富阳银湖街道坑西KX1井1340～2093m揭露震旦纪地层，主要出水段为1510～1572m，受北西向断裂控制，主要赋水岩性为石英砂岩。

## 第二节　断裂构造对地热成矿的控制

断裂构造对地热成矿的控制主要体现在两个方面：一是区域大断裂对地热的控制，浙江大部分属于断裂带内深循环型，区域大断裂往往切割深度大，控制地下水的循环深度，是决定地热水温度的主要因素，同时决定了地热资源整体的空间分布格局；二是区域断裂构造及其次级断裂在漫长的构造演化过程中，形成了断裂空间，这些空间由一些硬质的破碎物充填，因此为地热的储存保留了空间。

### 一、北(北)东向、北西向、东西向断裂是主要控矿构造

浙江省存在多种方向的断裂，在一定条件下，都有可能形成热储，但其重要性是有差异的。根据对已有地热点控矿构造的统计分析，浙江省内构造对地热的控制主要分为单独断裂控矿和两组及两组以上断裂复合控矿。单独断裂控矿包括北(北)东向、北西向、东西向及南北向断裂控矿，以北(北)东向、北西向、东西向控矿为主；复合断裂控矿包括北东向和北西向，北东向和北北西向，北东向和东西向，北东向和北北东向，北东向、北西向和东西向以及北东向，北北东和北西向复合控矿，以北东向和北西向、东西向复合控矿最为主要。由此可知，浙江省最主要的地热控矿断裂是北东向、北西向和东西向断裂(表6-2，图6-4)。

表6-2　地热控矿断裂类型统计表

<table>
<tr><th>类型</th><th>控矿构造走向</th><th>统计数量/条</th><th>典型地热点</th><th>合计/条</th></tr>
<tr><td rowspan="4">单独断裂控矿</td><td>北(北)东</td><td>10</td><td>嘉热2井、运热1井、湖州WQ05井、WQ09井、WQ10井、桐庐DR1井、横店DR1井、汤溪TXRT2井、秀山XRT4井、唐风WR2井</td><td rowspan="4">26</td></tr>
<tr><td>北西</td><td>12</td><td>泰顺、青田、昌化九龙ZK1井、香炉岗、红星坪、阳明-1井、寿2井、永嘉NR1井、嵊州DR8井、嵊州DR10井、瑞安HL2井、湖州WQ01井</td></tr>
<tr><td>东西</td><td>3</td><td>善热3井、牛头山ZK1井、仙居大战DR1井</td></tr>
<tr><td>南北</td><td>1</td><td>湍口201井</td></tr>
<tr><td rowspan="5">复合断裂控矿</td><td>北东和北西</td><td>7</td><td>湍口温2井、温6井，CK5-1井，寿5井，新热2井，湖州WQ08井、DR12井</td><td rowspan="5">15</td></tr>
<tr><td>北东和东西</td><td>5</td><td>嘉热4井、PR1井、王店WR1井、溪里、千岛湖ZK1井</td></tr>
<tr><td>北东和北北东</td><td>1</td><td>宁海略3井</td></tr>
<tr><td>北东、北西和东西</td><td>1</td><td>龙游LR1井</td></tr>
<tr><td>北东、北北东和北西</td><td>1</td><td>象山东铭1井</td></tr>
</table>

北东向、北北东向断裂是浙江省最为显著的构造行迹之一，延伸长度大，一般都在 30km 左右，断距在 200m 以上者为数也不少，且切割深度大，根据屯溪-温州剖面，江山-绍兴、丽水-余姚、温州-镇海和泰顺-黄岩大断裂均深切地壳，常常控制了不同构造单元的形成和分布，因此北东向及北北东向断裂在地热勘查中应引起注意，很可能是主要的控热构造。

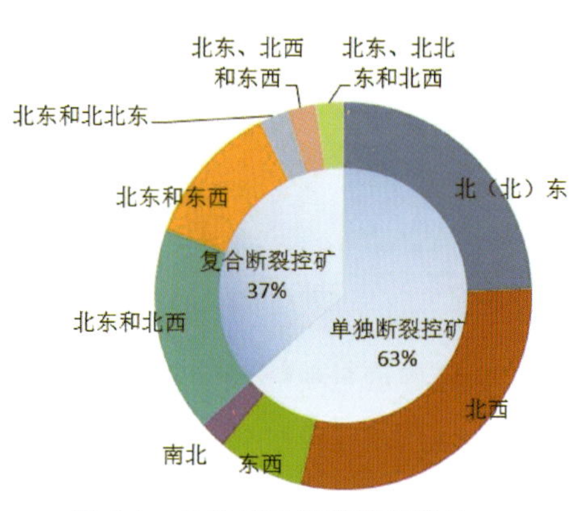


图 6-4　地热控矿断裂类型统计

北西向断裂在浙江省地热成矿中的控矿优势明显（图 6-4），受太平洋板块向北、欧亚板块向南的扭动影响，北西向断裂整体呈张性，断裂连通性较好。北西向断裂及其与北东向断裂交会位置为最佳的控矿条件，占全省控矿模式的 44%。北西向断裂控矿主要有 4 种类型：①北西向盆边断裂控矿，如嵊州盆地（图 4-36）；②盆内北西向断裂，如遂昌盆地（图 4-31）；③切割火山构造或岩体的北西向断裂，如昌化 ZK1 井（图 4-13），位于清凉峰-白牛桥火山构造隆起内，控矿的北西向断裂斜穿火山构造；④北西向断裂构造。

东西向断裂形成时期较早，而结束活动时期较晚，在挽近时期仍有活动，有利于导水空间的保留。东西向断裂对多个晚白垩世沉积盆地具有控制作用，使之呈东西向展布，晚白垩世沉积盆地的东西向盆边断裂赋水条件较好。

在具体的地热勘查中，要对勘查区的构造格局和时空演变特征作具体研究，分析优势成矿构造方向。通过对温镇断裂带的研究，北段以北北东向断裂为优势成矿断裂，南段则以北西向断裂为优势控矿断裂。

## 二、北（北）东向断裂成矿带

北（北）东向断裂是浙江省地热成矿重要的控矿构造。浙西北地区，北东向控矿的地热井主要受顺溪-湖州、马金-乌镇、开化-淳安、球川-萧山北东向大断裂及次级断裂控制，太湖南岸及嘉兴地区，白垩纪断陷盆地北东向盆边断裂对地热的控制也非常重要，控制了岩溶发育带的形成。浙东南地区，北东向断裂受北北东向改造，地热井主要受北北东向断裂控制，丽水-余姚、温州-镇海断裂带是重要的导水导热构造，北（北）东向盆边断裂控矿在龙泉-宁波隆起带上非常典型。详见图 6-5。

## 三、北西向断裂成矿带

北西向断裂是浙江省地热成矿重要的控矿构造，北西向断裂单独控矿的比例非常高（图 6-6）。与北西向断裂有关的地热点分布具有较为明显的区带性，自北向南主要受长兴-奉化、孝丰-三门湾、淳安-温州、松阳-平阳北西向大断裂控制。特别是在浙南黄岩—泰顺一带，北西向构造迹象非常明显，北东向温镇断裂带在天台以南迹象减弱，目前该地区揭露的地热井均为北西向断裂控矿，地热勘查潜力好。

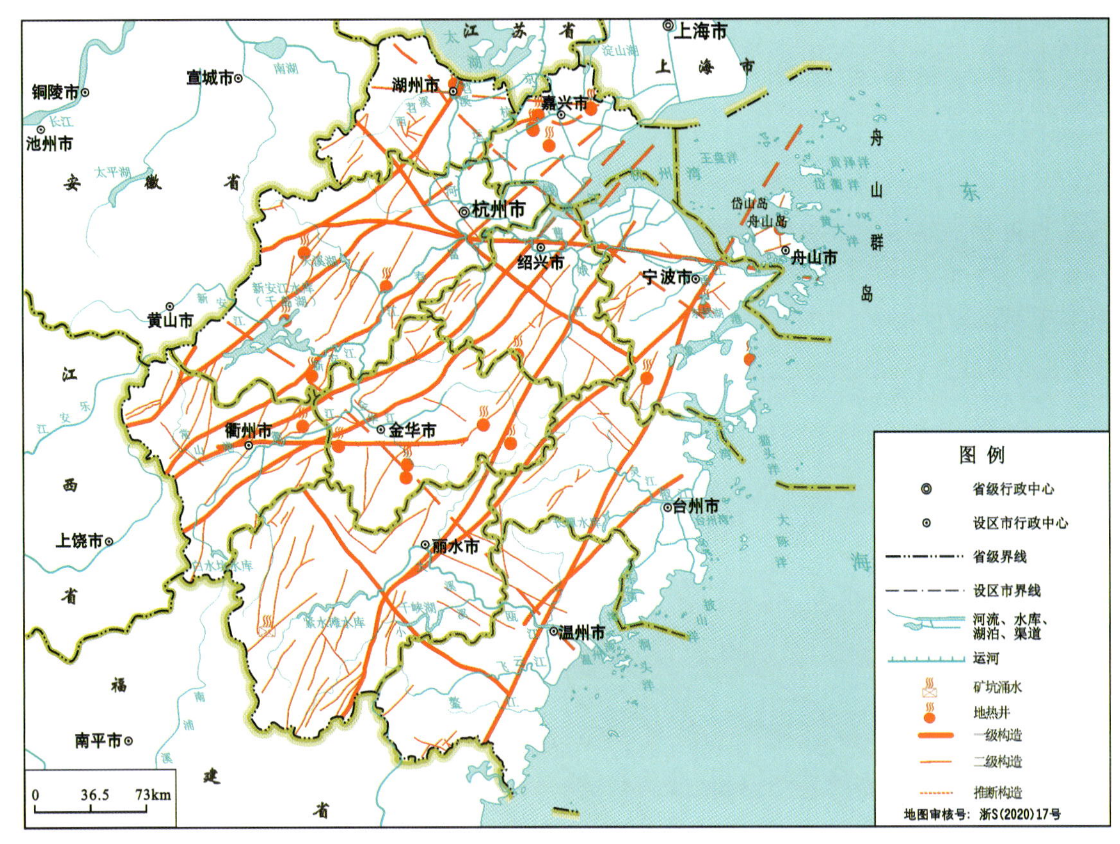


图 6-5　受北(北)东向断裂控制的地热点分布图

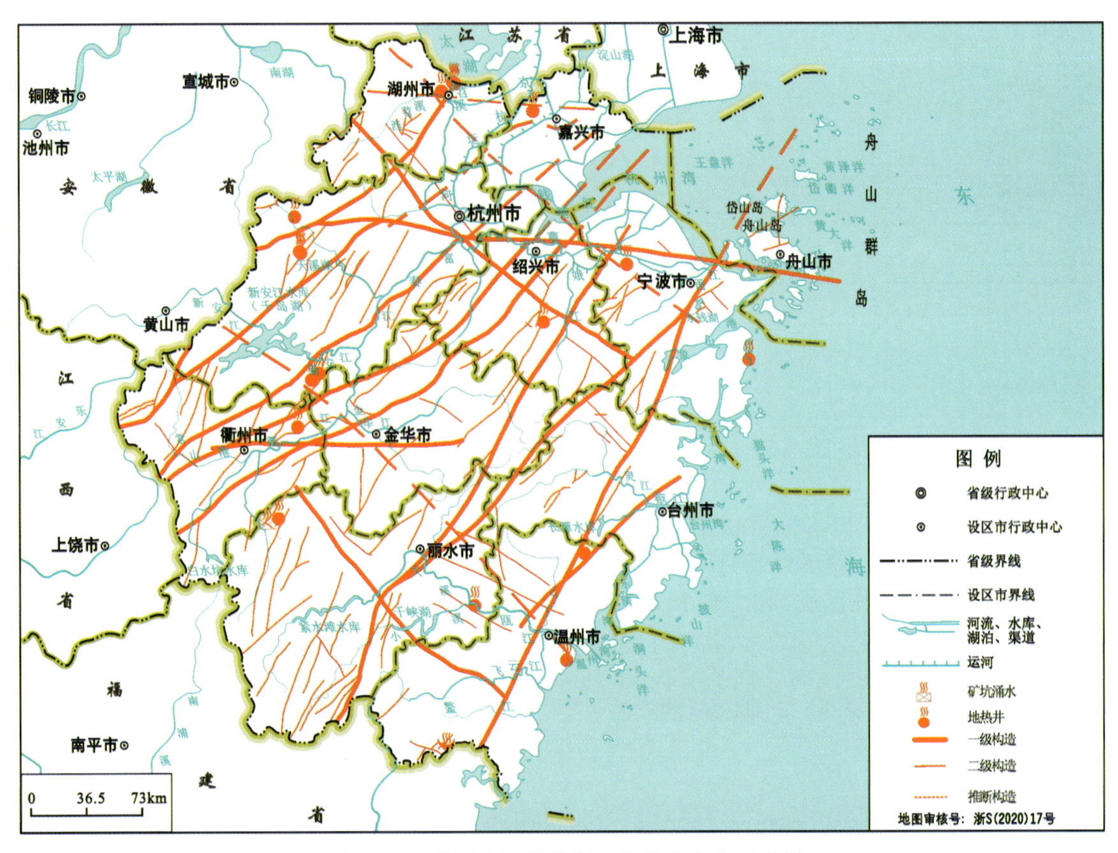


图 6-6　受北西向断裂控制的地热点分布示意图

## 四、东西向断裂成矿带

与东西向断裂有关的地热点主要分布在湖州—嘉善、衢州—天台一带，与湖州-嘉善、衢州-天台东西向大断裂相吻合(图 6-7)。善热 3 井位于湖州-嘉善断裂带上，控热断裂为天凝凹陷的近东西向盆边断裂。衢州-天台断裂带上，自西向东，龙游 LR1 井、溪里地热井、磐热 1 井、仙居大战 DR1 井地热资源成矿均与东西向断裂相关。

图 6-7　受东西向断裂控制的地热点分布示意图

## 五、多组断裂复合控矿

地热资源一般赋存在两组或两组以上断裂交会的位置，两组及两组以上断裂交会位置，岩石更加破碎，利于地下水赋存空间的形成，浙江省 38%的地热资源属于多组断裂复合控矿(图 6-4)。

## 六、地热控矿断裂的主要特征

根据已有成矿断裂的分析研究，总结出以下特点(图 6-8)：

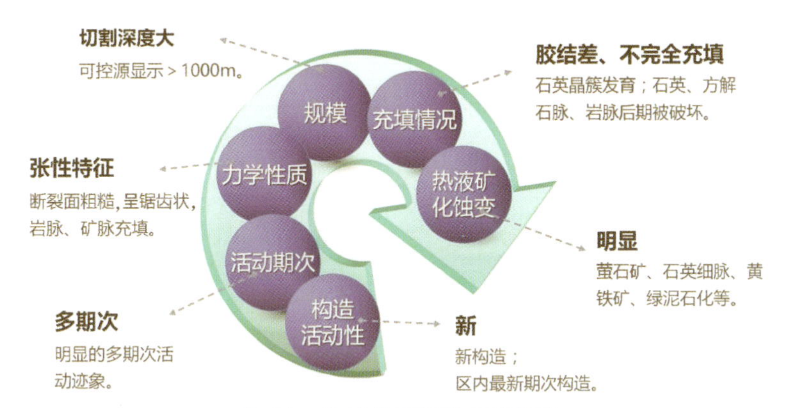


图 6-8 地热控矿断裂主要特征

(1)从构造活动性上看，新构造对地热有很好的控制作用，这是一个较为成熟的理论，在福建等地得到成功的应用，浙江省内目前在这方面的研究较少，但根据已有资料总结可以得出，控矿断裂往往是该区域内较新期次的构造。瑞安 1∶5 万地热地质补充调查发现，区内以北东向和北西向构造为主，北西向垟寮-下山根断裂明显切错北东向断地热裂，为瑞安 HL2 井的控矿断裂。汤溪地热勘查区内，以东西向和北东向断裂为主，北西向断裂规模较小，北东向断裂普遍切割东西向断裂和白垩纪地层，TXRT2 井即受北东向断裂控制。宁海深甽一带，以北北东向、北东向断裂为主，北北东向断裂错断北东向断裂，北北东向断裂为甽 3 井的主要导水构造。

(2)从构造活动期次及力学性质上看，断裂通常具有多期次活动、明显的张性活动特征。瑞安 HL2 井的控矿断裂断面粗糙不平，呈锯齿状，断面上发育水平或斜向擦痕及反阶步，沿部分破碎带主断面及裂隙面充填安山岩脉、花岗斑岩脉，岩脉受挤压破碎(图 6-9)，表明该断裂经历多期次活动，近期力学性质以张性、张扭性为主。汤溪 TXRT2 井以北东向莘畈乡-里金坞断裂控矿，断裂经历多期次活动，力学性质为压性、压扭性—张性、张扭性，近期以张扭性为主，呈左旋张扭性，发育里金坞萤石矿脉。

(3)从断裂规模上看，控矿断裂切割深度大，各地热井控矿构造切割深度均在 1000m 以深，可控源音频大地电磁测深剖面显示垂向低阻或串珠状低阻特征(图 6-10、图 6-11)。

(4)从破碎带充填情况来看，胶结差、不完全充填是热水储存的有利因素。根据已有勘查成果控矿断裂研究，以下几种情况利于断裂储水导热：①断裂破碎带内石英脉沿裂隙面不完全充填，形成石英晶洞，或见石英晶簇，或石英脉见多期次形成迹象(图 4-28)；②断裂破碎带内完全被石英或方解石脉充填，后期构造仍继续活动，完整的脉体被破坏；③沿破碎带侵入的岩脉被后期断裂破坏，完整性遭受破坏。

(5)热液矿化蚀变现象明显。断裂破碎带内及围岩水热蚀变矿化现象明显，主要有萤石矿、石英细脉(很多可见石英晶簇)、黄铁矿化、绿泥石化以及高岭土化等。热液蚀变现象的存在说明控矿构造在某一地质历史时期曾存在水热活动的通道，水热活动结束后，这一通道很可能被保留下来，并经过后期构造活动的改造、破坏，成为现代地热水赋存、运移的空间，可作为找矿标志。

石英和萤石是浙江省地热资源勘查工作较好的两种找矿标志，两者皆分布广，且性质较脆，早期热液活动即使完全充填了热液通道，后期构造活动或溶蚀作用，也会重新形成水热通道。

## 第三节 盆地对地热成矿的控制

浙江 40 余个白垩纪沉积盆地大部分分布在浙东南隆起区，尤以龙泉-宁波隆起带为最多，浙西北也存在一些火山构造盆地。燕山晚期区域应力场由挤压转向松弛拉张状态，受北东向和北北东向及北西向区域断裂控制，形成一系列白垩纪火山-断陷盆地，在盆地形成过程及其后，盆地边缘形成北北东向断

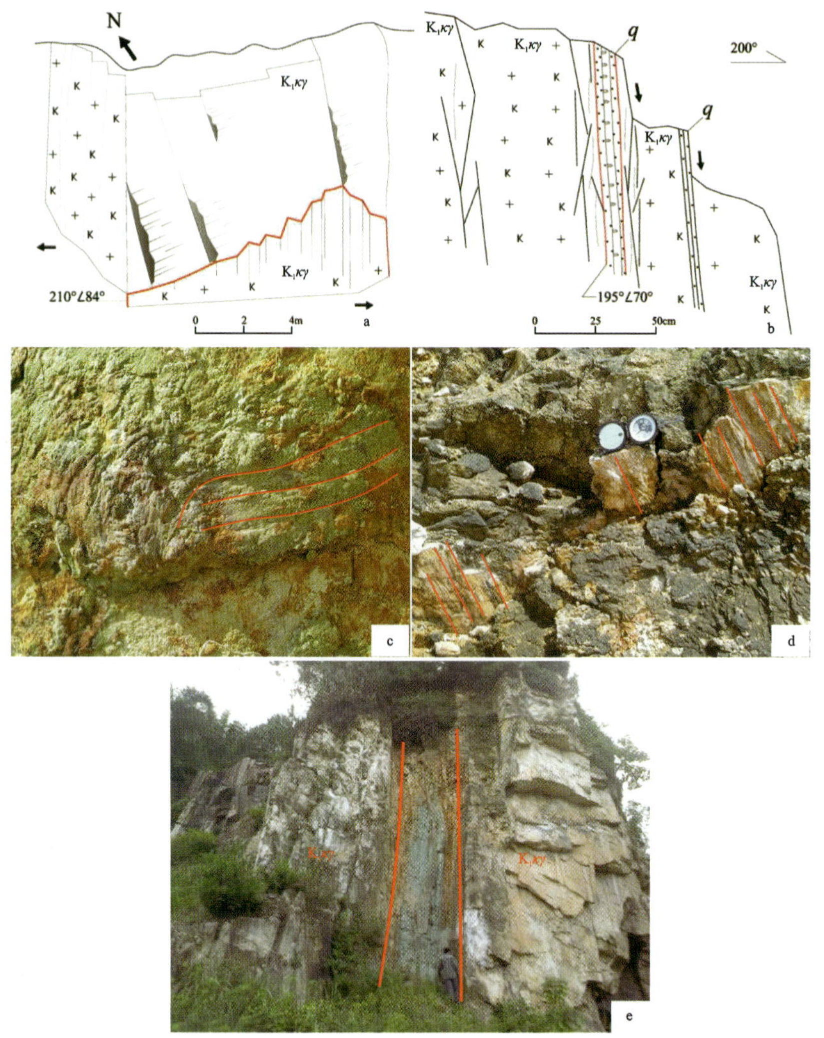


图 6-9 瑞安 HL2 井北西向控矿构造特征示意图

a. 断裂面上反阶步及擦痕素描图；b. 断裂带内石英充填素描图；c. 断裂面上左行张扭擦痕照片；
d. 断裂面上石英薄膜及擦痕照片；e. 断层野外露头照片

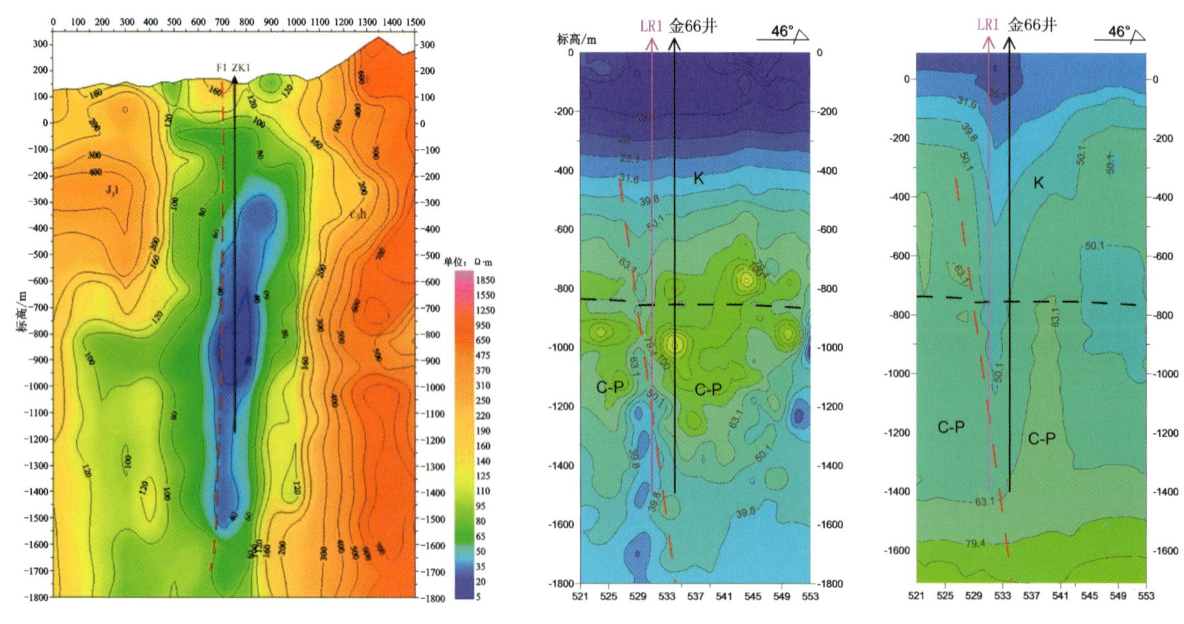


图 6-10 千岛湖 ZK1 井物探解译剖面

图 6-11 龙游 LR1 井物探解译图(左 TEM，右 CSAMT)

裂带及与之配套的北西向和近南北向断裂组合，都是地热有利的成矿位置。目前在武义、遂昌、仙居、横店、磐安、嵊州都发现该种类型的地热资源，常与萤石、石英等多种蚀变矿物相伴生，受盆边断裂及其次级断裂控制。

## 一、盆地边缘断裂对地热成矿的控制

盆地构造控矿的地热点主要受白垩纪火山-断陷盆地及外围边缘断裂控制，这些盆边断裂是在总体拉张的区域背景下形成的，张性、张扭性特征明显；断裂规模较大，大者长达十几千米甚至数十千米；盆边断裂在盆地形成时期持续下切扩张，切割深度大、活动时间长、多期次活动，有利于形成导水导热的空间。盆地控矿地热点在浙西、浙东均有分布，控矿特征明显。

### 1. 武义盆地

盆边断裂控矿最典型的是武义盆地，据统计，武义盆地地热点及地热异常点大部分沿盆边北东向断裂呈条带状分布(图 4-25)。随着燕山晚期区域性构造活动及盆地拉张作用，盆地外部边缘早期的区域性北北东—北东向断裂发生了继承性活动，断裂性质由压扭性转为张性，并形成一系列北西向张性断裂。期间，伴随着酸性—中酸性浅成次火山岩上侵，盆边局部性岩块的上抬和下掉活动，使北北东—北东向断裂构造得以多次张开、加深，成为导矿、控矿和容矿空间。晚期，北北东—北东向断裂与北西向断裂仍有活动，但以垂向活动与屏闭作用交互出现，造成断裂破碎带及围岩的再次破碎，为热水的富集创造了有利条件。

### 2. 太湖南岸

太湖南岸地区揭露的多口地热井，均受断裂控制，其中以 WQ09 井、WQ10 井水温最高，揭露岩溶发育深度最大(大于 1000m)，WQ10 井水量也最大。根据严金叙等(2011)的研究，两口地热井揭露了沿北东向断裂发育的北东向岩溶带，该岩溶带发育受 $F_2$、$F_1$ 区域性北东向断裂带分布控制，两者距离很近，并有北西向切割沟通，因此岩溶发育规模很大，这组北东向断裂带即属于太湖南岸东部白垩纪断陷盆地的盆边断裂系统，是有利的控矿构造(图 4-4)。

### 3. 桐庐 DR1 井

桐庐 DR1 井位于桐庐-新登火山构造盆地东侧边缘，桐庐-新登火山构造盆地基底构造是由古生界组成的断陷带，断裂较多发育。以火山构造洼地内古生界之上未见有早中生代沉积物，显示出断陷盆地的形成时代可能始于白垩纪早期的地壳拉伸张裂，火山喷发作用受盆地基底及盆地边缘断裂控制。

DR1 井(图 4-11、图 4-12)受盆地边缘北东向断裂系统控制，井深 1500m，0～66m 为泥盆系珠藏坞组($D_3z$)，66～394m 为白垩系劳村组($K_1l$)，394～854m 为泥盆系西湖组($D_3x$)，854～1500m 为志留系唐家坞组($S_2t$)。岩屑录井结合测井曲线判断主要储水层为劳村组、西湖组及唐家坞组的构造裂隙破碎带。水温 34.2℃，涌水量 968.4$m^3$/d，降深 117.4m。

DR1 井以南 160m 左右，2004 年，浙江省第四地质大队施工 ZK1 井，孔深 495m，涌水量 95$m^3$/d，出水温度 29℃，也受北东向盆边断裂系统控制。

### 4. 盆边断裂控矿的特点

盆边断裂控矿有以下几个特点：

(1)多个方向的盆边断裂均可控矿。目前，武义、横店、仙居、磐安、嵊州等地的地热点均位于盆地边缘部位，属于盆地边缘断裂及次级断裂控矿，控矿断裂可以是北东向盆边断裂（武义：图 4-25），也可以是北西向盆边断裂（嵊州：图 4-36，图 4-37），也有东西向盆边断裂控矿（仙居：图 4-39，磐安：图 4-40）。

（2）盆边断裂与其他断裂交会部位是有利的成矿部位，属于多组断裂复合控矿。武义盆地内的 13 处地热异常点及地热井中，北东向盆边断裂与其他断裂复合控矿 5 处（表 4-7），复合控矿地热点明显水温更高、水量更大（图 6-12）。

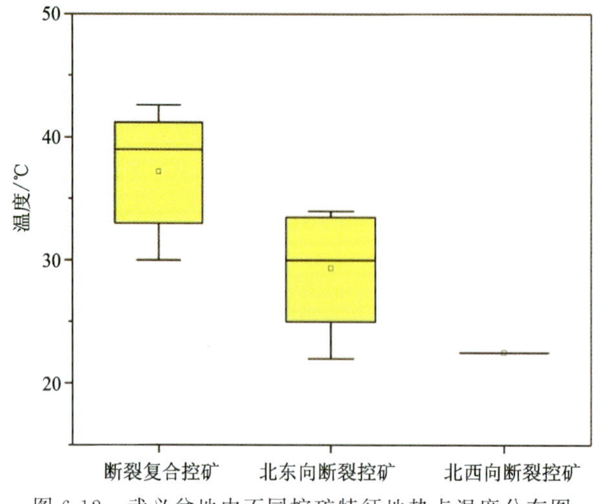


图 6-12　武义盆地内不同控矿特征地热点温度分布图

（3）盆边断裂中形成的弧形拐弯地段容易出现巨大的构造空间，利于地热水的富集和运移，根据萤石矿勘查成果，武义后树萤石矿控矿的北北东—北东向断裂在其向南偏转的“S”形拐弯地段，构造空间最宽处可达 50m。武义塔山地区，多处萤石及地热勘探井出现地热异常，均位于 $F_2$ 控矿断裂的弧形拐弯处（图 6-13），该处也是萤石矿体规模最大的部位。

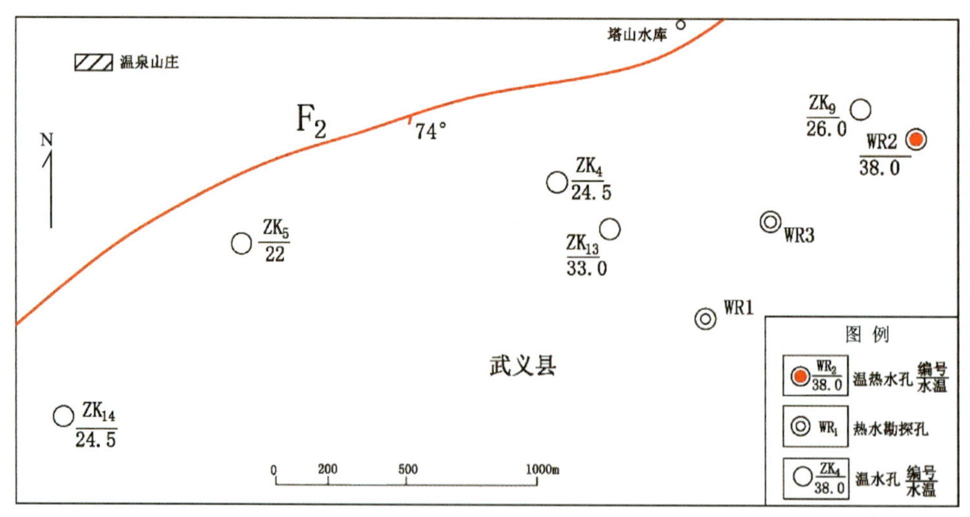


图 6-13　武义塔山地区地热井水平位置分布图

（4）热储赋存严格受断裂带控制，平面上呈条带状展布，纵向上呈枝杈状展布，总体上宽下窄。根据武义、遂昌、仙居等地的勘查资料分析，控热构造在平面上呈条带状展布，延伸数百米至数千米，宽度数米至上百米；纵向上呈枝杈状展布，向上由多条近于平行、按顺时针扭动的陡倾角断层破碎带、溶蚀蜂洞状裂隙带及矿体组成，并向深部延伸。由此构成总体具有方向性的网脉状构造裂隙系统，较高的空隙性易形成热水富集的储水空间（图 6-14）。

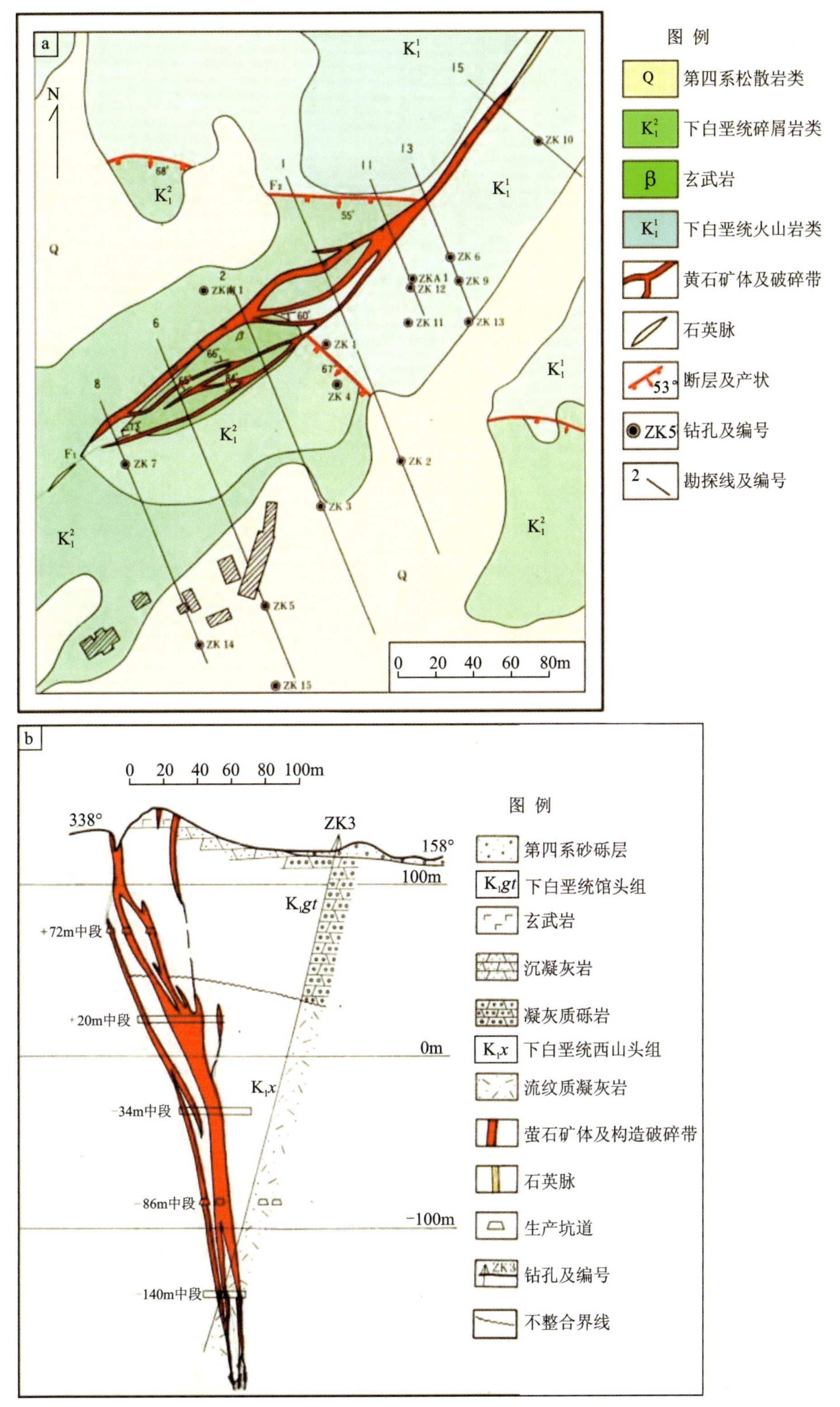


图 6-14 武义溪里萤石矿区地质略图(a)及 2 勘探线剖面图(b)(据全国矿产储量委员会,1986)

## 二、盆地内部断裂对地热成矿的控制

白垩纪火山-断陷盆地形成过程及其后，盆地边缘北北东向张性断裂带形成，同时在盆地内部形成与之配套的北西向断裂组合，往往呈等间距排列，也是地热有利的控矿构造。

最典型的是湖山盆地。湖山盆地受北北东向断裂控制(图 4-31)，主要是烟逢尖-黄兆尖断裂和叶村-鹤林寺断裂带，湖山盆地内等间距分布北西西向张(张扭)性断层，主要有 5 条，其间距为 3～4km，走向 280°～320°，倾向北东，倾角 58°～88°，地表延伸长 4000～5000m，破碎带宽 2～20m 不等，自南向北为黄兆-珠村畈断裂($F_{Ⅲ}$矿带)、洋坞里-奕山断裂($F_{Ⅱ}$)、金竹坳头-下山前断裂($F_{Ⅰ}$)、官坞-翁村断裂($F_{Ⅴ}$)、叶村-上坪头断裂($F_{Ⅳ}$)。上述等间距分布的北西西向断裂，在空间上受早白垩世早期区域北北东向断裂所控制与白垩纪盆地制约，断裂性质经历了早期张性、中期扭性、晚期张性的变化，其形成和发展及多次活动性，对地热成矿起着重要的作用。目前湖山盆地内地热井及地热异常均为该北西向断裂带控矿。北东向盆边断裂形成时间较早，切割较深，控制了盆地的形成和发展，同时也控制了湖山盆地地热资源的分布范围。

盆地内部断裂构造对地热的控制还体现在沉积盆地基底相对凸起部位(图 6-15)，如断块、鼻状构造，即“洼中隆”，其形成受盆内断裂系统控制，边缘多为应力集中区，构造活动强烈，易形成热水储存空间，且盖层厚度相对较薄，易于勘探，是地热形成的有利区位。这种控矿模式在桐乡凹陷较为典型，王店 WR1 井即受王店断阶控制，运热 1 井即位于李王庙断隆的西侧边缘(图 4-1)。

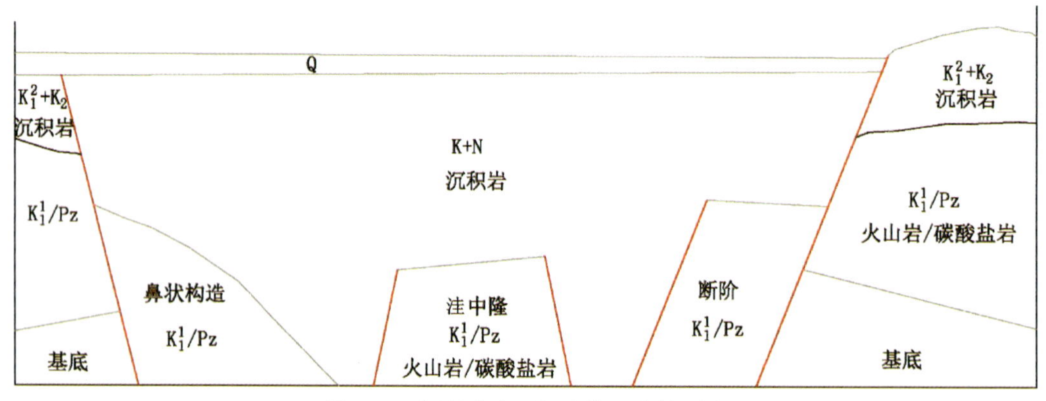


图 6-15　沉积盆地理想地热地质断面图

## 三、断陷盆地与断块隆起交会部位对地热成矿的控制作用

武义盆地东侧存在一种“上拱块体构造”，是指早白垩世盆地中被断裂构造围限，呈“天窗式”出露的火山岩上拱断块，最主要的即塔山-鱼形角上拱块体，受 2 条北东向断裂($F_2$、$F_3$)和 2 条北西向断裂($F_6$、$F_7$)控制(图 6-16)，呈长方形出露，受北西向 $F_6$ 断裂切割，可进一步分为壶山块体和鱼形角块体，塔山 WR2 地热井和溪里地热井一南一北均位于该上拱块体构造内。推测上拱块体的形成与武义盆地形成后期的垂向运动有关，活动时间较新，断裂破碎的胶结程度低，有利于地热水的赋存。

武义一带几个大型萤石矿床亦分布在盆地外缘与构造隆起这两个上抬、下掉块体的交替带内，如后树萤石矿，就处于箬阳火山穹隆与武义白垩纪断陷盆地交替地带。这种交替地带应力集中，活动频繁，易于形成规模大、切割深、沟通好的断裂构造，成为热水储存、运移的良好空间和通道，是地热勘查值得重视的部位。

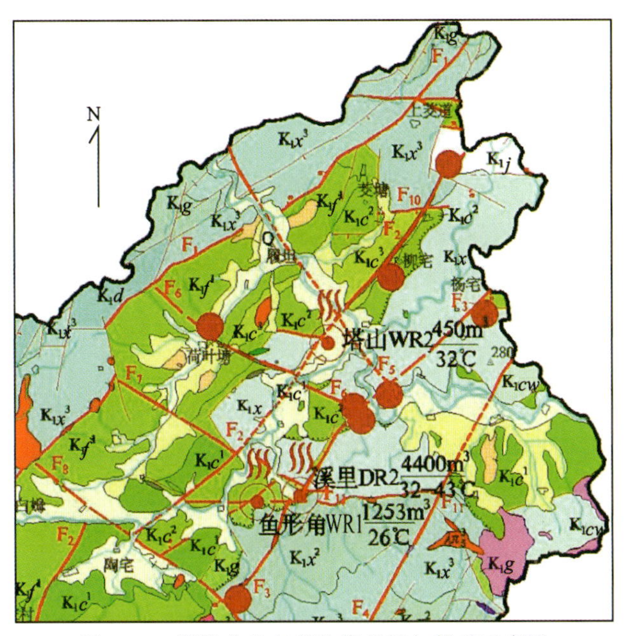


图 6-16　断陷盆地与断块隆起叠加控矿示意图

## 四、萤石与地热的伴生关系

### 1. 萤石与地热的关系

浙江单一的萤石矿在国内是首屈一指的优势矿床，全省有 600 多处萤石矿床点，其中有 80%分布在浙东南隆起区，又以龙泉-宁波隆起带分布最为密集，主要控矿构造即为受区域断裂控制的白垩纪盆地盆边断裂系统。在萤石矿开采过程中，不少矿区发现了热水异常乃至矿坑热水突水，如武义盆地、遂昌盆地、仙居盆地、龙泉八都等，这些年地热地质勘查工作也围绕萤石矿区取得了丰富成果，如金华汤溪 TXRT2 井、湖山香炉岗 DR2 井、东阳横店 DR1 井等地热井。两者存在伴生关系。

以武义地区为例，杨家、塔山、溪里、鱼形角、徐村、长蛇形、章山等 13 处萤石矿矿区在勘探与开采过程中发现地热异常点(表 4-7，图 4-25)。武义盆地内萤石矿的赋存主要受北东向断裂控制，北东向断裂与其他断裂交会部位通常产出大中型萤石矿，北西向及东西向赋存的萤石矿规模相对较小。相对应，北东向及其他方向断裂复合部位矿脉中的地热异常点通常温度也较高、水量较大，北东向次之，北西向及东西向矿体内发现的地热异常点较少，温度较低。两者具有较好的一致性。

### 2. 地热在萤石矿脉中的赋存空间

地热的主要循环并赋存空间是萤石矿体两侧及更深部未填充的断裂破碎带，但萤石矿脉内也可赋存地热水，根据陈俊兵等(2013)对遂昌盆地萤石矿区开采巷道内的地热地质调查发现，与萤石矿相伴生的地热水赋存空间有 3 种：第一种是萤石矿脉中的溶(孔)洞，大小相差悬殊，一般长轴顺断层(矿脉)走向展布，或者以一系列呈串珠状的小溶孔沿着断层走向分布，据观察溶(孔)洞之间的连通性较差；第二种是在萤石矿脉中间往往会发育一条缝合线状间隙，沿着矿脉走向时断时续地延伸，调查时发现往往会见巷道顶板沿着该间隙向下渗水；第三种是矿脉与围岩之间的张裂隙，遂昌盆地内，萤石矿脉发育地段，矿脉与断层下盘一般接触紧密，下盘围岩也相对较完整，而矿脉与断层上盘围岩之间往往会在部分地段发育张开裂隙，宽 1～2 cm 至几十厘米，无充填，围岩也相对较破碎，武义鱼形角地热井则在勘探深度

167m(标高－54m)和勘探深度230m(标高－117m)发现热水异常沿矿体北东段底板裂隙分布。矿脉与围岩之间的张裂隙(且往往是萤石矿脉与断裂上盘间的张裂隙)是地热水涌出的主要通道,当萤石矿脉中的溶孔和溶洞与该张裂隙沟通时,也会成为理想的储热空间。

**3. 萤石与地热的伴生关系原因探讨**

两者的伴生关系主要基于两者存在较为相似的成矿模式。在前面章节,我们论述过地热水的形成模式为大气降水深循环,主要受"储、盖、通、源(热源、水源)"4项基本条件控制,而对于浙东南隆起区的"带状兼层状热储"来说,构造活动形成的断裂破碎带、节理裂隙带等导水导热通道是最重要的控矿因素。

浙江省萤石矿为典型的低温热液成矿。朱炳新等(1991)在总结低温矿床时指出,低温成矿与热水活动关系密切,矿物组合和元素组合比较相似,主要为Fe、Cu、Pb、Zn、Hg、As、Sb等元素的硫化物和石英(玉髓)、方解石、白云石、绢云母、萤石和重晶石等。围岩蚀变也很相似,主要为硅化、碳酸盐化、黄铁矿化和绢云母化等。而浙江省萤石矿体中主要为石英、髓石、萤石、方解石等,围岩蚀变主要为硅化、绢云母化、高岭土化、绿泥石化、黄铁矿化等,具有明显的低温成矿特征。

根据张永山等(1990)的研究,浙江省火山热液型萤石矿体具有明显的垂向分布特征(图6-17)。矿体顶部和头部以石英为主,石英的析出温度大于150°,与此同时,热流体与围岩发生水热蚀变,形成绿泥石,绿泥石的形成温度在150～250℃之间,由此判断流体温度至少为250℃。流体温度下降到150℃时,与围岩作用产生高岭土。温度降至150°以下,萤石(成矿温度45～150℃)析出。温度继续降低,方解石析出,因为钙在水中的溶解度随温度升高而降低,在特定的水文地球化学环境下,常温条件也能形成方解石。这是典型的深部成矿热液(包括热卤水及大气降水)沿断裂系统运移至浅部后泉华沉淀析出的一个过程(图6-18),同样伴随着"储、盖、通、源(热源、水源、物源)"4项条件对成矿作用的控制。萤石成矿时地热流体的温度(至少250℃)远高于现代地热流体温度(目前揭露的伴生地热水最高温度仅41℃,萤石成矿时应有岩浆热的参与,但后来已消失殆尽(方解石析出),与现代地热流体关系不大,但成矿时的"储、盖、通"条件均保留下来,即相似的成矿地质构造环境,特别是当时成矿热液运移的通道,叠加后期构造活动的影响,是现代地热水储存的有利空间。在与萤石矿伴生的地热矿区勘查时,也发现很多石英、萤石沿裂隙面不完全充填,形成带状、网脉状的连通空间(图4-28)。这就是萤石和地热伴生的主要原因。

目前,在遂昌金矿勘探孔中也发现了地热水,水温31℃,在天台银坑矿区铅锌矿矿区勘探孔中也见地热异常,说明热液矿床成矿时的热流体通道均可能成为现代热流体的通道,并不局限于萤石矿。

## 第四节 火山断裂对地热成矿的控制

浙江省中生代白垩纪以及新生代上新世火山活动强烈、频繁,火山机构发育,由于属古火山岩区,火山机构对地热热源并无贡献,火山机构对地热成矿的控制主要体现在与区域断裂相匹配的环形、放射状断裂对地热成矿的控制上。

### 一、火山构造对地热成矿的控制

火山构造对地热资源的控制主要体现在破火山、火山穹隆边缘环状断裂及放射状断裂对地热资源

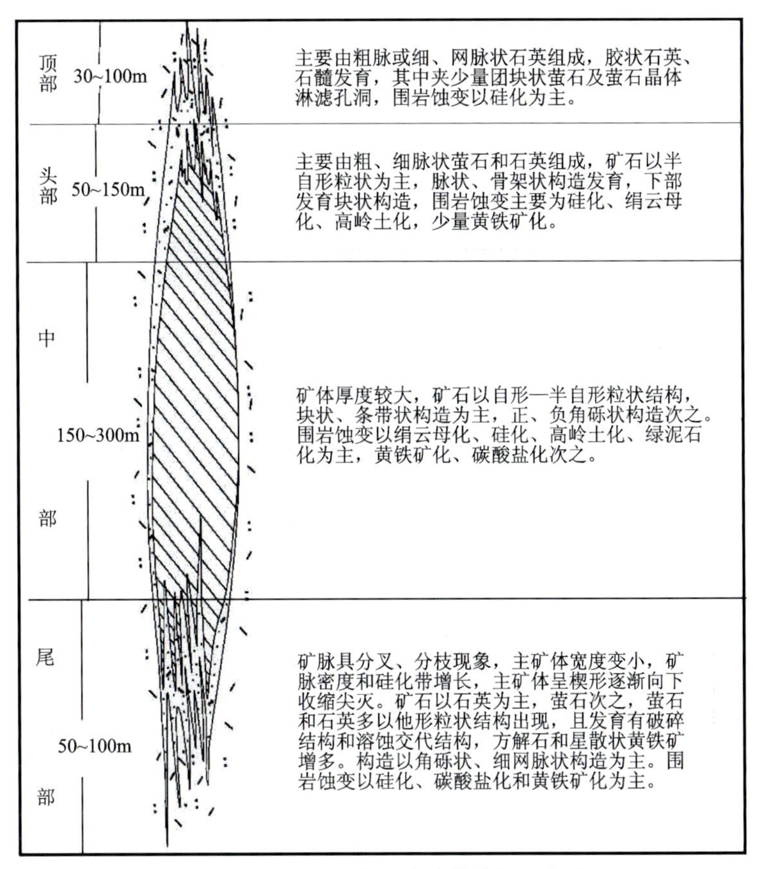

图 6-17 古温泉泉华及水热蚀变矿物垂直分带特征示意图(据张永山等,1990)

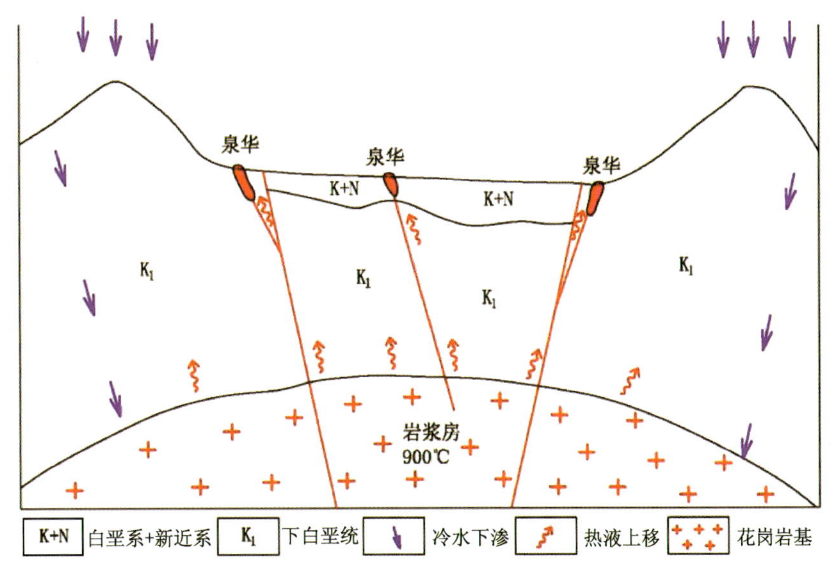

图 6-18 古温泉泉华及水热蚀变矿物形成模型图

的控制。区域性构造活动控制了火山构造的形成和演化,火山构造断裂则利用了早期的区域性构造,形成环形、放射状断裂系统,有利于地下热液的运移和储存。

以芙蓉破火山为例(图 6-19),破火山边缘环状断裂极发育并限定了破火山界限,岩墙长数百米到5km 不等,宽达数米至数百米,平面上呈弧形,剖面上则呈直立或陡倾的不规则形态。沿环形断裂普遍发育构造角砾岩和碎裂岩,同时断续发育霏细斑岩岩墙,局部岩墙呈锯齿状或环结状,表明断裂具张性特征，断裂带中霏细岩脉又破碎成角砾岩，显示环状断裂发生过多次活动，是良好的导水导热通道。破火山内存在数组不同走向的断裂，其中以放射状断裂为主。

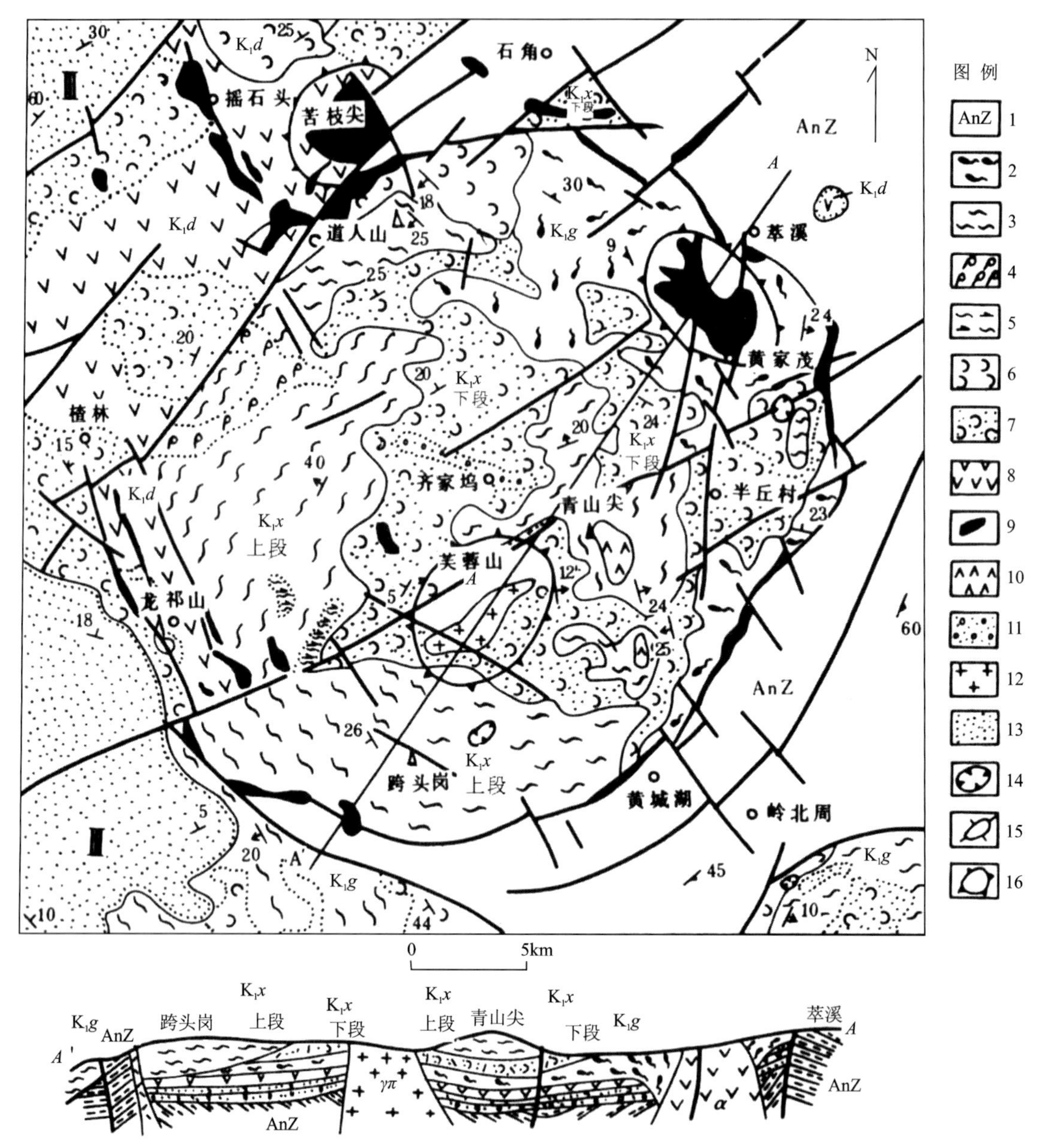


图 6-19 芙蓉破火山构造岩相图(据俞云文等，1991 和陶奎元等，1994 修改)

1. 前震旦系基底；2. 沸溢相；3. 灰流相；4. 灰云相；5. 涌流相；6. 空落相；7. 喷发-沉积相；8. 溢流相；9. 次火山相；10. 侵出相；11. 火山泥流角砾岩相；12. 火山侵入相；13. 沉积相；14. 火山通道；15. 侵出岩穹；16. 火山穹隆

天台县龙溪乡银坑矿区铅锌矿详查过程中发现的地热异常点(图 4-41)揭露 $F_1$ 北西向断裂，属于银坑火山通道西侧内接触带发育的火山断裂，属火山断裂控矿。该矿区位于笠帽山火山穹隆的西侧，发育有火山穹隆经剥蚀后的银坑火山通道，通道内填充的岩石为块状英安玢岩，火山通道西侧界线以内，火山断裂、裂隙发育，总体沿通道界线展布，呈北西向、北北西向，构成内接触带。火山断裂由构造碎裂岩、构造角砾岩组成，断裂面粗糙不平，断裂性质以张性、张扭性为主，带内高岭土化、硅化、绢云母化、碳酸盐化等蚀变现象明显，局部见黄铁矿化、铅锌矿化。

## 二、火山断裂与区域断裂的叠加

破火山、火山穹隆边缘环状断裂或放射状断裂往往具有张性特征，且通常具有多次活动特征，即使后期被岩脉充填，因后期断裂对其切割、破坏，常常也能形成较好的断裂裂隙空间。切割火山构造的区域断裂既是晚期破坏构造，也是重要的容矿构造。

萤石矿调查资料显示，区域断裂与火山断裂交会部位也是萤石矿重要的成矿部位，萤石是重要的地热找矿标志。

永嘉南陈1井位于半山火山穹隆东南边缘(图6-20)，东南侧紧邻雁荡山破火山。望海岗火山穹隆南部以弧形分布的张溪、德岙花岗斑岩体，梅坦近东西向断裂，雁荡山破火山为界。火山穹隆内存在东西向、北东向、北西向断裂，根据区域地质资料，北西向断裂断面光滑，呈舒缓波状，带内充填有中、基性及酸性岩脉，性质以张性为主，切割了北东向、东西向断裂构造。野外调查发现北西向断裂迹象明显，物探显示北西向、近东西向断裂存在。综合上述分析认为，北西向控矿断裂切割破坏了半山火山穹隆。

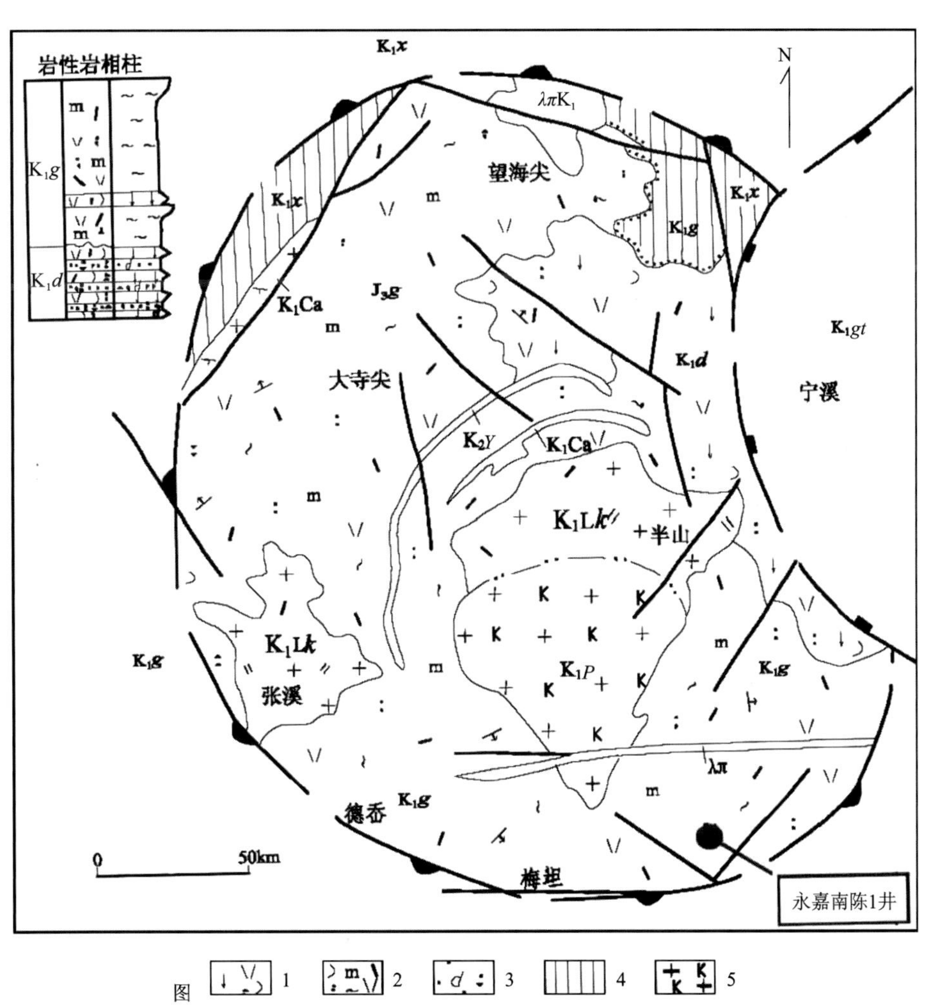


图6-30 半山火山穹隆岩相略图

1.空落相流纹质玻屑凝灰岩；2.碎屑流相流纹质晶屑熔结凝灰岩；3.喷发沉积相凝灰质粉砂岩；4.上旋回火山岩；5.钾长花岗岩；6.二长花岗岩；7.碱长花岗岩；8.潜流纹斑岩；9.地层代号/侵入岩代号；10.火山构造洼地/火山穹隆

# 第七章　地热成矿远景及找矿建议

## 第一节　地热资源勘查评价体系

地热资源勘查评价体系包括地热资源勘查可行性评价和勘查有利区(成矿有利区)的评价,考虑浙江省地热地质条件及地热勘查工作程度,本次工作以定性评价为主。本节主要从评价指标选取和评价体系建立论述该评价体系。

### 一、评价指标的选取

综合考虑浙江省地热资源最主要的成矿控制因素、地热资源勘查中指示作用较强的因子和经济性指标,将它们作为地热资源勘查的评价指标。

根据第五章的分析,浙江省地热资源成矿控制因素主要为地层岩性和构造活动。

地层岩性:地热资源的赋存与地层岩石性质有关,孔隙度高的松散岩类、溶蚀性强的碳酸盐岩类、硬脆性火山岩(花岗岩)类和石英砂岩类等能够构成有利的热水赋存空间和运移的通道。浙江省热储类型主要为碳酸盐岩类、火山岩类、花岗岩类和其他岩类,其他岩类包括古近系长河组砂岩砂砾岩、白垩纪沉积盆地盖层中的红色碎屑岩夹层、白垩系寿昌组砂岩、侏罗系同山群砂岩、志留系—泥盆系石英砂岩和岩屑砂岩,以及嘉兴地区的奥陶系砂岩、元古界—古生界硅质岩。

构造活动:浙江省地热资源以构造裂隙型带状热储及带状兼层状热储为主,构造活动一方面控制了热储赋水空间的发育程度,另一方面是水源补给、径流、排泄的通道。构造活动类型主要包括区域断裂构造、盆地构造和火山构造。

指示性指标是指能直接或间接反映地热成矿条件的一些现象,本次工作结合浙江省地热地质条件及工作程度,选择地热井及地热异常点、萤石矿点、有记录以来地震活动(震中的分布密度或级别)3项指示性指标参与评价。

地热资源勘查的经济性评价主要依据地热可能的成井深度,即热储可能的埋藏深度。

综上所述,本次评价体系共有评价因子(指标)6项。

### 二、评价体系的构建

在选择的评价指标基础上,对各种因素进行归类,确定它们相互之间的关系,建立评价体系。

本次评价体系由3层构成,从顶层至底层分别由系统目标层(O,object)、属性指标层(A,attribute)

和要素指标层(F,factor)3 级层次结构组成。O 层是系统的总目标,A 层是属性指标,F 层是要素指标。

地热资源勘查可行性评价体系如图 7-1 所示,系统的总目标(O 层)为地热资源勘查可行性评价,属性指标(A 层)为成矿控制因素,要素指标(F 层)包括地层岩性和构造活动。

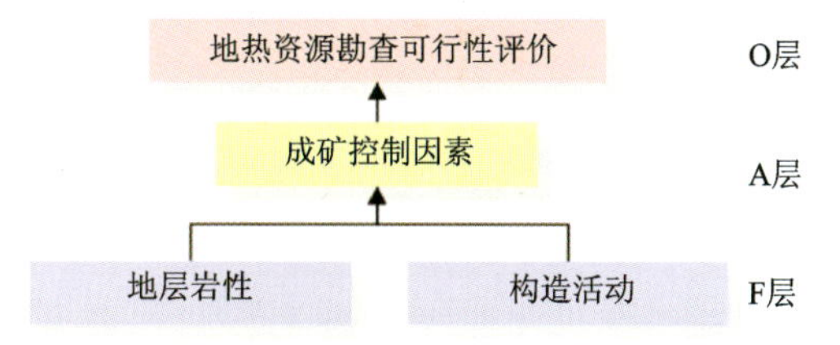


图 7-1　地热资源勘查可行性评价体系结构图

地热资源勘查有利区评价体系如图 7-2 所示,系统的总目标(O 层)为地热资源勘查有利区评价,属性指标(A 层)由成矿控制因素、指示性指标、经济性指标 3 个指标构成,要素指标(F 层)包括地层岩性、构造活动、地热异常点、萤石矿点、地震活动和热储可能的埋藏深度。

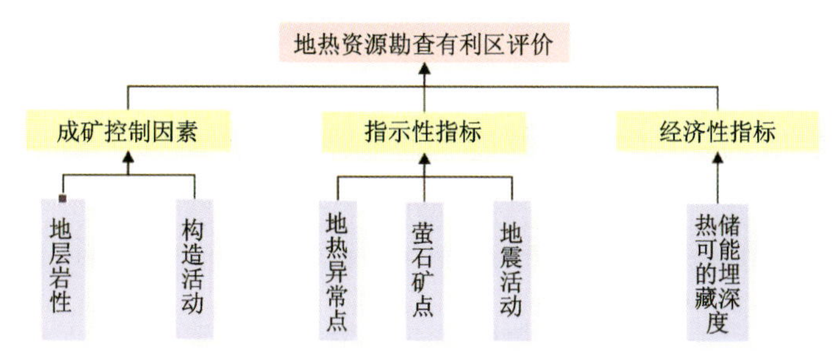


图 7-2　地热资源勘查有利区评价体系结构图

## 三、地热资源勘查可行性评价

地热资源勘查可行性评价,即具备基本成矿控制条件(图 7-3)。评价要素指标为地层岩性和构造活动。地层岩性条件上,勘查区需至少具备火山岩类、花岗岩类、碳酸盐岩类或其他岩类(7 套地层)中的一种;构造活动条件上,除古近系长河组所属的层状热储外,其他热储类型均至少具备 1 项构造活动条件。

## 四、地热资源勘查有利区评价

地热资源勘查有利区评价需对各要素进行评价,分析评价各要素的地热资源成矿控制有利条件,然后进行综合评价(图 7-4)。成矿控制因素、指示性指标、经济性指标 3 个属性指标各有 1 个符合有利区评价要求,则属于地热资源勘查有利区。

### (一)成矿控制因素

#### 1. 地层岩性

浙江省热储层中,“孔隙性的层状热储”很少,以“裂隙性的带状热储”为主,其次是“带状兼层状热储”,热储成矿和构造活动关系密切,主要成矿有利条件在构造活动中评价,这里仅对地层岩性的一些特殊性进行评价:

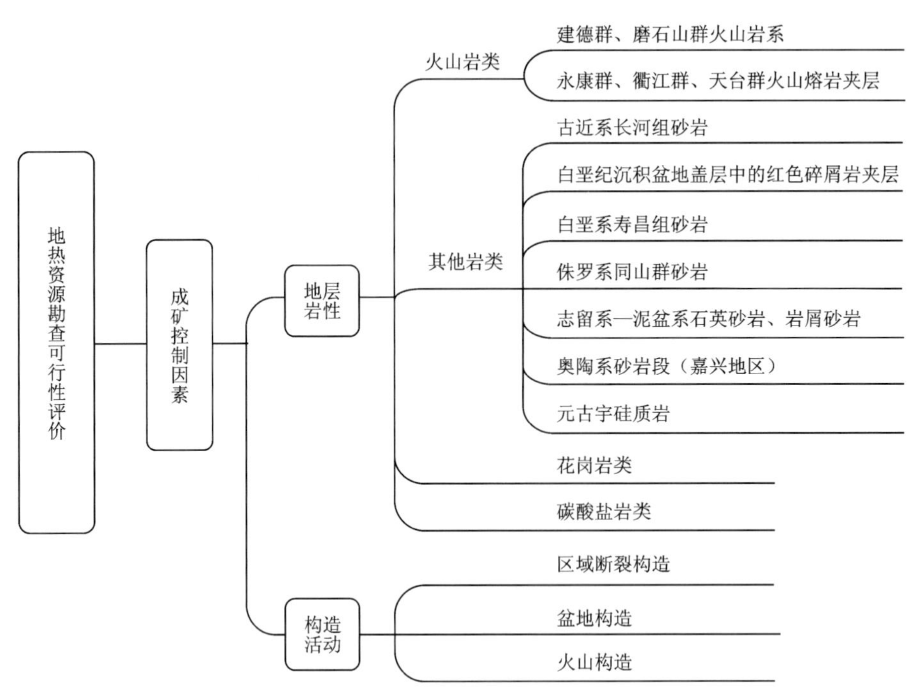


图 7-3　地热资源勘查可行性评价体系

（地层岩性、构造活动指标各有一项符合可行性评价要求，古近系长河组砂岩仅需地层岩性符合）

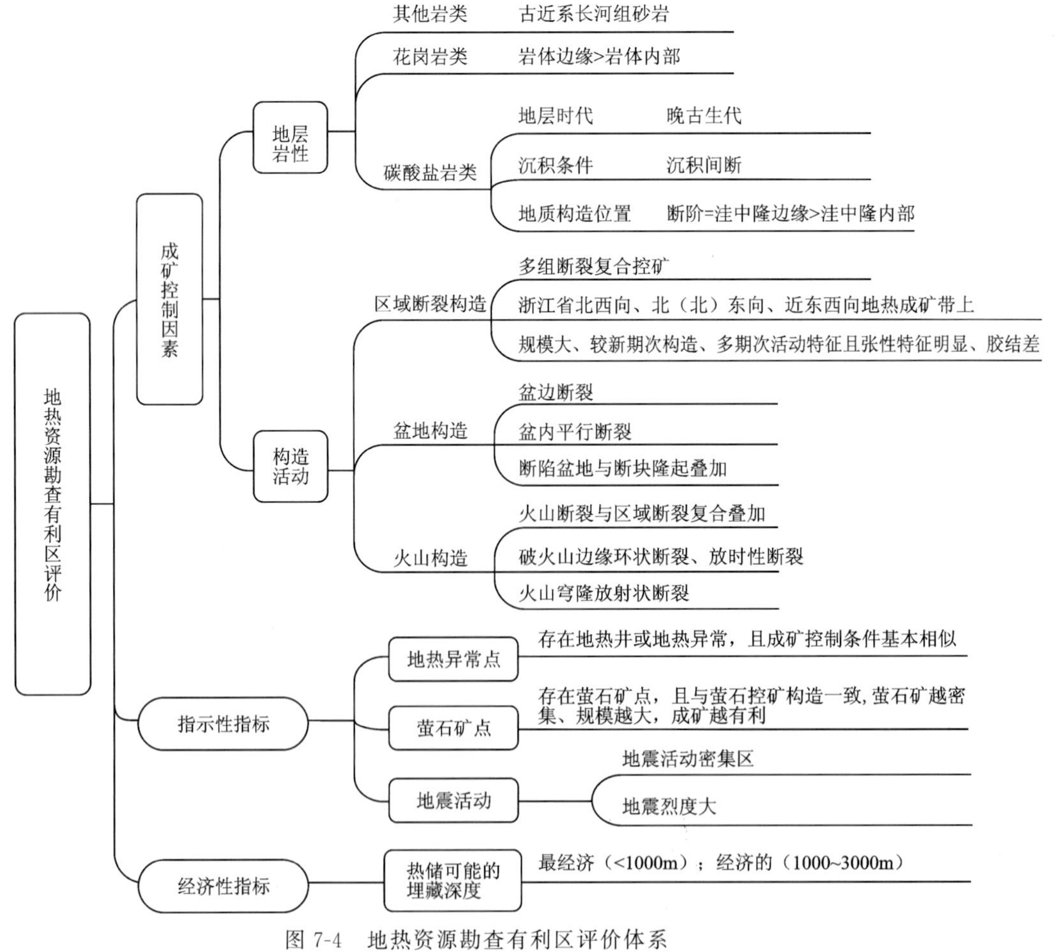


图 7-4　地热资源勘查有利区评价体系

（成矿控制因素、指示性指标、经济性指标 3 个属性指标各有一个符合有利区评价要求）

花岗岩类：岩体侵入时，在围岩接触带附近形成冷凝裂隙，后期在地下水活动下，不断溶蚀扩大，可能成为热水有利的储存空间，岩体边缘是有利的成矿因素。

碳酸盐岩类：从地层时代上看，晚古生代碳酸盐岩岩性较纯，呈厚层—块状，泥质含量低，且受构造剥蚀作用强，早古生代碳酸盐岩泥质含量高，多以薄层状为主，且上覆连续沉积厚度很大的奥陶系泥岩，因此，相较而言，晚古生代碳酸盐岩岩溶发育程度较早古生代好。从沉积条件上看，目前浙江省内揭露的以碳酸盐岩为主要热储层的地热井，碳酸盐岩地层沉积后均存在一段时间的沉积间断，因此存在沉积间断是地热成矿的有利因素。从地质构造位置上看，断阶、“洼中隆”内容易形成较为适宜的碳酸盐岩埋深、较高的地温异常，且构造活动强烈，是有利的成矿因素。

古近系长河组砂岩、砂砾岩：浙江省内唯一的孔隙型层状热储，较其他构造裂隙型带状热储或带状兼层状热储勘查条件有利，可以作为一个有利因素。

#### 2. 构造活动

1）区域断裂构造

根据第五章的分析，地热水控矿断裂在规模、力学性质、活动性和水热矿化蚀变上都有典型特征，通常为区内较新期次构造（活动性构造最佳）、多期次活动且具有明显的张性活动特征，断裂带内规模大、切割深度大、胶结差。另外，根据对已有地热点的统计，浙江省地热资源受多组断裂复合控矿的占37%，是有利的控矿因素，北西向、北（北）东向、近东西向断裂是主要的控矿构造，因此需要进行断裂构造类型及组合特征分析。此外，根据受不同方向断裂控制的地热点分布，确定了顺溪-湖州、马金-乌镇、开化-淳安、球川-萧山、丽水-余姚、温州-镇海北（北）东向地热成矿带，长兴-奉化、孝丰-三门湾、淳安-温州、松阳-平阳北西向地热成矿带和湖州-嘉善、衢州-天台地热成矿带。

2）盆地构造

盆地构造对地热成矿的控制，主要体现在盆地边缘断裂、盆内平行断裂对地热成矿的控制，受后期垂直运动影响，断陷盆地与断块隆起叠加部位也是成矿有利因素。

3）火山构造

火山构造对地热成矿的控制主要是指火山断裂对地热成矿的控制，破火山边缘环状断裂、放射性断裂条件较好，火山穹隆放射状断裂也较好，但火山穹隆环状断裂常为逆断层，控矿条件一般。火山断裂常填充有岩墙、岩脉，因此与区域构造符合控矿条件最佳。但是，火山构造野外调查难度较区域断裂构造、盆地构造难度大，目前工作程度也较低，因此有利条件评价时较前两者程度低，仅茶山破火山、芙蓉破火山等个别火山构造具有较高的工作程度。

### （二）指示性指标

#### 1. 地热异常点

勘查区内存在地热井或地热异常点，且其成矿控制条件在勘查区内具有代表性。

#### 2. 萤石矿点

萤石矿点对地热成矿的指示性作用主要是萤石成矿时的“储、盖、通”条件保留至今，并经后期活动改造，成为现代热流体的储存、运移的空间和通道。萤石矿控矿构造通常具有较好的地热成矿条件，且萤石矿越密集、规模越大，成矿条件越有利。

#### 3. 地震活动

地震能间接反映断裂活动性，地震活动密集、烈度大说明断裂活动性好，是地热成矿有利因素。

在3项指示性指标中，地热异常点为直接指示性指标，指示作用最强，其余两者为间接指示指标，根据浙江地热资源特点，萤石具有较好的指示性作用，地震活动指示作用相对较弱。

### （三）经济性指标

经济性指标主要依据地热可能的成井深度，即热储可能的埋藏深度。根据《地热资源地质勘查规范》（GB/T 11615—2010），最经济的埋藏深度为＜1000m；经济的埋藏深度为1000～3000m，有经济风险的埋藏深度为＞3000m。本次工作考虑埋藏深度＜3000m为有利因素，即经济的和最经济的。

## 第二节　地热成矿远景

地热成矿远景区在地热地质分区的基础上，主要根据地热资源勘查评价体系划定，分为Ⅰ级地热成矿远景区和Ⅱ级地热成矿重点区（表7-1，图7-5）。为了保证评价的可靠性，远景区划分主要针对有一定工作程度的地区，由于浙江省地热地质工作程度整体较低，而萤石矿整体工作程度较高，且对地热成矿构造有指示性作用，因此工作程度包括地热地质工作程度和萤石矿勘查工作程度。

表7-1　浙江省地热成矿远景区划分简表

| 大区 | 亚区 | 远景区 | 地热地质特征 |
|---|---|---|---|
| 浙西北褶皱带地热地质区（A） | 开化-湖州亚区（$A_1$） | $Ⅱ_1$太湖南岸地热成矿重点区 | 1.地热点：WQ01井、WQ05井、WQ08井、DR12井、WQ10井、WQ09井。<br>2.热储岩性：灰岩热储、其他岩类（砂岩热储）。<br>3.控矿构造：①北东向断裂、北西向断裂、近东西向断裂；②太湖南岸白垩纪盆地控盆断裂。 |
| | | $Ⅰ_1$莫干山地热成矿远景区 | 1.地热点：无。<br>2.热储岩性：火山碎屑岩类、花岗岩类。<br>3.控矿构造：①北北东向、北东向、北西向断裂；②岩体侵入接触破碎带。<br>4.找矿标志：萤石矿沿北北东向断裂密集发育。<br>5.Ⅱ级地热成矿重点区1处（$Ⅱ_2$）。 |
| | | $Ⅰ_2$天目山地热成矿远景区 | 1.地热点：无。<br>2.热储岩性：火山碎屑岩类、花岗岩类。<br>3.控矿构造：①北北东向、北东向断裂及其次级配套断裂；②岩体侵入接触破碎带；③火山构造。 |
| | | $Ⅰ_3$临安昌化亭子山地热成矿远景区 | 1.地热点：ZK1井。<br>2.热储岩性：火山碎屑岩类、花岗岩类。<br>3.控矿构造：①北西向断裂及其次级配套断裂；②岩体侵入接触破碎带。<br>4.Ⅱ级地热成矿重点区1处（$Ⅱ_3$）。 |
| | | $Ⅰ_4$临安湍口地热成矿远景区 | 1.地热点：温6井、201井。<br>2.热储岩性：碳酸盐岩类、花岗岩类。<br>3.控矿构造：①北东向断裂、北西向断裂、南北向断裂；②岩体侵入接触破碎带；③背斜轴部断裂。 |
| | | $Ⅰ_5$桐庐-富阳地热成矿远景区 | 1.地热点：桐庐DR1井、坑西KX1井。<br>2.热储岩性：碳酸盐岩类、火山岩类、其他岩类（砂岩）。<br>3.控矿构造：①北东向断裂、北西向和近东西向区域断裂；②切割火山构造洼地的盆边断裂。<br>4.Ⅱ级地热成矿重点区1处（$Ⅱ_4$）。 |
| | | $Ⅰ_6$淳安金紫尖地热成矿远景区 | 1.地热点：无。<br>2.热储岩性：火山岩类、花岗岩类。<br>3.控矿构造：火山构造洼地南北两端的北东向区域断裂。 |
| | | $Ⅰ_7$淳安千岛湖地热成矿远景区 | 1.地热点：千岛湖ZK1井。<br>2.热储岩性：碳酸盐岩类、硅质岩类。<br>3.控矿构造：①北东向、北西向、东西向区域断裂；②背斜轴部断裂。 |

续表 7-1

| 大区 | 亚区 | 远景区 | 地热地质特征 |
| --- | --- | --- | --- |
| 浙西北褶皱带地热地质区(A) | 杭州-嘉兴亚区($A_2$) | Ⅰ$_{8}$嘉兴地热成矿远景区 | 1. 地热点：运热 1 井、运热 2 井、新热 2 井、嘉热 2 井、嘉热 4 井、善热 3 井。<br>2. 热储岩性：灰岩热储、其他岩类(砂岩热储)。<br>3. 控矿构造：北东向断裂、北西向断裂。<br>4. Ⅱ级地热成矿重点区 6 处(Ⅱ$_{5}$～Ⅱ$_{10}$)。 |
| | 常山-萧山亚区($A_3$) | Ⅰ$_{9}$寿昌-龙门潭地热成矿远景区 | 1. 地热点：寿 2 井、寿 5 井。<br>2. 热储岩性：火山岩类、花岗岩类、其他岩类(砂岩)、碳酸盐岩类。<br>3. 控矿构造：①破火山、火山穹隆边缘的环状断裂和火山洼地边缘断裂构造的次一级小断裂；②北东向、北北东向区域断裂；③切割火山构造、侵入岩的断裂构造。<br>4. Ⅱ级地热成矿重点区 1 处(Ⅱ$_{11}$)。 |
| | 衢州-绍兴亚区($A_4$) | Ⅰ$_{10}$金衢盆地地热成矿远景区 | 1. 地热点：龙游 LR1 井。<br>2. 热储岩性：碳酸盐岩类、其他岩类(砂岩)。<br>3. 控矿构造：①金华-衢州白垩纪断陷盆地盆边及盆内断裂；②北东向、北西向、东西向区域断裂。<br>4. Ⅱ级地热成矿重点区 1 处(Ⅱ$_{12}$)。 |
| | | Ⅰ$_{11}$诸暨盆地地热成矿远景区 | 1. 地热点：无。<br>2. 热储岩性：火山岩类、花岗岩类。<br>3. 控矿构造：①诸暨白垩纪断陷盆地；②北东向盆边断裂及盆内地堑式断裂系统。<br>4. Ⅱ级地热成矿重点区 1 处(Ⅱ$_{13}$)。 |
| | | Ⅰ$_{12}$江山淤头盆地地热成矿远景区 | 1. 地热点：无。<br>2. 热储岩性：碳酸盐岩类、其他岩类(砂岩)。<br>3. 控矿构造：①淤头白垩纪断陷盆地盆边断裂；②北东向、北西向断裂；③背斜轴部断裂。 |
| 浙东南隆起带地热地质区(B) | 龙泉-宁波亚区($B_1$) | Ⅰ$_{13}$江山峡口盆地地热成矿远景区 | 1. 地热点：无。<br>2. 热储岩性：火山岩类、花岗岩类。<br>3. 控矿构造：①峡口白垩纪断陷盆地；②盆地边缘区域北东向断裂及低序次的北西向断裂。 |
| | | Ⅰ$_{14}$遂昌湖山-枳岱口盆地地热成矿远景区 | 1. 地热点：香炉岗 DR2 井、红星坪温泉。<br>2. 热储岩性：火山岩类、花岗岩类。<br>3. 控矿构造：①湖山白垩纪断陷盆地；②盆地内北西向断裂系统；③盆边北东向控盆断裂。<br>4. Ⅱ级地热成矿重点区 2 处(Ⅱ$_{14}$、Ⅱ$_{15}$)。 |
| | | Ⅰ$_{15}$灵山-大枳地热成矿远景区 | 1. 地热点：汤溪 TXRT2 井。<br>2. 热储岩性：火山岩类、花岗岩类。<br>3. 控矿构造：①北北东向区域断裂；②金衢盆地南缘盆边断裂及配套断裂。<br>4. Ⅱ级地热成矿重点区 1 处(Ⅱ$_{16}$)。 |
| | | Ⅰ$_{16}$武义-永康地热成矿远景区 | 1. 地热点：唐风 WR2 井、溪里 DR2 井、牛头山 ZK1 井。<br>2. 热储岩性：火山岩类、花岗岩类。<br>3. 控矿构造：武义、永康白垩纪断陷盆地内部及周边北东向控盆断裂及后期次生的北西向、近东西向断裂。<br>4. Ⅱ级地热成矿重点区 2 处(Ⅱ$_{17}$、Ⅱ$_{18}$)。 |

**续表 7-1**

| 大区 | 亚区 | 远景区 | 地热地质特征 |
|---|---|---|---|
| 浙东南隆起带地热地质区(B) | 龙泉-宁波亚区($B_1$) | Ⅰ$_{17}$松阳地热成矿远景区 | 1.地热点:无。<br>2.热储岩性:火山岩类、花岗岩类。<br>3.控矿构造:断陷盆地内部及周边的北西向控盆断裂及火山断裂。 |
| | | Ⅰ$_{18}$丽水地热成矿远景区 | 1.地热点:无。<br>2.热储岩性:火山岩类、花岗岩类。<br>3.控矿构造:①老竹白垩纪断陷盆地盆边断裂及次级断裂系统;②早白垩世断陷盆地与早白垩世火山穹隆交接地带。 |
| | | Ⅰ$_{19}$龙泉八都地热成矿远景区 | 1.地热点:龙泉八都矿坑涌水。<br>2.热储岩性:火山岩类、花岗岩类。<br>3.控矿构造:①岩体侵入时形成的断裂裂隙;②北东向区域断裂及其配套断裂。<br>4.Ⅱ级地热成矿重点区1处(Ⅱ$_{19}$)。 |
| | | Ⅰ$_{20}$仙居-天台地热成矿远景区 | 1.地热点:仙居大战DR1井、天台地热井。<br>2.热储岩性:火山岩类、花岗岩类。<br>3.控矿构造:①仙居、天台白垩纪断陷盆地内部及周边控盆断裂及配套断裂;②东西向区域断裂。<br>4.Ⅱ级地热成矿重点区5处(Ⅱ$_{20}$～Ⅱ$_{24}$)。 |
| | | Ⅰ$_{21}$嵊州-新昌地热成矿远景区 | 1.地热点:DR8井、DR10井。<br>2.热储岩性:火山岩类、花岗岩类。<br>3.控矿构造:①新昌、东阳白垩纪断陷盆地;②盆地外部边缘北东向、北西向及近东西向断裂。<br>4.Ⅱ级地热成矿重点区3处(Ⅱ$_{25}$～Ⅱ$_{27}$)。 |
| | | Ⅰ$_{22}$芙蓉山地热成矿远景区 | 1.地热点:无。<br>2.热储岩性:火山岩类、花岗岩类。<br>3.控矿构造:①芙蓉山破火山边缘环状断裂;②北东向区域断裂;③区域断裂与破火山边缘环状断裂交会处。<br>4.Ⅱ级地热成矿重点区1处(Ⅱ$_{28}$)。 |
| | | Ⅰ$_{23}$宁波盆地地热成矿远景区 | 1.地热点:宁参1井地热异常。<br>2.热储岩性:火山岩类、花岗岩类。<br>3.控矿构造:①宁波盆地北西侧边缘区域北东向断裂;②盆地内低序次的北西向、近东西向断裂。<br>4.Ⅱ级地热成矿重点区3处(Ⅱ$_{30}$～Ⅱ$_{32}$)。 |
| | | Ⅰ$_{24}$宁海盆地地热成矿远景区 | 1.地热点:甽3井。<br>2.热储岩性:火山岩类、花岗岩类。<br>3.控矿构造:北东向区域断裂及其配套断裂。 |
| | | Ⅱ$_{29}$慈溪-杭州湾新区地热成矿重点区 | 1.地热点:长热1井、湿热1井、慈热1井。<br>2.热储岩性:古近纪碎屑岩类。<br>3.控矿构造:①长河组砂岩、砂砾岩、粉砂岩以及白垩系砂岩;②盆地东南侧控盆断裂。<br>4.Ⅱ级地热成矿重点区1处(Ⅱ$_{33}$)。 |
| | | Ⅰ$_{25}$临海地热成矿远景区 | 1.热储岩性:火山岩类、花岗岩类。<br>2.控矿构造:①临海白垩纪断陷盆地;②北北东向、近东西向、北西向断裂。 |

续表 7-1

| 大区 | 亚区 | 远景区 | 地热地质特征 |
|---|---|---|---|
| 浙东南隆起带地热地质区(B) | 温州-定海亚区($B_2$) | $I_{26}$象山地热成矿远景区 | 1. 地热点：爵溪东铭 1 井。<br>2. 热储岩性：火山岩类、花岗岩类。<br>3. 控矿构造：①茶山破火山、涂茨破火山边缘环状断裂；②北东向、东西向、东西向区域断裂；③切割火山构造的区域断裂。 |
| | | $I_{27}$永嘉-乐清地热成矿远景区 | 1. 地热点：永嘉南陈 1 井。<br>2. 热储岩性：火山岩类、花岗岩类。<br>3. 控矿构造：①北西向、北东向、北北东向区域断裂复合；②破火山、火山穹隆边缘环状断裂与区域断裂复合。 |
| | | $I_{28}$瑞安-文成地热成矿远景区 | 1. 地热点：泰顺雅阳温泉、瑞安 HL2 井。<br>2. 热储岩性：火山岩类、花岗岩类。<br>3. 控矿构造：①北西向区域断裂；②破火山边缘环状断裂与区域构造复合。<br>4. Ⅱ级地热成矿重点区 2 处（$Ⅱ_{34}$、$Ⅱ_{35}$）。 |

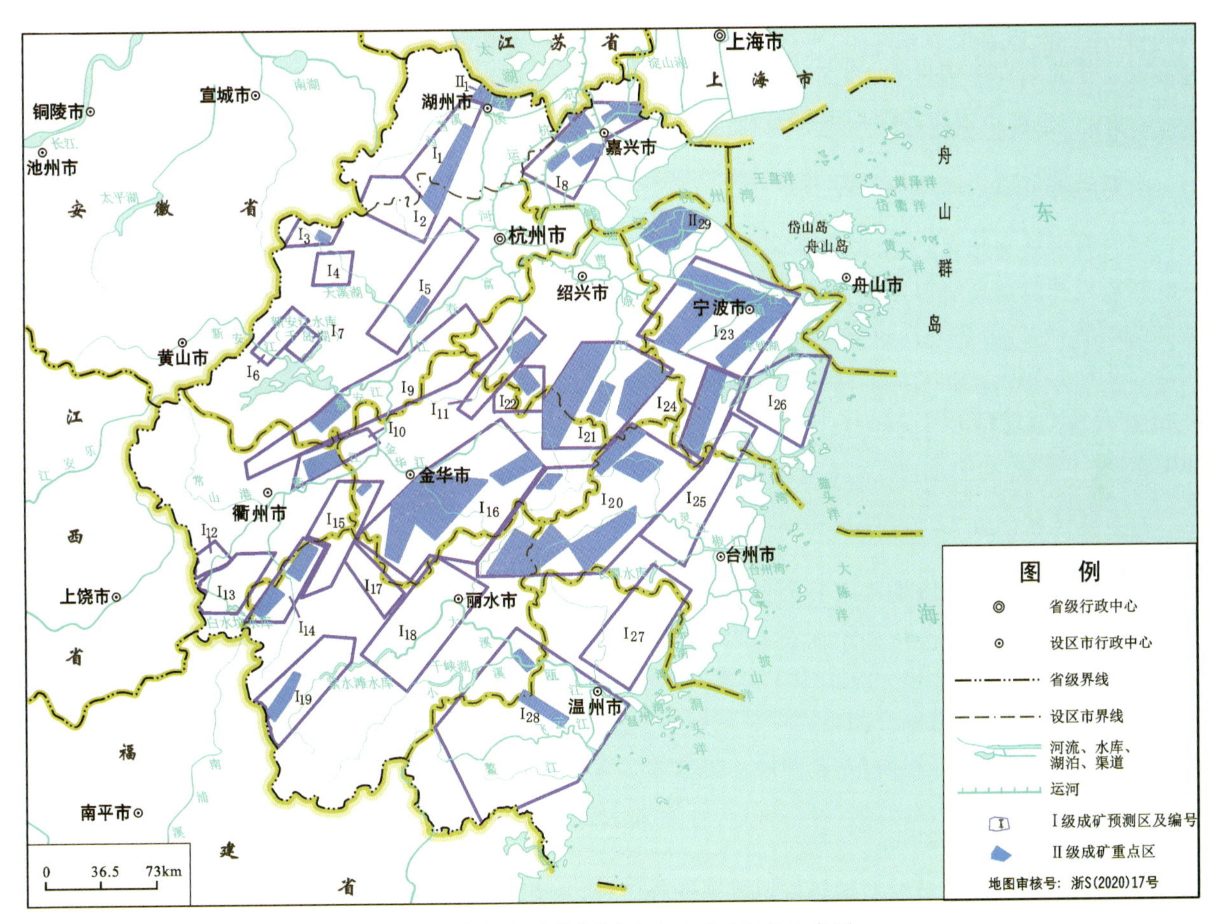


图 7-5　浙江省地热资源成矿远景区划分示意图

### 1. Ⅰ级地热远景区划分原则

(1)符合地热资源勘查可行性评价。

(2)具有地热异常或有一定程度的地热地质或萤石矿勘查工作基础。

**2. Ⅱ级地热成矿重点区划分原则**

(1)符合地热资源勘查可行性评价。

(2)符合地热勘查有利区评价要求,即成矿控制因素、指示性指标、经济性指标3项属性指标各有一个符合有利区评价要求。

(3)地热或萤石矿勘查工作程度较高,成矿控制有利因素具有一定的查明程度。

## 一、开化-湖州亚区

### (一)$Ⅱ_1$太湖南岸地热成矿重点区

**1. 区域地质概况**

该区位于杭垓-长兴复式向斜北东端,北西向仁皇山-苍山背斜与北东向云峰顶-小梅山背斜及南皋桥向斜交会处,构造复杂。湖州-嘉善东西向大断裂、长兴-奉化北西向大断裂和学川-湖州大断裂均通过该区。受北东向断裂影响,该区被分为东、西两部分,西部为基岩隆起区,志留系—下三叠统均有出露,东部第四系之下发育白垩纪断陷盆地。

**2. 地热异常点**

区内有多处地热点,主要分布在区域西部,自隆起区至北东向控盆断裂附近。热储为石炭系—二叠系碳酸盐岩和志留系—泥盆系石英砂岩,盖层为第四系、二叠系龙潭组碎屑岩以及白垩系。自西向东盖层厚度逐渐增大,地热井温度也随之增加(24～45℃)。在灰岩浅埋区(WQ01井灰岩埋深182.34m,WQ05井灰岩埋深77.03m,WQ08井灰岩埋深397.90m)灰岩岩溶孔隙发育,水量丰富,单位涌水量大于$50m^3/(d·m)$;在灰岩深埋区,主要依靠断裂破碎带储水,水量中等—贫乏,单位涌水量小于$10m^3/(d·m)$。

**3. 主要控矿因素**

该区热储主要以晚古生代碳酸盐岩为主,兼顾其他岩类(志留系—泥盆系石英砂岩)。根据埋藏深度,分为浅埋型和深埋型,浅埋型灰岩热储溶蚀孔洞孔隙发育,地热资源丰富,但受浅部岩溶水影响大,水温较低,深埋型灰岩热储分布范围主要受太湖南岸白垩纪断陷盆地控制,岩溶发育程度一般,受断裂控制,断裂构造形成的破碎空间是深埋型热储的主要赋水空间,北东向盆边断裂是重要的控矿构造。

该区位于北东向、北西向、近东西向3组断裂交会位置,对地热水的储存、运移非常有利。

**4. 下一步工作建议**

该区下一步应针对深埋型地热资源开展勘查工作,查明白垩纪沉积盆地分布、基底形态及盆边、盆内断裂发育情况。

### (二)$Ⅰ_1$莫干山地热成矿远景区

**1. 区域地质概况**

远景区位于顺溪-湖州火山喷发区北端,燕山期火山活动强烈,形成一个北北东向长40余千米,宽

10～15km 的火山喷发带，形成天荒坪火山穹隆。外围出露地层为奥陶系、志留系、泥盆系、石炭系及二叠系等。该区侵入岩体有横湖、沈家塽、城山、莫干山等花岗闪长岩和花岗岩类，均沿区域性构造断裂带或褶皱构造核部侵入，呈北北东向分布。区内北东向、北北东向断裂和北西向断裂发育，奠定了基本构造格局。

**2. 主要控矿因素**

区内无地热异常点，萤石矿沿横湖-湖州北北东向断裂带密集分布。区内大面积分布的早白垩世火山岩和燕山期侵入岩均为硬脆性岩类，在区域断裂构造活动影响下，容易形成较好的储水空间，北北东向、北东向和北西向断裂构造是主要的控矿构造。岩体与围岩侵入接触带也有可能形成储水空间。

**3. Ⅱ级地热成矿重点区**

区内确定一个Ⅱ级地热成矿重点区，为$Ⅱ_2$横湖-妙西地热成矿重点区，下一步工作可针对横湖-湖州北北东向断裂带，在它与北东向、北西向断裂交会位置开展工作，争取该区域的突破。

### （三）$Ⅰ_2$天目山地热成矿远景区

**1. 区域地质概况**

该远景区位于昌化-普陀断裂带以北，为天目山火山喷发洼地，早白垩世早期是火山活动鼎盛时期，伴随火山喷发，有多次岩浆的侵入，形成千亩田破火山、西天目山火山穹隆等火山构造。西天目山火山穹隆在遥感卫片上具明显的环形影象，在地形、地貌上表现为放射状和环状沟壑较发育，为中心式火山穹隆。区内断裂构造发育，以北东向和北北东向最为醒目，北西向断裂一般延伸不长。

**2. 主要控矿因素**

区内无地热异常点，少量萤石矿分布在火山洼地周边岩体侵入接触带上。中生代建德群火山岩是主要的控矿地层，北北东向、北东向断裂构造是主要的控矿构造，火山构造也可能形成有利的储水空间。

**3. 下一步工作建议**

勘查区工作程度较低，区内未划定Ⅱ级地热成矿重点区。下一步可开展区域调查工作，重点查明断裂构造展布、形态、性质以及火山构造发育情况。

### （四）$Ⅰ_3$临安昌化亭子山地热成矿远景区

**1. 区域地质概况**

该远景区位于学川-湖州北东向大断裂以西，昌化-普陀东西向大断裂北侧，清凉峰-白牛桥火山构造隆起区内。火山构造隆起内发生多次强烈的燕山期中酸性—酸性岩浆侵入和火山喷发活动，形成天池破火山和昌化火山穹隆。火山构造区内北西向断裂发育，外围发育北北东向断裂。岩体沿断裂侵入，区内规模最大的为亭子山岩体。

**2. 地热异常点**

区内有两处地热点，ZK1 井水温 30.8℃，涌水量 448.8$m^3$/d，ZK4 井水温 36℃，涌水量 100$m^3$/d，热储均为下白垩统黄尖组火山岩，受北西向断裂控矿。

#### 3. 主要控矿因素

远景区主要热储岩性为中生代建德群火山岩和燕山期花岗岩类，控矿构造为北西向断裂带。岩体与围岩接触带附近形成的冷凝裂隙也有可能成为热水有利的储存空间。

#### 4. Ⅱ级地热成矿重点区

区内确定1个Ⅱ级地热成矿重点区，即$Ⅱ_3$临安昌化九龙村地热成矿重点区，以亭子山北西向断裂带为主要控矿构造。

#### 5. 下一步工作建议

开展区域地质调查工作，重点查明清凉峰-白牛桥火山构造隆起内的断裂和岩体分布情况。

### （五）$Ⅰ_4$临安湍口地热成矿远景区

#### 1. 区域地质概况

该远景区位于马金-乌镇断裂带以西，昌化-普陀断裂带以南，于潜复向斜的河桥背斜与上周家向斜转折带，断裂构造发育，主要有北北东向、北东向、东西向、南北向及北西向断裂复合交接。出露地层主要为寒武系和奥陶系，寒武系主要由白云岩、白云质灰岩、灰岩、泥质灰岩夹碳质硅质页岩等组成，奥陶系岩性以深灰色钙质页岩和青灰色钙质泥岩为主。河桥岩体沿北东向断裂侵入，在该区东部出露。

#### 2. 地热异常点

湍口盆地内施工的多口地热井均成功探得低温地热水，水温29.5～31.2℃，涌水量1000$m^3$/d，产自寒武系泥质灰岩，但水质指标均未达到理疗热矿水命名矿水浓度标准。资料显示，湍口盆地内地热井400m以浅可见灰岩岩溶孔洞发育，分层抽水试验显示，400m以浅水量丰富，400m以深水量贫乏。推测深部热水通过某条深大断裂上涌至浅部，和盆地内浅部岩溶水混合，形成低温浅埋型地热资源。

近年来，还在湍口盆地南部花岗岩接触带边缘探得26.8℃的地热资源，涌水量346$m^3$/d。

#### 3. 主要控矿因素

该远景区主要热储岩性为早古生代碳酸盐岩以及花岗岩类，区域断裂是主要的控矿构造。

#### 4. 下一步工作建议

虽然存在低温地热资源，但区内导热构造并不明确，湍口盆地应仅是区域地热资源的排泄区，因此未圈定地热成矿重点区。该区下一步工作的重点是跳出湍口盆地范围，从区域地质条件入手，寻找地热资源主要的导水导热构造。

### （六）$Ⅰ_5$桐庐-富阳地热成矿远景区

#### 1. 区域地质概况

该远景区位于马金-乌镇和球川-萧山断裂带之间，昌化-普陀断裂带在北部通过，属于华埠-新登复向斜的北东部。区内发育古生代地层，主要出露震旦纪—泥盆纪地层，印支期褶皱构造发育。远景区南侧发育桐庐-新登火山洼地，为复式向斜中的一个背斜部位形成的断陷盆地，基底构造是古生代地层构造的断陷带，火山构造内古生代地层之上未见早中生代沉积物，推断断陷盆地形成时代可能始于早白垩世早期的地壳张烈拉伸。中酸性侵入岩发育，以横村埠岩体最发育。

区内北东向断裂构造发育，大致与褶皱构造平行的区域性断裂密集分布，在南侧构成了桐庐-新登火山构造盆地的盆边断裂；北西向断裂切割北东向构造，规模相对较小；北部受昌化-普陀断裂带影响，近东西向断裂发育。

#### 2. 地热异常点

远景区南西侧的桐庐阆里村探得地热资源，水温 34.2℃，涌水量 968.4m$^3$/d，热储以泥盆系—志留系石英砂岩为主，夹劳村组晶玻屑凝灰岩储层。井位于桐庐-新登火山构造盆地边缘，次级背斜和向斜的转折端，以北东向断裂控矿，是褶皱构造的同生断裂，也是盆地的盆边断裂。

富阳坑西 KX1 井，水温 47℃，涌水量 578.53m$^3$/d，热储以震旦系板桥山组石英砂岩为主。控矿构造为昌化-普陀断裂带的次级北西向断裂。

#### 3. 主要控矿因素

火山构造内的早白垩世火山岩、岩浆岩，以及外围的石炭系碳酸盐岩，志留系—泥盆系、震旦系石英砂岩均可能成为潜在热储层。区域断裂是主要的控矿因素。火山洼地边缘的北东向断裂具有盆边断裂属性，若叠加背斜核部或转折端断裂的特性，对地热成矿非常有利。

#### 4. Ⅱ级地热成矿重点区

区内确定 1 个Ⅱ级地热成矿重点区，即Ⅱ$_4$桐庐阆里村地热成矿重点区，属于盆地边缘断裂体系的北东向断裂发育，且发育有北西向断裂构造。

#### 5. 下一步工作建议

查明桐庐-新登火山构造盆地内断裂构造分布特征，加强盆地边缘断裂赋水性质研究。

### （七）Ⅰ$_6$淳安金紫尖地热成矿远景区

#### 1. 区域地质概况

受马金-乌镇北东向大断裂控制，区内发育北东向带状展布的金紫尖火山洼地，为坳陷盆地，受淳安-温州北西向大断裂切割。洼地内分布劳村组沉积岩和黄尖组火山岩。洼地内断裂构造、侵入岩体不发育，但洼地南、北两端，北东向断裂密集发育，控制了岩体侵入。

#### 2. 主要控矿因素

火山洼地内的黄尖组火山岩、岩浆岩以及外围的古生代硅质岩、碳酸盐岩类可能成为潜在热储层。马金-乌镇大断裂及次级断裂是主要的控矿因素。火山洼地边缘的北东向断裂具有盆边断裂属性，若叠加背斜核部或转折端断裂的特性，则有利成矿。

#### 3. 下一步工作建议

该远景区地质条件复杂，勘查程度较低，未圈定Ⅱ级地热成矿重点区。该区地热勘查的重点是加强对北东向断裂发育情况及赋水性研究，重点在洼地南、北两端及北东向与北西向断裂交会部位。

### （八）$\mathrm{I}_7$ 淳安千岛湖地热成矿远景区

#### 1. 区域地质概况

该远景区位于华埠-新登复向斜中，主要分布古生代沉积岩，褶皱构造发育。马金-乌镇北东向大断裂、淳安-温州北西向大断裂、淳安-浦江东西向断裂带在区内复合，北东向、北西向及东西向断裂发育。

#### 2. 地热异常点

千岛湖镇北侧探得一地热资源，水温 47.6℃，涌水量 430m$^3$/d。主要热储层位为震旦系皮园村组硅质岩。位于次级背斜核部，主要控矿构造为北东向断裂，与背斜构造同时期形成，推测东西向断裂带对其亦有影响。

#### 3. 主要控矿因素

震旦系硅质岩、白垩纪火山岩等硬脆性地层在断裂构造影响下均能形成赋水空间，早古生代碳酸盐岩也是潜在热储层，区域断裂构造是主要的控矿构造，背斜核部断裂应给予关注。

#### 4. 下一步工作建议

该远景区地质条件复杂，未圈定Ⅱ级地热成矿重点区。该区地热勘查的重点是了解硬脆性地层中断裂构造的发育情况及赋水性特征。

## 二、杭州-嘉兴亚区

### $\mathrm{I}_8$ 嘉兴地热成矿远景区

#### 1. 区域地质概况

嘉兴地区地处扬子板块的东南缘，区域地质构造特征可概况为区域性断裂多期活动、褶皱构造为断块状残存、晚中生代火山洼地和断陷红盆发育、第四纪沉积物厚覆盖。根据物探成果综合分析判断，第四系之下为“两坳两隆”的构造格局，即乌镇-嘉兴隆起、海宁-乍浦隆起和震泽-天凝坳陷、桐乡-平湖坳陷。本次根据地热地质条件及工作程度圈定嘉兴地热成矿远景区，包括嘉兴隆起、桐乡凹陷和王店凸起。

嘉兴隆起呈北东向展布，北与天凝凹陷相邻，在隆起区内除在胥山有泥盆系石英砂岩出露外，均为第四系所覆盖。远景区内嘉兴隆起自西向东的次一级构造有：秀洲区新塍凹陷，凹陷内的地层为白垩纪红层，下伏古生代地层，奥陶系及寒武系中的砂岩、碳酸盐岩是潜在的热储层；嘉兴-嘉善凸起，由古生代地层和下白垩统劳村组、黄尖组组成，古生代砂岩、碳酸盐岩及早白垩世凝灰岩都可构成潜在热储层。

桐乡凹陷为桐乡-平湖坳陷的西南端次一级构造，为白垩纪凹陷，北与嘉兴隆起、南与海宁隆起为邻，整体呈北东—北东东向展布，基底为古生代碳酸盐岩。

王店凸起属于海宁-乍浦隆起的次一级构造，孤丘周围的地层为第四系和早古生代碳酸盐岩，为区内潜在的热储层。

远景区内断裂构造以北东向、东西向和北西向 3 组构成主体框架，北东向和北西向断裂属基底断裂，北北东向、北西向断裂为后期断裂，时代较新，晚中生代生成的盆缘断裂追踪早期断裂发育，新生性明显。

#### 2. 地热异常点

嘉兴地区开展地热资源勘查工作时间较早，工作程度较高，也较系统，取得了一定的勘查成果。

新塍凹陷：新热 2 井，水温 34.4℃，涌水量 500$m^3$/d(降深 200m)，揭露主要赋水层为奥陶系砂岩和寒武系碳酸盐岩。

嘉兴-嘉善凸起：嘉热 2 井，水温 45℃，涌水量 330$m^3$/d，热储为奥陶系砂岩、粉砂岩；善热 3 井，水温 41.5℃，涌水量 340$m^3$/d，热储为寒武系砂岩、碳酸盐岩；嘉热 4 井，水温 42℃，涌水量 320$m^3$/d，热储为志留系砂岩、石英砂岩；湘家荡 1 井，水温 40℃，涌水量 125$m^3$/d，热储为泥盆系砂岩、粉砂岩。

桐乡凹陷：运热 1 井，水温 64℃，涌水量 2000$m^3$/d；运热 2 井，水温 52℃，涌水量 302.17$m^3$/d，揭露热储均为晚古生代碳酸盐岩。

王店凸起：WR1 井，水温 39.6℃，涌水量 371$m^3$/d，热储为早古生代碳酸盐岩。

#### 3. 主要控矿因素

早古生代碳酸盐岩和砂岩是区内主要的控热层位，以断裂构造控制的带状热储为主，控矿断裂以北东向为主，部分为东西向或北东向与北西向共同控矿。

从区域地质条件分析，嘉兴地区构造复杂，总体上呈现"两坳两隆"的构造格局。细节上，基底古生代褶皱被断裂切割破坏，呈现断块状残存。嘉兴远景区寻找地热资源应重点关注不同构造单元的界线，包括控制隆坳局的北东向、北北东向及东西向断裂，也包括切割北东向褶皱构造、造成轴线平移的北西向断裂，这些界线断裂往往活动时间长、规模大，且新生性明显。另外，坳陷内的断阶、断凸也是关注的重点。

#### 4. Ⅱ级地热成矿重点区

嘉兴地区地热勘查工作程度较高，确定Ⅱ级地热成矿重点区 6 处。

$Ⅱ_5$新塍凹陷地热成矿重点区：位于新塍凹陷与嘉兴-嘉善凸起过渡带，古生代砂岩和碳酸盐岩是主要热储。

$Ⅱ_6$桐乡北地热成矿重点区：位于桐乡凹陷北部高照乡斜坡内，晚古生代碳酸盐岩为主要热储，埋深在 1600m 以浅。

$Ⅱ_7$桐乡地热成矿重点区：位于桐乡凹陷内的李王庙-桐乡断凸，属于典型的"洼中隆"，热储为古生代碳酸盐岩。

$Ⅱ_8$王店地热成矿重点区：位于桐乡凹陷与王店凸起的过渡带，为一向凹陷中心呈阶梯状下降的断阶带，名为建设断阶，热储为古生代碳酸盐岩。

$Ⅱ_9$湘家荡地热成矿重点区：位于王店凸起南东部，嘉兴向斜核部一带，热储为古生代碳酸盐岩和砂岩。

$Ⅱ_{10}$嘉善地热成矿重点区：为嘉善凸起，北部为天凝凹陷次一级断阶，热储为古生代碳酸盐岩和砂岩。

## 三、常山-萧山亚区

### $Ⅰ_9$寿昌-龙门潭地热成矿远景区

#### 1. 区域地质概况

远景区呈北东-南西向展布，东北宽、西南窄，西北及南东侧分别以球川-萧山和常山-漓渚两条深大断裂为界，其周边出露有中、新元古代和古生代地层。研究区内主要出露早白垩世火山岩地层，自南西向北东逐渐增厚；寿昌组和横山组主要分布在南西侧的寿昌盆地一带。

燕山晚期火山活动强烈，形成众多的火山构造，如华家塘-马剑、蟠山-朱家和白菊花尖-九华山火山穹隆，檀头、梓州、寿昌火山构造洼地等。

**2. 地热异常点**

远景区南西侧寿昌盆地内，施工两口地热井：寿 2 井，水温 27.8℃，涌水量 215m$^3$/d，寿昌组砂岩、粉砂岩为主要热储；寿 5 井，水温 39℃，涌水量 840m$^3$/d，黄尖组火山碎屑岩为主要热储层。控矿构造均以北西向为主。

**3. 主要控矿因素**

寿昌组碎屑岩类和黄尖组火山碎屑岩类均为已揭露热储，在寿昌盆地西部，基底可能存在石炭系—二叠系碳酸盐岩热储。

火山断裂发育是本区的一大特点，是重要的控矿构造，北东向和北北东向区域断裂和火山断裂复合交会部位是成矿的有利区域。

**4. Ⅱ级地热成矿重点区**

$Ⅱ_{11}$寿昌地热成矿重点区：远景区内唯一开展过地热勘查工作的地区，揭露寿昌组碎屑岩类和黄尖组火山碎屑岩类带状热储，可能存在碳酸盐岩热储，切割盆地的北东向或北西向区域断裂是主要的控矿构造。

## 四、衢州-绍兴亚区

### （一）$Ⅰ_{10}$金衢盆地地热成矿远景区

**1. 区域地质概况**

该远景区位于江山-绍兴深大断裂带以西地区，金衢盆地西北部。上部被第四系和白垩系衢江群覆盖，下章断裂从盆地中部穿过并控制着衢江群的厚度变化。据重力资料显示和钻孔揭露，下章断裂北侧为相对隆起区，衢江群厚度一般小于 2000m，白垩系直接不整合于石炭系—二叠系或侏罗系之上；下章断裂南侧为深凹陷区，衢江群厚度大于 2000m，白垩系直接不整合于石炭系—二叠系之上。盆地内局部地区还存在中侏罗统同山群煤系地层夹砂岩层。白垩系盖层中有玄武岩夹层。

**2. 地热异常点**

龙游 LR1 井，水温 41℃，涌水量 968.42m$^3$/d，揭露热储为上白垩统中戴组砂砾岩夹层和侏罗系同山群砂砾岩。北西向断裂控矿。位于金衢盆地北缘的蒋家岭萤石矿洞曾遇突发性热水，但温度未作记录。

**3. 主要控矿因素**

远景区内存在着碳酸盐岩、碎屑岩和火山岩 3 种岩石类型。热储层首选是晚古生代石炭系—二叠系碳酸盐岩；碎屑岩其次，主要是中侏罗统同山群（马涧组、渔山尖组）的煤系地层和白垩纪红层中发育盆地断裂附近的冲积扇体和底部砾岩；火山岩中的玄武岩也可能构成热储层。

控矿断裂以盆边断裂及盆地中部的下章断裂及其次级断裂为主，发育北东向、东西向、北东向断裂构造。

#### 4. Ⅱ级地热成矿重点区

$Ⅱ_{12}$钱家凸起地热成矿重点区：为金衢盆地内"两凹一凸"的钱家凸起，是典型的"洼中隆"构造，盖层厚度在1600m以浅。区内主要发育北东向、北东东向和北西向断裂构造。

### （二）$Ⅰ_{11}$诸暨盆地地热成矿远景区

#### 1. 区域地质概况

该远景区位于江山-绍兴深大断裂带北侧，为诸暨白垩纪断陷盆地，盆地总体呈北东—北北东向，盖层以广泛发育的晚中生代红色盆地沉积（永康群）及火山碎屑岩为特色。远景区最北端诸暨枫桥西侧出露南华纪—奥陶纪地层，南东角陈宅村、春林村等地呈天窗式出露了小块陈蔡群变质岩。区内发育北北东—北东向盆边断裂及盆地内北西向地堑式断裂系统，北西西－北西向张（张扭）性断层多呈等间距分布，在空间上受区域北北东向压（压扭）性断层控制与白垩纪盆地制约。

#### 2. 找矿标志

区内未见地热异常点，但萤石矿点发育，受盆边断裂及盆内地堑式断裂系统控制，萤石矿的形成和引张构造环境有关。硅化、萤石化线型蚀变带或硅化破碎带为本区重要找矿标志。

#### 3. 主要控矿因素

早白垩世建德群火山岩是区内主要的热储，区内的侵入岩也可构成热储。控矿构造主要是北东向盆边断裂及盆内北西向地堑式断裂系统。

#### 4. Ⅱ级地热成矿重点区

$Ⅱ_{13}$诸暨东地热成矿重点区：位于诸暨盆地东北缘，北西向地堑式断裂系统发育，为萤石矿密集分布区，主要受北西向断裂控制，部分为北西向与北东向共同控矿。

### （三）$Ⅰ_{12}$江山淤头盆地地热成矿远景区

#### 1. 区域地质概况

该远景区位于江山复式向斜的西南部，江山-绍兴深大断裂带西北侧，盆地内出露和揭露的地层有第四系、上白垩统衢江群，基底为石炭系—二叠系碳酸盐岩，基底埋深600～1000m。

盆西北外围出露的地层有新元古界上墅组、震旦系，古生界寒武系、奥陶系、石炭系、二叠系，中生界三叠系、侏罗系和白垩系，盆东南为下白垩统火山岩和碎屑岩。

区内褶皱发育，以紧密褶皱为特点。断裂构造以走向断裂为主，性质多数为压性、压扭性，少数为张性；横断裂一般形成较晚，往往使地层在走向上错开，并切割纵断裂。

#### 2. 主要控矿因素

基底石炭系—二叠系碳酸盐岩是主要的热储层，盆边断裂及其次级断裂是主要的控矿构造。

### 3. 下一步工作建议

深部灰岩岩溶主要沿断裂裂隙发育，断陷盆地边缘断裂总体是在拉张背景下形成的，且规模较大，多期次活动，破碎带及围岩的多次破碎更利于岩溶发育，断裂切割深度大，更利于深部地热水的循环、上涌。该区下一步工作应重点关注盆地边缘断裂靠近盆地一侧，根据太湖南岸等地的经验，盖层厚度控制在500～700m之间，即可以减小浅部岩溶水对水温的影响。远景区南部盆边断裂属于江山-绍兴深大断裂带，可优先考虑。

## 五、龙泉-宁波亚区

### （一）$I_{13}$江山峡口盆地地热成矿远景区

#### 1. 区域地质概况

该远景区位于江山-绍兴深大断裂带南侧，主要为峡口盆地，为一呈北东向膝折状展布的白垩纪断陷盆地，盆地南缘受限于峡口-张村弧形断裂带，盆西不整合于磨石山群及前中生界之上。区内出露的地层有下白垩统磨石山群大爽组、高坞组、西山头组及九里坪组以及下白垩统永康群馆头组、朝川组和方岩组。洪公岩体在盆地西南侧出露，北侧侵入界线受峡口-张村弧形断裂控制。

北东向、北北东向盆缘断裂具多次继承性活动特征，盆内北西向地堑式断裂系统发育，主要分布在盆地北东部，总体呈等间距分布。

#### 2. 找矿标志

区内未见地热异常点，盆地边缘及外围隆起区萤石矿点发育，受盆边断裂及低序次构造联合控制。

#### 3. 主要控矿因素

早白垩世西山头组、高坞组火山碎屑岩类是主要的热储层位，峡口盆地外部边缘断裂或盆内地堑式断裂系统是主要的控矿断裂。

### （二）$I_{14}$遂昌湖山-枳岱口盆地地热成矿远景区

#### 1. 区域地质概况

该远景区位于江山-绍兴深大断裂带的东南侧，湖山-柘岱口白垩纪断陷盆地。北东段湖山一带盆地保存较完整，南西段白垩纪地层基本被剥蚀，局部有残存。

盆地内部分布有下白垩统馆头组、朝川组、方岩组，其中朝川组分布广泛，盆地外围分布下白垩统大爽组、高坞组、西山头组。

盆地主要受北东向盆边断裂带控制，北部湖山盆地内形成了一系列近似平行的次级、等间距的北西向断裂。

#### 2. 地热异常点

北东段湖山盆地内，萤石矿开采过程中多处发现地热异常，目前两处开展过系统评价：红星坪温泉，为两处矿坑涌水点，水温38℃，涌水量380m$^3$/d；香炉岗DR2井，水温40℃，涌水量610m$^3$/d，揭露燕山期钾长花岗斑岩热储。两处地热点均受北西向断裂控制。

#### 3. 主要控矿因素

燕山期花岗岩热储是主要的热储类型，早白垩世早期火山碎屑岩分布区也可能存在火山岩类热储。盆地边缘及外围发育的控盆断裂及其次级构造是主要的控矿构造，盆地北东段以盆内北西向地堑式断裂为主，南段更多受盆边断裂控制。

#### 4. Ⅱ级地热成矿重点区

$Ⅱ_{14}$湖山盆地地热成矿重点区：位于远景区北东端，北东向盆边断裂及北西向地堑式断裂系统发育，北西向断裂控热作用更加明显。

$Ⅱ_{15}$枳岱口盆地地热成矿重点区：位于远景区西南端，北东向盆边断裂即是萤石矿控矿断裂，也是地热潜在控矿构造。

### （三）$Ⅰ_{15}$灵山-大枳地热成矿远景区

#### 1. 区域地质概况

该远景区位于八都变质基底杂岩区，区内龙游溪口、遂昌大柘等地的基底隆起区出露八都岩群变质岩系，主要岩性为角闪岩相变粒岩、黑云斜长片麻岩及二云片岩。早白垩世以来，广泛发育火山-沉积-侵入岩系，先后形成塔石火山穹隆，长柱和东坑等破火山，湖山火山构造洼地及部分相关的金衢盆地、松阳盆地。

上述基底隆起、火山构造、岩体侵入主要受北东向和北北东向区域性构造带及次级构造的控制。各类沉积建造中的变形构造以断裂为主，按展布方向可分为北北东向、北东向、北西向、东西向等多组。

#### 2. 地热异常点

汤溪 TXRT2 井，水温 45.3℃，涌水量 1016$m^3$/d，揭露早白垩世火山岩类热储，金衢盆地南缘的北东向断裂是主要的控矿构造。

#### 3. 主要控矿因素

火山岩类、花岗岩类是主要的热储类型，控矿断裂以区域断裂为主，包括金衢盆地南缘控盆断裂及配套的北东向断裂，以及变质岩区变质岩与磨石山群火山岩系的分界断裂。

#### 4. Ⅱ级地热成矿重点区

$Ⅱ_{16}$金华汤溪里金坞地热成矿重点区：位于金衢盆地南缘，与金衢盆地近东西向盆边断裂配套的北东向断裂发育，是重要的控矿构造，有多处萤石矿产出。

### （四）$Ⅰ_{16}$武义-永康地热成矿远景区

#### 1. 区域地质概况

该远景区包括武义、永康盆地和金衢盆地南东缘。盆地大致呈北东走向，主要受北东—北北东向区域断裂控制。

武义盆地中部有北西向温州-淳安大断裂通过，东西向常山-三门大断裂从盆地北缘通过，盆地盆边断裂为北北东向、北东向。永康盆地受东西向、北东向构造控制。两盆地均接受白垩纪沉积，朝川期武义盆地和永康盆地连成一片，方岩期武义盆地缩小，仅在湖盆西部有巨厚的碎屑沉积。金衢盆地在区内转为北东走向。

盆内地层为下白垩统永康群馆头组、朝川组和方岩组，由河湖相紫红色钙质泥岩、粉砂岩、砾岩，间夹中酸性火山碎屑岩和中基性火山熔岩组成。盆地外围地层为下白垩统大爽组、高坞组、西山头组和九里坪组，岩性为酸性、中酸性、中性火山熔岩和火山碎屑岩。

**2. 地热异常点**

武义盆地萤石矿开采过程中出现多处地热异常，系统评价的地热点有两处：塔山 WR2 井，水温 32℃，涌水量 450m$^3$/d；溪里 DR2 井为萤石矿开采巷道内的两处地热异常点，A 水温 33℃，涌水量 2300m$^3$/d，B 水温 41.5℃，涌水量 2100m$^3$/d；牛头山 ZK1 井，水温 34.5℃，涌水量 542m$^3$/d。

**3. 主要控矿因素**

火山岩类、花岗岩类是主要的热储类型，断陷盆地内部及周边的北东向控盆断裂及后期次生的北西向、东西向断裂，是工作区最为重要的控矿构造。

武义盆地东部及永康盆地北东部存在“上拱块体构造”，控制上拱块体的断裂构造活动期次较新，值得注意。

**4. Ⅱ级地热成矿重点区**

Ⅱ$_{17}$武义盆地地热成矿重点区：武义盆地萤石资源丰富，与萤石伴生的地热资源也很丰富，地热地质勘查程度较高，盆内及边缘 4 条北东向断裂均是很好的控矿构造，多组断裂交会部位更有利于地热水的富集。

Ⅱ$_{18}$横店地热成矿重点区：位于南马盆地和永康盆地之间，北、西、南 3 侧出露下白垩统永康群，向东开口出露磨石山群火山碎屑岩，类似于“上拱块体构造”，萤石矿点较密集。

### （五）Ⅰ$_{17}$松阳地热成矿远景区

**1. 区域地质概况**

该远景区分布一北西向展布的白垩纪断陷盆地，盆地形态主要受北西向区域大断裂控制，北西侧燕山期岩体侵入，发育焦川火山穹隆，环状断裂发育。

盆内地层为下白垩统永康群馆头组、朝川组和方岩组，由河湖相紫红色钙质泥岩、粉砂岩、砾岩，间夹中酸性火山碎屑岩和中基性火山熔岩组成。盆地外围地层为下白垩统大爽组、高坞组，岩性为酸性、中酸性、中性火山熔岩和火山碎屑岩。

萤石矿主要分布在火山穹隆环状断裂或岩体侵入界线附近。

**2. 主要控矿因素**

火山岩类、花岗岩类是主要的热储类型，断陷盆地内部及周边的北西向控盆断裂及火山断裂，是工作区的控矿构造。区域断裂与火山构造、侵入岩体交会部位需给予关注。

## （六）$\text{I}_{18}$丽水地热成矿远景区

### 1. 区域地质概况

该远景区分布丽水、老竹北东向白垩纪断陷盆地，盆内地层为下白垩统馆头组、朝川组、方岩组，上白垩统两头塘组。盆地外围分布有元古宇八都岩群片麻岩，下白垩统大爽组、高坞组、西山头组和祝村组。侵入岩主要分布在靖居包一带。

地处龙泉-宁波北东向断裂带与松阳-平阳北西向断裂带的交会地带，断裂构造带及旁侧的次级、派生的断裂构造带发育，主要断裂具有多次活动及力学性质的转化，区内断裂按展布方向可分为北东向、北北东向、北西向、南北向及东西向多组。北东向、北北东向构造控制了盆地的形成、岩体侵入和基底变质岩隆起。

### 2. 找矿标志

未见地热异常点，萤石矿点发育，主要分布于老竹、云和、丽水 3 个白垩纪断陷盆地与早白垩世火山穹隆交接地带。盆地外部边缘北东向、北西向两组断层，属北东向盆边构造或北东向区域性断裂派生的次级构造。

### 3. 主要控矿因素

火山岩类、花岗岩类是主要的热储类型，断陷盆地内部及周边的北东向控盆断裂及后期次生的北西向、东西向断裂，是远景区内最为重要的控矿构造。

## （七）$\text{I}_{19}$龙泉八都地热成矿远景区

### 1. 区域地质概况

该远景区位于浙东南褶皱带丽水-宁波隆起，龙泉-遂昌断隆的南西部。中元古代基底八都岩群及陈蔡群变质杂岩呈断块状或“天窗式”出露，变质基底历经多期变质变形叠加与长期隆起剥蚀。晚中生代燕山运动形成覆盖全区的火山岩，伴有广泛的岩浆侵入，并以中酸性—酸性花岗岩组合为特色。构造变形以断裂为主，按走向划分可分为北北东向、北东向、北西向 3 组，并以北东向最为发育。

与成矿作用关系密切者多在具岩浆侵入的基底隆起区与裂构造交会地段，岩石类型主要为二长花岗岩、石英二长岩等。

### 2. 地热异常

龙泉八都有一矿坑涌水，水温 30℃，涌水量 1000$m^3$/d，围岩为燕山早期花岗闪长岩和八都岩群变质岩。

### 3. 主要控矿因素

花岗岩类是区内主要的热储类型，北东向区域断裂及其配套断裂是远景区最为重要的控矿构造。岩浆侵入的基底隆起区与断裂构造交会地段，应重点关注。

### 4. Ⅱ级地热成矿重点区

$\text{II}_{19}$八都地热成矿重点区：以八都-龙泉北东向断裂带及其次一级北西向、近东西向张性断裂构造为主要控矿构造，发育多处萤石矿(点)，龙泉萤石矿有地热涌水。

## (八) $\text{I}_{20}$ 仙居-天台地热成矿远景区

### 1. 区域地质概况

该远景区位于丽水-余姚和温州-镇海北东向断裂带之间，包括天台盆地、仙居盆地和壶镇盆地。盆地的发育严格受北东向、北西向及近东西向断裂控制。

天台盆地内出露的地层主要有下白垩统朝川组，上白垩统塘上组、两头塘-赤城山组，低凹地区有第四纪沉积盆地，周边为下白垩统大爽组、高坞组、西山头组和九里坪组。

盆地边缘及外围萤石矿(点)发育，主要受白垩纪断陷盆地外部边缘断裂或盆内地堑式断裂系统控制。

### 2. 地热异常点

仙居大战 DR1 井位于仙居盆地南东侧盆地边缘，水温 33.5℃，涌水量 $500m^3/d$；磐热 1 井，位于远景区西侧，水温 33.5℃，涌水量 $300m^3/d$。两处地热井均以东西向断裂为主要控矿构造。

### 3. 主要控矿因素

火山岩类、花岗岩类是主要的热储类型，断陷盆地内部及周边的控盆断裂及配套断裂，是远景区最为重要的控矿构造。本区是浙江省内目前发现的东西向控矿较为明显的地区。

### 4. Ⅱ级地热成矿重点区

$\text{II}_{20}$ 天台西地热成矿重点区：位于天台盆地北西侧，主要受天台盆地北东向盆缘断裂控矿。盆内一条与盆边断裂平行的北东向断裂控制了早白垩世早期大爽组呈“天窗式”出露，是萤石矿重要的成矿区(带)，应予以关注。

$\text{II}_{21}$ 天台南地热成矿重点区：位于天台盆地南侧，北东向、东西向盆边断裂发育，北西向区域断裂切割北东向、东西向盆边断裂。萤石矿(点)受北西向或多组断裂联合控制。

$\text{II}_{22}$ 仙居地热成矿重点区：位于仙居盆地东南，为萤石矿(点)密集分布区，北东向、北西向、东西向盆边断裂是重要的控矿断裂。

$\text{II}_{23}$ 仙居西地热成矿重点区：壶镇盆地东侧边缘至仙居盆地西侧边缘，属于盆地与隆起区交会部位。北东向、北西向、近东西向断裂发育。

$\text{II}_{24}$ 磐安地热成矿重点区：白垩纪断陷盆地盆边断裂是主要的控矿构造。

## (九) $\text{I}_{21}$ 嵊州-新昌地热成矿远景区

### 1. 区域地质概况

该远景区位于丽水-余姚和温州-镇海北东向断裂带之间，包括嵊州-新昌盆地和东阳盆地东缘，地表多喜马拉雅期玄武岩分布，北东向、北西向两(组)断裂构成了本区的构造格架。

嵊州-新昌盆地大体呈“个”字形。盆地内除河流两岸的低洼部分为第四纪松散沉积之外，分布的主要地层为白垩系朝川组和新近系嵊县组。在新昌县城西有馆头组出露。

东阳盆地东缘呈北东走向，盆内主要分布的地层有第四系、上白垩统金华组、下白垩统中戴组，盆地边缘有岩体侵入，北部发育虎鹿火山穹隆。

盆地周边的地层主要有下白垩统大爽组、高坞组、西山头组和九里坪组。

区内萤石矿主要沿盆地外部边缘北东向、北西向以及近东西向断裂分布。

**2. 地热异常点**

嵊州盆地北部DR8井，水温29℃，涌水量450m³/d；DR10井水温34℃，为间歇式喷发。两井相距1km左右，受同一条北西向断裂控制。新昌坎头一带突发性热水井，水温45℃。

**3. 主要控矿因素**

远景区内主要为早白垩世磨石山群火山碎屑岩类热储，新昌、东阳(东部)两个白垩纪断陷盆地与边缘北东向丽水-余姚区域性断裂带及次一级低序北西向、近东西向断裂控矿。

**4. Ⅱ级地热成矿重点区**

$Ⅱ_{25}$嵊州西-巍山地热成矿重点区：位于远景区西部，控制嵊州盆地西侧边界和东阳盆地边界断裂的北东向盆边断裂是主要控矿构造。

$Ⅱ_{26}$澄潭地热成矿重点区：位于嵊州盆地南侧，盆地边缘隆起区北东向及北西向断裂是主要的控矿构造。

$Ⅱ_{27}$新昌地热成矿重点区：嵊州盆地东部边缘，主要受北东向、北西向盆边断裂控制。

## (十)$Ⅰ_{22}$芙蓉山地热成矿远景区

**1. 区域地质概况**

该远景区内出露地层为中生代白垩纪火山岩夹北东向展布的中元古代双溪坞群、陈蔡群绿片岩相—角闪岩相变质岩，岩体以北部古元古代石英闪长岩为主，其他地区零星出露有早白垩世流纹斑岩。主要构造为北东向断裂带与诸暨芙蓉山破火山口，环状断裂切过中生代火山岩和变质岩基底岩石，矿区、矿(化)点主要分布于芙蓉山破火山口环状断裂内外侧4km以内。

**2. 主要控矿因素**

远景区内主要为早白垩世磨石山群火山碎屑岩类热储和燕山期花岗岩热储，芙蓉山破火山形成的环状断裂是重要的控矿构造，区域北东向、北西向断裂与火山构造交会位置有利于地下水的储存和运移。

**3. Ⅱ级地热成矿重点区**

该远景区地热地质勘查程度较低，确定地热成矿重点区1处，即$Ⅱ_{28}$石角地热成矿重点区：位于环状断裂与北西向、北东向区域断裂交会位置，萤石矿点密集。

## (十一)$Ⅱ_{29}$慈溪-杭州湾新区地热成矿重点区

**1. 区域地质概况**

宁波市、慈溪市和杭州湾新区一带的长河凹陷新生代沉积盆地位于江山-绍兴深大断裂带东南侧，为一叠加在晚白垩世断陷盆地之上的古近纪沉积凹陷。呈北东向展布，为一南东侧与陈蔡群变质岩呈断层接触，北西侧超覆于磨石山群火山岩之上的箕状凹陷。横切长河凹陷自东南向西北可分为东南断阶带、中部向斜带和西北斜坡带3个次级构造单元。除盆边的控盆断裂之外，还有少量北东东向和近东西向的断裂，皆为张性的正断层。

古近系长河组厚600～1700m，埋深700～1800m，自下而上划分为长一段—长四段4个岩性段。其中，长二段下部的"第一砂岩段"主要为河流相沉积，一般厚10～20m，最厚38m，最薄处仅0.5m，孔隙度6.25%～31.86%，平均22.96%；渗透率0.17～3777mD，平均420.16mD，导水系数4.2～8.4D·m，是良好的热储层。

#### 2. 地热异常点

长热1井，水温53.5℃，涌水量528m$^3$/d；慈热1井，水温58℃，涌水量453m$^3$/d，两者均以古近系长河组和白垩系砂砾岩层为主要热储。湿热1井，水温43℃，涌水量652.25m$^3$/d，热储包括古近系、白垩系砂岩和砂砾岩层状热储，以及白垩系凝灰岩带状热储。

#### 3. 主要控矿因素

该区域以层状热储为主，受古近系长河组分布范围限制，与砂岩层位纵向上、横向上变化均较大。在凹陷北部，古近系埋深较浅，可以考虑基底白垩系火山岩断裂构造型带状热储。

#### 4. 下一步工作建议

加强区域整装勘查工作，科学规划、合理开发、加强监督管理，保证资源的可持续开发利用。

### （十二）Ⅰ$_{23}$宁波盆地地热成矿远景区

#### 1. 区域地质概况

远景区内发育宁波盆地和丁家畈白垩纪断陷盆地。盆地形态主要受北东向断裂控制。

宁波盆地呈北东走向，盆地西北侧和东南侧边界皆为北东走向的正断层所限，断层面倾向盆地内侧。西南侧边界则部分为正常地层接触，部分为近东西向断裂所切。北东侧边界延伸至杭州湾内，物探资料显示也被近东西向断裂所截切。盆地内部的构造形态基本上是一个向斜，并被一些北西向、近南北向、北北西向的断层所切。在第四纪松散沉积之下，主要是上白垩统方岩组，其下为朝川组、馆头组。晚白垩世红层沉积厚度很大，盆地中心最厚处可以超过3000m。

丁家畈盆地位于宁波盆地西侧，盆内主要地层为下白垩统馆头组，在丁家畈附近有新近系嵊县组，盆西外围为早白垩世石英闪长岩侵入体，其余皆为上侏罗统高坞组及西山头组。区内有北东向、北北东向及东西向断裂展布。

#### 2. 地热异常点

阳明-1井，水温42℃，涌水量350m$^3$/d；西岙1井，水温41.5℃，涌水量252m$^3$/d；揭露热储均为早白垩世早期火山碎屑岩。

#### 3. 主要控矿因素

该远景区主要为早白垩世磨石山群火山碎屑岩类热储，北东向区域控盆断裂是主要的控矿构造，北西向断裂也值得关注。

#### 4. Ⅱ级地热成矿重点区

Ⅱ$_{30}$宁波西地热成矿重点区：宁波盆地西缘及丁家畈盆地东缘，北东向区域盆边断裂是主要的控矿构造，萤石矿（点）发育。

$Ⅱ_{31}$奉化-东钱湖地热成矿重点区：位于宁波盆地东南侧，盆地边缘北东向断裂是主要的控矿构造。

$Ⅱ_{32}$裘市-河姆渡地热成矿重点区：宁波盆地内，受两条北西向区域断裂控制，在半浦—邱隘一带形成北西向条带状的裘市地堑。在该区域内，孔浦39号井曾出现阵发性地热异常，最高水温65℃，宁参1井出现36.6℃的地温异常。宁波盆地内第四系之下安玄玢岩的分布也与该条带关系密切。综合分析各种资料认为，该地区具备形成地热资源的良好背景，但东南段位于盆地内，白垩纪红层厚度过大，寻找难度较大，西北段值得关注。

## （十三）$Ⅰ_{24}$宁海盆地地热成矿远景区

### 1. 区域地质概况

该远景区位于温州-镇海断裂带北东端，北东向构造行迹明显，东侧宁海盆地呈北北东向展布，为裂谷型盆地。盆内出露的地层为第四系，新近系嵊县组，下白垩统朝川组、馆头组。盆东出露的地层为下白垩统西山头组、茶湾组及祝村组；盆西出露的地层为新近系嵊县组及下白垩统西山头组。孝丰-三门湾北西向大断裂在区域北部穿过。

### 2. 地热异常点

圳3井位于宁海深圳一带，水温48℃，涌水量950$m^3$/d，异常点产自燕山期霏细斑岩中，主要受北东向区域断裂控制。

### 3. 主要控矿因素

火山岩类、花岗岩类为主要控热岩性，盆地边缘及外部隆起区北东向断裂是主要的控矿构造。

### 4. Ⅱ级地热成矿重点区

$Ⅱ_{33}$宁海深圳地热成矿重点区：白溪-深圳北北东向断裂是理想的储热构造。

## （十四）$Ⅰ_{25}$临海-宁溪地热成矿远景区

### 1. 区域地质概况

远景区内发育临海-宁溪白垩纪断陷盆地，呈南宽北窄、北北东向长条形，温镇断裂带控制了盆地的延展方向和边界，后期对盆地的改造作用也非常明显。盆地内出露第四系，下白垩统朝川组、馆头组和下白垩统西山头组及流纹斑岩。盆地外侧出露下白垩统茶湾组、西山头组及花岗岩类。

南侧隆起区发育望海港火山穹隆和北雁荡山破火山。

区内除北东向断裂外，北西向、近东西向断裂也较发育。

### 2. 地热异常点

望海港火山穹隆南侧边缘施工永嘉南陈1井，水温48.3℃，涌水量400$m^3$/d，热储为高坞组火山碎屑岩，受北西向断裂控制。

### 3. 主要控矿因素

火山岩类、花岗岩类为主要控热岩性，北东向盆边断裂及配套的北西向、近东西向断裂为主要控矿构造。

## 六、温州-定海亚区

### （一）$Ⅰ_{26}$象山地热成矿远景区

#### 1. 区域地质概况

该区沿海有第四系、下白垩统朝川组出露，其余大部分地区出露的地层为磨石山群西山头组、茶湾组及九里坪组，在象山、爵溪附近有花岗岩类岩体出露，在石浦、茶山附近有小型花岗岩体出露。

区内发育茶山破火山和涂茨破火山，环状断裂和放射状断裂发育。

#### 2. 地热异常点

象山爵溪东铭1井，水温52.5℃，涌水量400$m^3$/d，异常点产自燕山期花岗岩，受北东向、北北东向、北西向断裂控制。

#### 3. 主要控矿因素

火山岩类、花岗岩类为主要控热岩性，火山构造是区内主要的控矿构造。

### （二）$Ⅰ_{27}$永嘉-乐清地热成矿远景区

#### 1. 区域地质概况

该远景区内出露地层为磨石山群高坞组、西山头组中酸性火山碎屑岩和永康群馆头组、朝川组钙质粉碎屑岩类。区内侵入岩较为发育。

区域断裂构造发育。淳安-温州北西向和泰顺-黄岩北东向大断裂交会，断层测年显示活动性强，断裂规模较大。

远景区位于雁荡山火山机构北部边缘，火山构造发育，并受北西向和北东向两组断裂带控制。

#### 2. 地热异常点

永嘉南陈1井，水温48.3℃，涌水量400$m^3$/d，热储为火山岩类，位于半山火山穹隆南侧边缘，近东西向断裂构成火山穹隆边缘断裂，与北西向区域断裂复合控矿。

#### 3. 主要控矿因素

火山岩类、花岗岩类为主要控热岩性，北西向区域断裂是主要的控矿断裂，区域断裂与岩体、火山构造的复合部位是储热有利部位。

### （三）$Ⅰ_{28}$瑞安-文成地热成矿远景区

#### 1. 区域地质概况

远景区在泰顺-文成磨石山期大型破火山构造基础上，叠加形成多个火山构造洼地、破火山等早白垩世晚期火山构造，主要有：文成Ⅴ型火山构造洼地、泰顺火山构造洼地和双尖山（山门）破火山，均形成于早白垩世晚期（永康期），规模在500$km^2$以上；其次有石门破火山、大南破火山等火山构造，在各火山构造中尚有粗山穹隆、泰顺穹隆、火山通道等次级火山构造。在火山构造内部及周边发育潜火山岩。区内白垩纪侵入岩发育。

断裂构造极发育，受温州-淳安、松阳-平阳北西向大断裂控制，发育醒目的北西向构造，其次是北东向、北北东向，局部呈东西向、南北向。北西向断裂分布广泛，延伸较长，性质以张性为主；北东向断裂较发育，先压后张，后又转为压扭性；北北东向断裂广泛发育，部分北北东向断裂利用或改造先期形成的北东向断裂，控制了早白垩世盆地的发育和分布；东西向和南北向断裂出露较少。

火山穹隆周围分布着数十个大小不一的潜火山岩体，岩性为流纹岩、流纹斑岩，从其形态及展布方向来看，主要与北西向、北东向断裂带以及火山构造密切相关。

#### 2. 地热异常点

泰顺雅阳温泉，水温62℃，涌水量584m$^3$/d，围岩为花岗岩类，均受北西向断裂控制。

瑞安HL2井，水温52℃，涌水量1104m$^3$/d，热储为花岗岩类；青2井，水温29.5℃。两处地热异常均受北西向断裂控制。温瑞平原一带，曾有多处第四系水文地质钻孔出现水温异常。

#### 3. 主要控矿因素

火山岩类、花岗岩类为主要控热岩性，北西向区域断裂是主要的控矿断裂。三级火山构造边缘发育的北西向区域断裂应成为勘查的重点。

#### 4. Ⅱ级地热成矿重点区

Ⅱ$_{34}$瑞安地热成矿重点区：垟寮-下山根断裂源于青田县汤垟乡垟寮村一带，往南东经六科、陶峰镇、下山根等地，一直延伸至温瑞平原第四系地热异常集中的区域，是重要的控矿断裂。

Ⅱ$_{35}$青田地热成矿重点区：沿瓯江鹤溪-温州瞿溪北西向断裂，延伸长度40余千米，切割花岗岩体及其周围所有火山岩系地层，有游离$CO_2$异常，推测为重要的控矿断裂。

碳酸盐岩类热储是浙江重要的热储类型之一，浙西褶皱带内大面积分布下古生界碳酸盐岩热储，但本次工作针对浙西这套热储层圈定的远景区非常少，这是本次工作的一大不足。近些年在杭州闲林、杭州之江、常山城东、江山淤头盆地施工的地热井，均未能成功探得地热资源，有施工技术的问题，热储本身性质也是重要的因素，揭露碳酸盐岩岩芯均较完整或被方解石脉充填(前三者揭露下古生界碳酸盐岩，后者揭露上古生界碳酸盐岩)。总体而言，浙江省碳酸盐岩热储的岩溶发育程度差，特别是浙西褶皱带内的下古生界寒武系碳酸盐岩，泥质含量较高，多为条带状灰岩夹层，加之浙西地区复杂的地质构造条件，深部断裂构造形成的破碎空间情况复杂，赋水性、导水性及影响因素均需进一步研究。目前的工作程度不足以支撑远景区的划定工作。

嘉兴、湖州地区近些年开展的碳酸盐岩类勘查工作取得了不少进展，以上古生界碳酸盐岩为主(太湖南岸、桐乡凹陷)，也有下古生界碳酸盐岩热储揭露(王店)，说明了浙江省碳酸盐岩热储依然大有可为。浙江省碳酸盐岩热储对地热水的赋存，主要依靠断裂活动形成的破碎空间及沿断裂发育的溶蚀孔洞，因此寻找碳酸盐岩热储必须结合断裂构造。相较于火山岩、花岗岩等块状硬脆性岩类，碳酸盐岩热储赋水性质的影响因素更加复杂，需要更多的勘查和研究工作。

## 第三节 找矿建议

地热是高清洁度的绿色能源，合理开发地热资源对发展低碳经济、缓解经济社会发展和环境保护之间的矛盾具有重要意义。浙江省是地热资源小省，却是地热资源开发强省，地热的供需矛盾一直存在，而地热地质勘查基础工作程度低，地热勘查风险大，制约了浙江省地热资源产业的跨越式发展。

今后一段时间，一方面要围绕地热成矿远景区，积极寻找新的地热资源，提高地热勘查成果数量；同时也要提高地热地质研究质量，根据浙江实际，完成一批基础地热地质问题的研究工作。地热勘查要以市场为导向，立足地热成矿远景区，勘查重点是在硬脆性地层中寻找有利的导水导热构造，包括区域断裂构造、盆地构造、火山构造，甚至是褶皱构造。地热地质研究主要包括以下几个方面：

(1)在硬脆性岩类中寻找构造裂隙型带状热储，是浙江省接下来一段时间重要的勘查目标，也是最有希望取得突破的热储类型。新生代碎屑岩类孔隙型层状热储是浙江省风险相对较小的地热勘查类型，但分布过于局限，仅慈溪—杭州湾新区一带的长河凹陷内具有储热潜力。

(2)开展区域性大断裂对地热成矿的控制作用研究。区域性断裂切割深度大，地下水循环深度大，是重要的导热构造，同时浅部断裂构造、盆地构造、火山构造等主要控矿构造均受区域性大断裂控制。区域性大断裂的力学性质特征、演化历史、构造活动性对地热的赋存具有重要意义，以区域性断裂带为载体，综合研究同一断裂带控制的典型地热模式，更加有利于地热热储模式的总结完善及深入研究。开展区域性大断裂地热地质特征研究，对提高浙江省基础地热地质工作程度具有重要意义。目前，温镇断裂带地热资源成矿规律研究及远景预测项目已经完成，全面总结了研究区地热系统地质构造特征，系统地总结了研究区地热资源成矿规律，从控矿构造类型、空间规模、力学性质、活动性、水文地球化学、热液蚀变等多个方面对温镇断裂带不同区段对地热的控制特征进行分析研究，确定地热资源有利区，取得了较好的成果。下一步应继续推进该类工作，根据不同方向断裂带对地热的控制作用，在地热成果较多的地热带开展地热地质研究工作，随着地热成果的推进，逐步开展。

(3)加强对浙西碳酸盐岩类热储的研究。浙西碳酸盐岩热储分布面积大，但控热条件复杂，但从湍口盆地地热地质条件来看，也存在地热勘查潜力，加强对其成矿控制条件的研究，可能成为浙江省地热勘查的一个重要突破口。碳酸盐岩热储赋水主要受构造控制，中生代盆地内的基底埋藏型热储可以考虑盆边断裂及盆内大断裂，浙西褶皱带内碳酸盐岩热储则主要依靠区域性大断裂及次级断裂，因此该项工作可以结合浙西的区域性大断裂地热地质条件研究同时开展。

(4)加强对非碳酸盐岩热储中$CO_2$成因来源及运移规律的研究工作。研究表明，$CO_2$的来源主要有4个方面：①岩浆活动过程中，从岩浆中直接析出；②变质作用(构造蚀变)；③生物成因；④碳酸盐岩矿物的水解及化学反应。碳酸盐岩热储中的$CO_2$主要来自碳酸盐岩矿物的水解及化学反应，而非碳酸盐岩热储中$CO_2$很可能和变质作用关系密切。由于$CO_2$的溶解度随着温度的增高反而降低，因此$CO_2$通常由高温向低温运移，了解其来源及运移规律，对寻找高温地热资源具有重要意义。

(5)加强地热勘查技术方法研究，加强地矿技术业务建设。浙江省的地热勘查工作取得了长足的进步，但在核心技术上，如地球物理勘探、钻探施工、洗井、地质录井技术、地质物探解译、水文地球化学等方面仍存在不足，很多问题缺乏深入研究，这严重制约了浙江省的地热资源勘查工作。需建立对关键核心技术的支持机制，开展一批关键技术及新技术课题研究。加大对综合性研究课题的支持力度，培育一批综合性的地热地质勘查人才。

(6)坚持财政资金和商业性资金并举。财政资金主要用于基础性地热地质课题研究，鼓励商业性资金积极参与地热成矿远景区，特别是成矿预测区的地热勘查工作，开展地热成矿远景区预测及验证工作。“十三五”以来，商业性资金取得了浙江省一半以上的地热勘查突破，是公益性资金的重要补充，要降低准入门槛，加强事中和事后监管。

# 第八章　地热资源开发利用

地热资源是指能够为人类经济开发和利用的地热能、地热流体及其有用组分。地热资源开发利用可分为两类：第一类是将其作为一种绿色资源，利用地热流体及有用组分；第二类是将其作为一种可再生的绿色能源，利用其热量，取热不取水的开发利用方式。

我国地热资源的开发随着工程技术的发展经历了3个主要阶段：

第一阶段是以地热地质技术即地热地质勘探为主基础，以简单的直接利用地下热水资源为标志，如洗浴、理疗、生活热水的直接利用等。

第二阶段是以工程热物理技术为基础，即以换热器、热泵等地热利用设备的出现为标志的地下热能利用阶段。

第三阶段是以集约化功能技术为基础，是20世纪90年代后期发展起来的。它是面向工程对象，通过地上地下工程一体化设计，实现各种热资源、设备工艺参数整体优化组合，以达到整个开发利用系统功效最佳的现代化地热资源综合梯级利用阶段。

本书以我国地热开发利用的3个主要阶段为参考，总结浙江地热勘查开发的历史及现状，分析其中存在的问题，并结合浙江实际，提出未来浙江地热的开发利用方向及可持续开发的建议。

## 第一节　开发利用历史

截至目前，浙江省地热的开发历程可归纳为3个阶段：

第一阶段是史书记载的温泉治病的开发利用。1400年前，《水经注》中就有绍兴寒溪温泉的记载，唐朝时就用来治病；泰顺县史书记载，1468年以来，泰顺县开始利用氡泉沐浴治疗许多疾病；嵊州氟水、临安湍口等地的温泉也均有史志记载，但多疏略。

第二阶段主要从20世纪60年代起至21世纪初，随着浙江省地质工作的大规模开展，对地质调查过程中发现的热水的分布规律及成因的地热地质研究工作也开始起步，泰顺、宁海、湍口、武义等地热资源相继发现并被用于洗浴理疗。但该阶段地热资源的勘查及开发利用是被动的，主要以“就热找热”的勘查模式为主，开发利用的规模小。集中在泰顺、宁海、武义、临安湍口4地的温泉疗养的开发利用。

1973年浙江省水文地质工程地质大队在泰顺雅阳进行水文地质调查，检测出来泉水中含有氡的成分，始命名氡泉。1994年4月白求恩医科大学对氡泉水及其医疗作用进行专题考察；1997年被评为省级自然保护区；1999年被评为“温州四大王牌景区”之一；2001年5月被列为国家级浴用医疗矿泉水名单。目前，已建成氡泉宾馆、氡泉香溢假日酒店、梅林宾馆、玉龙山宾馆等旅游招待场所。

1959年宁海深甽镇发现36℃的温泉，次年建立水温47℃的热水井，并兴建省内第一个温泉疗养院，1964年郭沫若先生题词“天明山南溪温泉”。经过半个世纪的开发建设，已形成一系列设施配套、功能齐全、环境优美的综合性疗养山庄及温泉宾馆，成为浙江省地热开发利用的典范。

1971年9月,武义溪里萤石矿施工时发生突水,坑道涌水量达3404$m^3$/d,水温36℃,1972—1976年期间又曾两次突水,由此发现武义盆地蕴藏地热资源。1991年,浙江省水文地质工程地质大队针对塔山地热勘查区WR2钻孔下段热水开发建井,1995年10月由武义县温泉山庄开发温泉水作为室内沐浴使用,2004年5月改由武义唐风温泉度假村开采利用,建成了集露天浴坊、室内沐浴、宾馆和养生会所等为一体的旅游度假胜地。

1976年浙江省水文地质工程地质大队在临安湍口发现水温分别为31℃和28℃的东西两温泉,东泉称芦荻泉,据《昌化县志》记载"清泉仰视,严寒暖气熏蒸,叠叠上浮,环墩无积雪"。1976—1992年,浙江省水文地质工程地质大队及物化探勘查院相继对此进行勘查,共计9口勘探井打到地热水,水温29~34.5℃。其中温6井曾于1993—1995年作为饮用矿泉水正式开放利用,后由于碳酸钙沉淀问题停止开发,温2井曾作为渔业养殖后也停止开发。

第三阶段始于21世纪初直至现在。2000年以来,尤其是2010年以来,随着温泉休闲产业对地热资源需求的提升以及地热勘查工作的不断突破,浙江省地热资源开发利用工作取得了长足的进步。

武义是浙江省地热资源开发利用较早,规模较大的地区,是萤石矿老矿区实现经济转型的典范,现建成清水湾沁温泉度假山庄、唐风温泉度假村等集露天浴坊、室内沐浴、宾馆和养生会所等于一体的旅游度假胜地。2012年,被国土资源部命名为"中国温泉之城"。

嘉兴从2000年开始进行地热资源勘查工作,目前已取得8处地热勘查成果,运河农场运热1井水温64℃,水量2000$m^3$/d(降深30m),为浙江省温度最高、水量最大的地热资源,现已开发为清池温泉,是集温泉养生、餐饮美食、会议度假、休闲娱乐于一体的综合性养生休闲度假区。嘉热2井也已开发为云澜湾温泉国际度假酒店,为综合性养生休闲度假区。

湖州在2000年以来,围绕太湖南岸地热区,取得6处地热勘查成果,2011年WQ08井建成雷迪森天沐温泉,2014年WQ05井开发建成南太湖温泉水世界项目,是目前中国最大的度假型温泉水疗中心。

另外,在嵊州崇仁、遂昌红星坪、金华磐安、建德寿昌、宁波余姚、象山、杭州千岛湖等地也相继开发建成综合性温泉度假酒店、温泉小镇等。

## 第二节　开发利用现状

### 一、开发利用概况

#### 1. 开发利用方式

从浙江省地热的开发利用历程可见,浙江省的中深部水热型地热资源开发主要是以利用地下热水资源的温泉开发为主,尚未涉及发电和热能等的开发利用,利用方式较为单一,这和现阶段浙江的市场需求、资源特色密切相关。地热资源的综合开发利用是后期浙江地热资源开发的方向和潜力所在。

"十二五"以来,以发展休闲旅游为导向,浙江省地热资源的开发利用以理疗、洗浴为主,酒店、宾馆和企事业单位等开发单位建立相应的温泉山庄和度假村,带动浙江省旅游产业的蓬勃发展。

目前已开发的26处地热井(泉)点主要分布在宁海深甽、泰顺雅阳、武义溪里和塔山、遂昌湖山、湖州太湖南岸、临安湍口、嘉善惠民等地(图8-1)。

根据浙江省自然资源厅公布的采矿权人信息统计,截至2020年6月,浙江省共有19家地热水(温泉)采矿权人(表8-1),批准的年允许开采量390.435×$10^4$ $m^3$,年允许开采热量4.34×$10^{11}$ kJ,折合标准煤1.47×$10^4$ t。

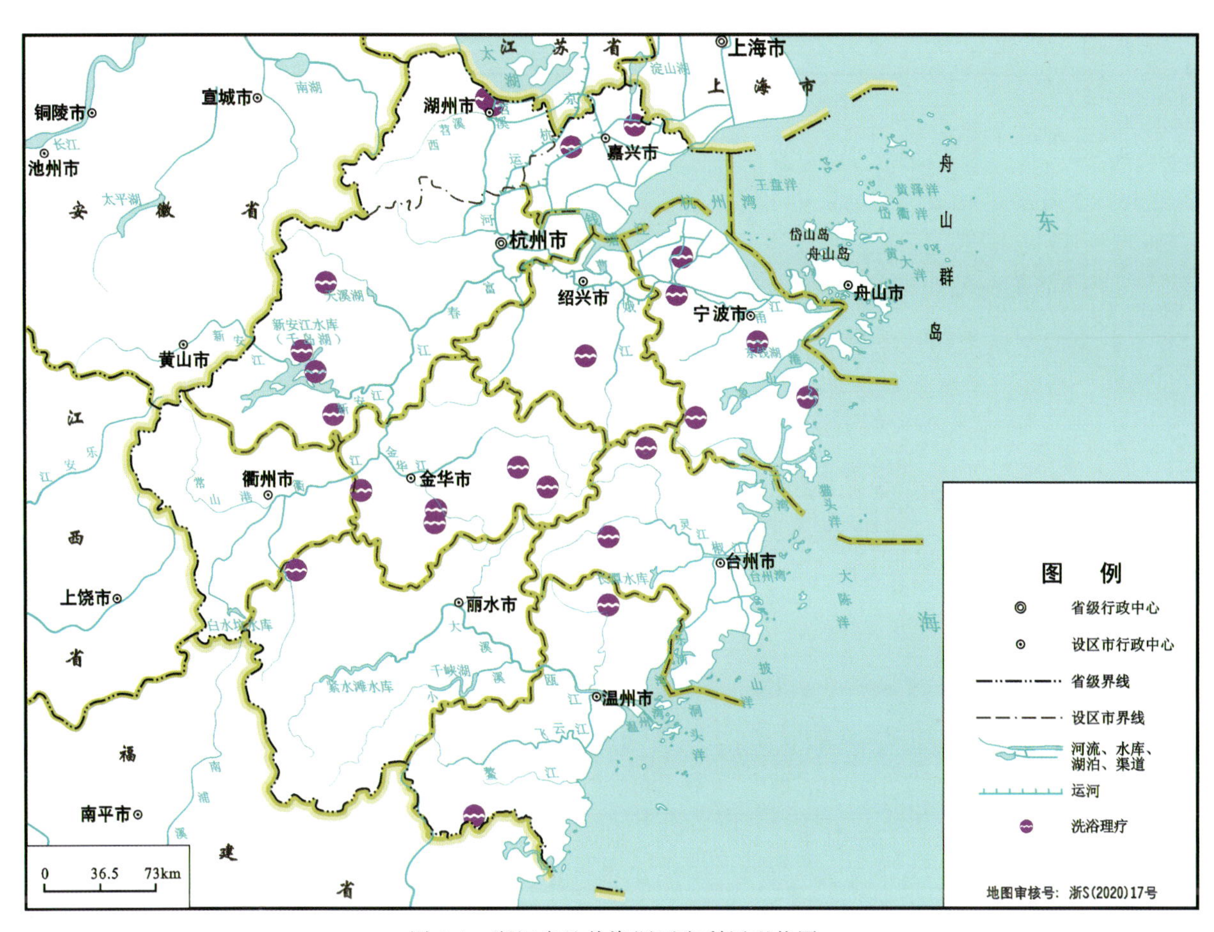


图 8-1　浙江省地热资源开发利用现状图

**表 8-1　井(泉)分布及开发利用现状**

| 地级市 | 县(市、区) | 井号 | 水温/℃ | 涌水量/$m^3 \cdot d^{-1}$ | 开发利用现状 |
|---|---|---|---|---|---|
| 杭州 | 临安区 | 临安湍口 201 井 | 28 | 346 | 已开发利用，洗浴理疗 |
| | | 湍口温 6 井 | 30 | 1416 | 尚未开发利用 |
| | | 昌化九龙湖 ZK1 井 | 30.6 | 430 | 尚未开发利用 |
| | 淳安县 | 千岛湖 ZK1 | 47.6 | 430 | 已开发利用，洗浴理疗 |
| | | 龙涧 1 井 | 37 | 403 | 已开发利用，洗浴理疗 |
| | 建德市 | 寿 2 井 | 27.8 | 239 | 已开发利用，洗浴理疗 |
| | | 寿 5 井 | 39 | 840 | 已开发利用，洗浴理疗 |
| | 桐庐县 | 桐庐阆里村 DR1 井 | 34.2 | 968.4 | 尚未开发利用 |
| | 富阳区 | 坑西 KX1 井 | 47 | 578.53 | 尚未开发利用 |

**续表 8-1**

| 地级市 | 县(市、区) | 井号 | 水温/℃ | 涌水量/$m^3 \cdot d^{-1}$ | 开发利用现状 |
|---|---|---|---|---|---|
| 湖州 | 吴兴区 | 湖州 WQ01 井 | 31 | 1 191.7 | 尚未开发利用 |
| | | WQ08 井 | 30 | 1 054.08 | 已开发利用,洗浴理疗 |
| | | WQ05 井 | 25.5 | 1 210.64 | 已开发利用,洗浴理疗 |
| | | DR12 井 | 45 | 720.2 | 尚未开发利用 |
| | | WQ09 井 | 44.8 | 401.9 | 尚未开发利用 |
| | | WQ10 井 | 63 | 1348 | 尚未开发利用 |
| | 南浔区 | 倪家湾 ZR2 井 | 46 | 403 | 已开发利用,洗浴理疗 |
| 嘉兴 | 嘉善县 | 嘉热 2 井 | 45～45.6 | 330 | 已开发利用,洗浴理疗 |
| | | 善热 3 井 | 41.5 | 340 | 尚未开发利用 |
| | | 嘉热 4 井 | 42 | 320 | 尚未开发利用 |
| | 秀洲区 | 运热 1 井 | 64 | 2000 | 已开发利用,洗浴理疗 |
| | | 运热 2 井 | 52 | 302.17 | 尚未开发利用 |
| | | 王店 WR1 井 | 39.1～39.6 | 371 | 尚未开发利用 |
| | | 新热 2 井 | 34.4 | 500 | 尚未开发利用 |
| | 南湖区 | 湘家荡 1 井 | 40 | 125 | 尚未开发利用 |
| 绍兴 | 嵊州市 | 嵊州 DR8 井 | 29 | 480 | 已开发利用,洗浴理疗 |
| | | 嵊州 DR10 井 | 33.5 | 187 | 尚未开发利用 |
| | 新昌县 | 新昌 QX-1 井 | 40 | 资料待查 | 尚未开发利用 |
| 宁波 | 宁海县 | 宁海甽 3 井 | 43.5～47 | 950 | 已开发利用,洗浴理疗 |
| | 象山县 | 象山爵溪东铭 1 井 | 50.4～58.1 | 562.25 | 已开发利用,洗浴理疗 |
| | 慈溪市 | 长热 1 井 | 53.5 | 528 | 尚未开发利用 |
| | | 湿热 1 井 | 43 | 652.25 | 尚未开发利用 |
| 宁波 | 慈溪市 | 慈热 1 井 | 58 | 453 | 尚未开发利用 |
| | | 白金汉爵 CRT1 井 | 31 | 251.6 | 已开发利用,泳池 |
| | 余姚市 | 余姚陆埠阳明-1 井 | 34～36 | 350 | 已开发利用,洗浴理疗 |
| | 鄞州区 | 西岙 1 井 | 30.2 | 252 | 已开发利用,洗浴理疗 |
| 舟山 | 岱山县 | 秀山 XRT4 井 | 27～28 | 80 | 尚未开发利用 |
| 台州 | 仙居县 | 仙居大战 DR1 井 | 33.5 | 500 | 已开发利用,洗浴理疗 |
| | 天台县 | 天台 | 39 | 300 | 已开发利用,洗浴理疗 |

续表 8-1

| 地级市 | 县(市、区) | 井号 | 水温/℃ | 涌水量/$m^3 \cdot d^{-1}$ | 开发利用现状 |
| --- | --- | --- | --- | --- | --- |
| 金华 | 东阳市 | 东阳横店忠信堂 DR1 井 | 27.3～28.5 | 321.69 | 已开发利用,洗浴理疗 |
| | 婺城区 | TXRT2 井 | 45.1～45.3 | 1016 | 已开发利用,洗浴理疗 |
| | 武义县 | 溪里 DR2 井(A) | 33 | 2100 | 已开发利用,洗浴理疗 |
| | | 溪里 DR2 井(B) | 41 | 2300 | 已开发利用,洗浴理疗 |
| | | 唐风 WR2 井 | 32～33 | 450 | 已开发利用,洗浴理疗 |
| | | 牛头山 ZK1 井 | 27.5～31.3 | 542 | 尚未开发利用 |
| | 磐安县 | 磐安 PR1 井 | 31.2～33.5 | 300 | 已开发利用,洗浴理疗 |
| 温州 | 永嘉县 | 永嘉南陈 1 井 | 48.3 | 400 | 已开发利用,洗浴理疗 |
| | 瑞安市 | 瑞安 HL2 井 | 52 | 1104 | 尚未开发利用 |
| | 泰顺县 | 泰顺雅阳 | 62 | 518 | 已开发利用,洗浴理疗 |
| 衢州 | 龙游县 | 龙游 LR1 井 | 41 | 968.42 | 尚未开发利用 |
| 丽水 | 遂昌县 | 香炉岗 DR2 井 | 40 | 1054 | 尚未开发利用 |
| | | 红星坪 | 37～39 | 412 | 已开发利用,洗浴理疗 |
| | 龙泉县 | 龙泉 LQBD1 井 | 35 | 1000 | 尚未开发利用 |

根据实际调查,截止到 2020 年 6 月,浙江省已有超过 31 家单位利用地热资源开发温泉洗浴中心、度假山庄或酒店等,每年实际用于洗浴疗养的地热流体超过 $200\times10^4 m^3$,年均接待约 1208 万人次,产生直接效益约 3.6 亿元人民币,而与温泉洗浴相关或配套产业的经济效益更是不可估量。

## 2. 开发利用程度

浙江省各县市地热资源分布存在较大差异,地级市中,杭州、嘉兴、湖州、宁波、金华地区地热井分布相对较多,地热井数量占全省的 73%,其他地区地热井相对较少,地热井的开发利用也主要集中在杭州、嘉兴、湖州、宁波、金华等地区(图 8-2)。

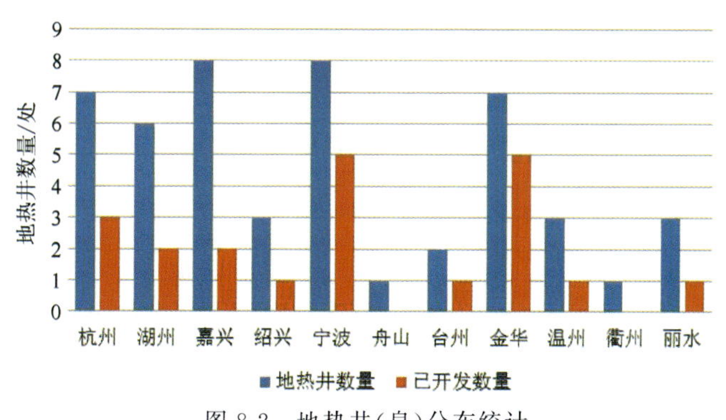


图 8-2　地热井(泉)分布统计

截止到 2020 年 6 月,浙江省已开发利用的地热资源 26 处(表 8-2),占已有地热资源数量的 56%,开发利用程度相对较低。地级市中,宁波、金华的开发利用程度高,已开发利用地热井均超过总量的

表 8-2 地热采矿权统计表

| 编号 | 地级市 | 许可证号 | 矿山名称 | 采矿权人 | 矿区面积 /$km^2$ | 有效期 | 生产规模 /$\times 10^4 m^3 \cdot a^{-1}$ | 温泉资源分级 | | 温泉(井)开发利用企业 |
|---|---|---|---|---|---|---|---|---|---|---|
| | | | | | | | | 温度/℃ | 达标组分含量/$mg \cdot L^{-1}$ | |
| 1 | 杭州 | C330000201410 1110135966 | 临安市湍口镇湍口村201号井地热矿 | 临安市湍口新宋都供水有限公司 | 0.450 3 | 2014-10-23至2024-10-23 | 8.65 | 26.4～26.8 | 氟 8.10～13.00 | 临安市湍口新宋都供水有限公司 |
| 2 | 杭州 | C330000201512 1110140834 | 建德市寿昌镇桂花村2号、5号井地热矿 | 建德市新安旅游投资有限公司 | 0.996 0 | 2015-12-18至2045-12-18 | 24.22 | 27.0～27.8 | 硫化氢 3.54～10.74 | 杭州建德国有资产经营有限公司(新安江玉温泉度假村) |
| | | | | | | | | 38.7～40.1 | 氟 6.52～11.62 | |
| 3 | 杭州 | C330000202005 1110149849 | 杭州华联千岛湖创业有限公司进贤湾旅游度假区亚山区块ZK1井地热矿 | 杭州华联千岛湖创业有限公司 | 0.134 4 | 2020-05-14至2040-05-14 | 10.75 | 45.5 | 总硫化氢 2.72～5.71<br>钡 25.00～36.20<br>氟 4.89～7.10 | 杭州华联千岛湖进贤湾温泉度假区 |
| 4 | 杭州 | C330000201909 1110148555 | 杭州千岛湖龙涧旅游开发有限公司龙涧1号井地热矿 | 杭州千岛湖龙涧旅游开发有限公司 | 0.132 5 | 2019-09-09至2039-09-09 | 10.50 | 37.0 | 氟 4.75～5.51 | 千岛湖伯瑞特温泉度假酒店 |
| 5 | 宁波 | C33000020170 11110143705 | 浙江省余姚市陆埠镇南雷村阳明温泉山庄地热矿 | 余姚阳明温泉山庄实业有限公司 | 0.444 0 | 2017-1-13至2027-1-13 | 10.50 | 34.0～36.0 | 氟 9.05～14.80 | 余姚市阳明山庄实业有限公司 |
| 6 | 宁波 | C330000201112 1110122014 | 宁海县深甽镇宁海森林温泉甽3井 | 宁海南溪温泉投资开发有限公司 | 0.008 2 | 2011-12-30至2041-12-30 | 21.03 | 46.0～47.5 | 偏硅酸 54.00～61.00<br>氟 8.60～13.00 | 宁波南苑温泉山庄有限公司 |
| | | | | | | | | | | 宁海天明山温泉大酒店有限公司 |
| | | | | | | | | | | 宁海森林温泉度假村有限公司 |
| 7 | 宁波 | C330000201708 1110144899 | 象山县东海铭城地热矿 | 宁波三立置业有限公司 | 0.750 0 | 2018-09-11至2038-09-11 | 10.00 | 50.4～58.1 | 氟 13.00 | 象山源之圆温泉 |

**续表 8-2**

| 编号 | 地级市 | 许可证号 | 矿山名称 | 采矿权人 | 矿区面积/$km^2$ | 有效期 | 生产规模/$\times 10^4 m^3 \cdot a^{-1}$ | 温泉资源分级 | | 温泉(井)开发利用企业 |
|---|---|---|---|---|---|---|---|---|---|---|
| | | | | | | | | 温度/℃ | 达标组分含量/$mg \cdot L^{-1}$ | |
| 8 | 嘉兴 | C330000201508 1110139325 | 嘉兴市秀洲区新塍镇运河农场运热1号井地热矿 | 嘉兴市高等级公路投资有限公司 | 0.396 2 | 2015-8-10至2045-8-10 | 50.00 | 62.5～64.3 | 氟 4.70～8.49 | 清池温泉度假村 |
| 9 | 嘉兴 | C330000201405 1130134518 | 嘉善县大云镇曹家村嘉热2号地热井 | 浙江云澜湾旅游发展有限公司 | 0.156 8 | 2014-8-22至2021-7-6 | 12.05 | 45.0～45.6 | 偏硅酸 50.40～54.50 | 浙江云澜湾旅旅游发展有限公司(云澜湾温泉国际) |
| 10 | 温州 | C330000201003 8110058128 | 泰顺县承天氡泉地热水矿 | 泰顺县承天氡泉省级自然保护区管理处 | 4.912 8 | 2016-01-14至2036-01-14 | 18.00 | 45.0～51.0 | 偏硅酸 74.20～106.00<br>氟 55.50～73.90Bq/L | 泰顺县玉龙山氡泉旅游开发有限公司<br>温州大峡谷温泉度假村<br>温州承天大酒店<br>温州莲云谷酒店管理有限公司 |
| 11 | 温州 | C330000201911 1110149003 | 浙江省永嘉县鹤盛镇南陈村南热1号井地热矿 | 永嘉县楠溪江南陈观光农业有限公司 | 0.465 4 | 2019-11-29至2039-11-29 | 10.00 | 48.3 | 氟 4.96～6.24mg/L | 永嘉南陈温泉小镇 |
| 12 | 绍兴 | C330000201312 1110132582 | 绍兴中翔旅游投资有限公司嵊州崇仁DR8号地热井 | 绍兴中翔旅游投资有限公司 | 0.809 2 | 2013-12-30至2033-12-30 | 17.52 | 28.5～29.5 | 偏硅酸 51.60～80.00<br>氟 4.40～5.90 | 绍兴中翔旅游投资有限公司(绍兴温泉中心) |
| 13 | 金华 | C330000201310 1110131758 | 金华市婺城区汤溪镇TXRT2井地热矿 | 浙江九峰温泉开发有限公司 | 0.421 8 | 2013-10-23至2043-10-23 | 36.58 | 45.1～45.3 | 偏硅酸 28.70～31.830<br>氟 15.90～18.30 | 浙江九峰温泉开发有限公司 |
| 14 | 金华 | C330000200811 1110001407 | 武义唐风温泉度假村有限公司 | 武义唐风温泉度假村有限公司 | 0.303 0 | 2016-11-26至2034-03-28 | 16.40 | 32.0 | 偏硅酸 60.40～68.60<br>氟 3.07～6.00 | 唐风温泉度假村 |

**续表 8-2**

| 编号 | 地级市 | 许可证号 | 矿山名称 | 采矿权人 | 矿区面积/$km^2$ | 有效期 | 生产规模/$\times10^4 m^3 \cdot a^{-1}$ | 温泉资源分级 | | 温泉(井)开发利用企业 |
|---|---|---|---|---|---|---|---|---|---|---|
| | | | | | | | | 温度/℃ | 达标组分含量/$mg \cdot L^{-1}$ | |
| 15 | 金华 | C330000201003 1110059315 | 武义溪里热水矿 | 浙江省武义温泉旅游开发有限公司 | 2.228 1 | 2010-3-26至2030-3-26 | 100.70 | 35.4～42.7 | 偏硅酸 55.80～72.80<br>氟 10.00～23.00 | 清水湾沁温泉度假山庄 |
| 16 | 金华 | C330000201612 1110143450 | 浙江省东阳市横店镇忠信堂地热矿 | 浙江省东阳市矿业有限责任公司 | 0.300 0 | 2016-12-09至2036-12-09 | 8.04 | 27.3～28.5 | 氟 5.10～5.66 | 横店影视花木山庄温泉度假区 |
| 17 | 丽水 | C330000200906 6130025091 | 遂昌县湖山莹石矿 | 遂昌县湖山莹石矿 | 0.342 2 | 2014-12-29至2020-6-30 | 10.50 | 37.0～39.0 | 氟 3.30～5.00 | 红星坪温泉度假村有限公司 |
| 18 | 台州 | C330000201601 1110141586 | 浙江省仙居县大战乡下应DR1井地热矿 | 仙居县神仙温泉旅游开发有限公司 | 0.425 0 | 2016-01-22至2036-01-22 | 15.00 | 33.2～33.5 | 氟 16.60～18.00 | 神仙湾仙汤温泉旅游开发有限公司 |
| 19 | 湖州 | C330000202004 1110149647 | 浙江省湖州市南浔区倪家湾ZR2井地热矿 | 湖州世友生态农业发展有限公司 | 0.760 4 | 2020-04-15至2030-04-15 | 10.08 | 46.0 | 氟 2.02～4.12 | 湖州世友生态温泉度假村 |

50%，金华达到71%，宁波为63%；杭州、湖州、嘉兴地热资源较为丰富，但已开发利用地热资源均不足50%。

根据系统的地热资源调查与区划研究，浙江省地热流体的实际开采利用比重平均为49.56%，已开采的地热井，大部分地热流体开采系数不足50%。整体开发利用程度较低。

### 3. 开发中的地质环境保护措施

地热资源开发利用最可能存在的地质环境问题是尾水排放，对于不能直接排放的地热流体，目前浙江省内开发利用企业多将废水降温，经稀释后，排入城市污水管网。

对于地热流体开采可能引起的地面沉降问题，目前嘉兴、宁波杭州湾新区等地开发利用程度均较低，最重要的是需建立统一的监测网络，加强监管，合理开发利用，该项工作亟待推进。

## 二、武义“中国温泉之城”

武义县地处浙江省中部，是革命老区县、少数民族聚居地区，全县总面积1577km$^2$，呈“八山半水分半田”的地理格局。武义素有“萤石之乡”的美誉，县域内分布萤石矿点上百个，开采的大型萤石矿数十个，萤石产业一度成为武义县经济发展的支柱产业。武义温泉作为萤石的衍生资源，在1971年9月溪里萤石矿施工时的一次突水淹矿事故中被发现。根据《浙江省武义县北部地区地热资源调查评价报告》，并经浙江省新始矿产资源储量评审咨询有限公司评审，浙江省国土资源厅备案，武义县北部地区地热资源可开采量24 150m$^3$/d，其中控制的可采水量6303m$^3$/d，探明的可采水量5350m$^3$/d。温泉的涌现，提升了武义县发展旅游的动力和信心，武义县高度重视温泉资源的严格保护和开发利用，注重温泉品牌、文化的挖掘和培育，大力发展以温泉养生为龙头的养生旅游，逐步建立了“温泉名城、养生武义”的城市品牌形象。2012年，武义成为浙江省首个“中国温泉之城”。

### 1. 武义溪里温泉

武义溪里温泉位于浙江武义温泉旅游度假区内，距武义县城5km，金丽温铁路、金丽温高速公路及44省道公路通过武义县城、交通方便。

依托温泉资源建成的清水湾沁温泉度假山庄三面环山，按三星级旅游涉外饭店标准建造。度假村拥有两个网球场、一个篮球场、一个垂钓中心和烧烤场，经过近十年时间的开发和不断完善，现已成为集度假、观光、养生等多功能于一体的休闲度假中心（图8-3）。

图8-3　武义清水湾沁温泉

以清水湾沁温泉度假山庄为核心的武义温泉旅游度假区，于1997年建成，建设面积8.5km$^2$，是省级温泉旅游度假区，重点开发温泉度假、商务休闲和康体养生相结合的旅游产品，打造“温泉度假＋理疗康复＋康体养生”的聚落空间。

**2. 武义唐风温泉**

武义唐风温泉位于武义县城北部的壶山省级森林公园内，金丽温铁路、金丽温高速公路及44省道公路通过武义县城，交通方便。

温泉度假村始建于1995年，占地100余亩，为以露天温泉为主导产品的三星级度假村(图8-4)。度假村以唐朝文化为底蕴，融合插花、茶道等休闲养生文化，主导产品大唐风吕露天温泉共有大小浴池26个。度假村还拥有中日式客房近80余间，中餐贵宾房10余间，另有多功能厅2处，可同时容纳450人用餐和200人开会，温泉区还配套有日式按摩房、香薰屋、棋牌室、足浴房、乒乓球室、体检理疗室、健身房、商务中心、特色购物商场等。

图8-4　武义唐风温泉

## 三、地热与休闲旅游产业

地热是宝贵的休闲旅游资源。近年来，随着浙江省度假休闲旅游产业的发展，很多项目都与温泉有关，项目借助温泉理念，外延温泉文化内涵，打造温泉品牌，引领了温泉休闲服务新时尚。地热发展产业发展的同时，带动了旅游、休闲、观光等服务业的发展。截至2020年6月，全省取得采矿许可证的地热井19处，开发利用企业30余家，均开展温泉娱乐旅游项目，创造了许多特色温泉，形式各异，环境优雅。

**1. 宁海森林温泉**

宁海森林温泉位于宁波市宁海县深甽镇南溪，甬台温高速公路及梅林—新昌公路横穿勘查区，交通方便。

宁海森林温泉始建于1960年，是省内第一个温泉疗养院，一代国画大师潘天寿和文坛泰斗郭沫若都曾留下过墨宝真迹。2013年建成宁海森林温泉旅游度假区，为省级旅游度假区。度假区面积36.01km²，度假区内群峰环绕，峡谷幽长，有三潭九瀑十八溪七十二峰，是国家AAAA级森林公园，近万亩阔叶乔木，遮天蔽日，形成天然的超级“大氧谷”(图8-5)。夏季温度比杭州、宁波低3～5℃，是避暑胜地。

目前建有宁海南苑温泉山庄和宁海温泉大酒店，一个集休闲、度假、理疗、娱乐、观光于一体的旅游度假胜地，被誉为“华东第一森林温泉”。

图 8-5 宁海森林温泉

### 2. 泰顺氡泉

泰顺承天温泉位于泰顺县雅阳镇东南承天村，距温州 101km，距泰顺县城 58km，距同三高速公路分水关口 24km，交通比较便利。

20 世纪 70 年代即启动承天温泉度假区建设，1997 年被评为省级自然保护区，1999 年被评为温州四大王牌景区之一。2014 年，与泰顺廊桥一起被评选为泰顺廊桥一氡泉旅游度假区，为省级旅游度假区(图 8-6)。

图 8-6 泰顺氡泉

度假区内空气清新、气候宜人、环境优美、幽静，以高温氡泉、峡谷瀑布风光、畲族民俗风情为特色，具有氡泉疗养、风光灵丽、空气新鲜、环境优越、民俗民风纯厚等特点。建成温州氡泉承天大酒店、莲云谷温泉酒店、玉龙山温泉酒店、温州大峡谷温泉度假村等，日接待能力可达 10 000 多人次。区内设有特色温泉、精粹 SPA、按摩擦修、山顶复式温泉度假套房、户外餐饮区、中西餐厅、会议室、书吧、茶道、酒吧、卡拉 OK、棋牌室、水果吧、3D 电影院、艺术公社、商业街等项目。

### 3. 湍口众安氡温泉

湍口温泉古称“芦荻泉”，位于杭州市临安区湍口镇湍口村，俗称芦荻墩。距城区 76km，距杭 129km，之间有公路相连，交通便利。

2008 年杭州众安温泉浴场有限公司、杭州二轻房产开发有限公司等单位与湍口镇政府一起启动了湍口温泉小镇的开发，杭州临安湍口众安氡温泉度假酒店是湍口温泉小镇的一期项目，酒店占地 220 亩，建筑面积达 7 万 $m^2$。度假区按照主要功能分为温泉别墅区、会所山庄、温泉酒店客房、温泉中心(含露天洗浴区)以及体检康复中心五大温泉功能区。草顶的温泉中心、灰顶的酒店会所别墅等均采用了原汁原味的巴厘岛建筑风格(图 8-7)。

图 8-7　湍口众安氡温泉

**4. 新安江玉温泉**

新安江玉温泉位于杭州建德寿昌镇，距建德市 20km，铁路金千线、杭新景高速公路和 330 国道、320 国道均在寿昌镇内通过，交通便利。

温泉度假村建于 2015 年，是一处集养生温泉、南宋御街、西部风情小镇、森林温泉度假酒店及盐蒸房、汗蒸房、冰蒸房、SPA、网球场等一站式特色休闲、运动、理疗配套的休闲中心。温泉中心共 70 余个室内外特色泡池，其中 47 个室外泡池，29 个 VIP 包厢，日接待游客量可达 3000 人次以上。度假酒店一共有 85 间客房，楼体保持了东欧建筑风貌，内部装饰欧式风情浓郁，尽显厚重的东欧文化(图 8-8)。

图 8-8　新安江玉温泉

2017 年，随着建德航空小镇项目建设，新安江玉温泉改名为建德航空小镇温泉。

**5. 余姚阳明温泉**

余姚阳明温泉山庄位于浙江省宁波余姚市陆埠镇南雷村，地处华安山腹地，距沪杭甬高速 5km，距宁波 30km，距杭州萧山国际机场、宁波机场不到 1h 车程，距上海 2.5h 车程，交通十分便捷。

2017 年，余姚阳明温泉山庄建立，以余姚四大先贤之一的明代心学大师王阳明为代表的“明”文化主题温泉酒店，整体建筑呈现明清风格，设计典雅清奇，自然中彰显奢华(图 8-9)。温泉山庄充分挖掘温泉资源，按豪华五星级标准建成了温泉度假酒店，总建筑面积 6.8 万 $m^2$，其建筑群由酒店主楼、别墅、健诊中心、室内外温泉区等区域组成，集温泉度假、商务会议、高端宴席三大主题于一体。以中国本土明清文化为依托，阳明温泉山庄融入国际化管理和时尚元素，形成了以“自然温泉养生”和精品 SPA 理疗精华，露天 VIP 私汤相结合、内外兼修的温泉养生文化。

图 8-9　余姚阳明温泉

**6. 象山源之圆温泉**

象山源之圆温泉位于宁波市象山县东部沿海中段偏北的爵溪街道，紧邻松兰山大岙沙滩，距宁波城区直线距离 55km，车程约 1h，交通便捷。

象山源之圆温泉馆建于 2018 年，所处的象山松兰山海滨旅游度假区，依山环海，空气清新，负氧离子含量高达每立方厘米 14 700 个，素有“东方不老岛、海山仙子国”和“天然氧吧”之美誉。温泉馆建于沙滩边上，山海相映美不胜收，其独有的广阔专属沙滩，更能让您近距离领略碧海蓝天的美轮美奂（图 8-10）。温泉馆分为室内及室外温泉，有壶汤、卧汤、按摩池等 10 种不同功效的泡池，有 10 种不同功效的泡池，室内还配备了蒸气房、桑拿房、SPA、棋牌室、游戏室和儿童活动室更是孩子们的天堂。

图 8-10　象山源之圆温泉

**7. 清池温泉**

清池温泉位于嘉兴市高照乡北吁埭村，距市区 12km，毗邻乌镇、南湖两大风景名胜区，交通方便。

清池温泉占地面积约 40 000m$^2$，集温泉养生、泰顺 SPA、餐饮美食、会议度假、休闲娱乐于一体。核心温泉区以现代园林风格建筑为主体，温泉汤池分为翡翠森林区、动感水疗区、VIP 多功能汤院区、中式禅风区四大特色温泉区。共设 30 多个特色功能汤池，温泉池置身于翠竹庭院之中，环境优雅，景色宜人，各种养生药浴、石板浴、矿砂浴、汗蒸浴等温泉项目坐落其间（图 8-11）。

**8. 云澜湾温泉**

云澜湾温泉位于杭嘉湖平原东部的嘉善县大云镇，紧邻沪杭高铁嘉善南站和沪杭高速大云出口，为上海进入浙江的第一门户，交通便利。

云澜湾温泉景区是大云温泉生态旅游区核心项目，一期占地面积 354 余亩，总建筑面积约 27 万 m$^2$，拥有艺术主题公园、国际顶级五星级酒店、温泉风情商业街、运动休闲公园、原汤别墅和 Loft

图 8-11　清池温泉

养生公寓酒店等六大特色系列产品，是集温泉养生、餐饮美食、会议度假、休闲娱乐于一体的综合性养生休闲度假区（图 8-12）。通过把世界温泉文化与当地文化内涵和水乡特色等相结合，力求打造集艺术温泉中心、德式温泉水疗馆、园林温泉区、动感温泉区等多形态的“四季全天候运营”的温泉艺术主题公园。

图 8-12　云澜湾温泉

### 9. 中翔绍兴温泉城

中翔绍兴温泉位于浙江省嵊州市崇仁镇西北部的会稽山丘陵地带，紧邻赋水水库矿区，据嵊州市中心 13km，常台高速在东侧通过，交通便利。

温泉的开发起始于 2008 年，2010 年建设成为浙江省嵊州温泉旅游度假区，为省级旅游度假区。度假区总面积 20km$^2$，包括了五星级酒店、极品温泉浴场、AAAAA 级风景旅游区、山地高尔夫温泉生态公园和温泉度假小镇等，是以温泉休闲、商务会务为主，属于集高档休闲度假、观光游乐于一体的温泉主题大型山水休闲旅游度假区（图 8-13）。

图 8-13　中翔绍兴温泉城

### 10. 九峰温泉

九峰温泉位于金华市西部，距金华城区 25km，行政上属金华市婺城区，交通便利。

2012 年建成浙江九峰温泉，邻近九峰山风景区，井位处风景优美，森林覆盖良好，冬暖夏凉，是极理想的疗养度假胜地。

温泉馆占地总面积为 12 亩，共拥有 21 个室内外特色泡池、6 个带有独立泡池的 VIP 包间，还建有温泉养生馆、熏蒸房、多功能会议室、温泉故事特色餐厅和休息厅等。2012 年 8 月，金华市批复设立的浙江九峰生态温泉养生城项目，规划总面积约 900 亩，总投资约 28 亿，是一个依托区域内较为稀缺的温泉资源精心打造，以温泉水疗为引擎，婺州文化为灵魂，度假物业为保障，休闲会都为目标的国际化高档温泉养生综合体(图 8-14)。

图 8-14　金华九峰温泉

### 11. 横店梦泉谷温泉

横店梦泉谷酒店位于横店镇南，紧邻横店影视城和诸永高速横店出口，交通便利。

横店梦泉谷温泉度假区位于国家级影视产业实验区、国家 AAAA 级旅游区横店影视城内，横店登龙山脚下，秦王宫旁，被八面山影视健身休闲区、森林生态游乐区及影视拍摄基地景区环绕。梦泉谷整体项目分两期完成，已开放的一期项目属温泉与景区功能板块，主要在“泡”和“玩”上做文章，分为综合服务区、山水温泉区、美食休闲区三大区域。其中山水温泉区是度假区的核心，包含了 7400 多平方米的“梦幻雨林”室内大馆，6500m$^2$ 的“灵之源”室外泡池区，具有唐代风格特色温泉街区“长乐坊”，以及位于半山区的“半山汤屋”。而二期项目则重在“住”，包含了高星级温泉疗养度假酒店和精品温泉会所(图 8-15)。

图 8-15　横店梦泉谷温泉

**12. 仙居神仙湾温泉**

神仙湾温泉位于仙居东部大战乡，温泉区距仙居县城 10km，距台金高速仙居东出口 10km，交通便利。

中国(仙居)神仙湾温泉国际旅游度假区位于仙居大战乡内。项目总规划面积 15km$^2$，按照国家 AAAA 级旅游景区标准进行建设。神仙湾温泉由三大部分组成，即神仙湾、神仙源、神仙谷，整体风格采用新亚洲风格设计，吸收道教古法养生之精髓，禅意雅致又不失现代典雅的独立温泉套房、温泉公寓以及独立温泉泡池的温泉别墅让游客享受"五星级温泉度假屋"(图 8-16)。酒店内部还配有可供 1000 人就餐的国际餐饮中心、国际会议中心、温泉中心，周边配有温泉文化博览园、浙东南婚纱摄影基地、古堡酒店与百果园等。

图 8-16　仙居神仙湾温泉

**13. 红星坪温泉度假村**

遂昌红星坪温泉位于遂昌红星坪村，乌溪江畔，距遂昌县城 29km，龙丽温高速在县城内通过，交通便利。

遂昌红星坪温泉度假村北靠万亩群山与茶园；南临乌溪江水库；东连百亩桂花樟树林；西接湖山森林公园；度假村内外古树参天，自然环境十分优美。度假村装修风格独特，青砖碧瓦，古色古香，美不胜收(图 8-17)。

图 8-17　红星坪温泉

度假村利用原琴圩乡政府和琴圩小学的闲置资产改建而成，装修典雅，古色古香。度假村装修风格独特，均是一、二层的青砖碧瓦，拱门、石阶，廊桥、亭台，颇有一种上海石库门的风格，让人流连忘返。度假村内设有客房 50 间，室内大小温泉池、儿童池 5 个，室外大小温泉池 8 个，并有鱼疗池、特色美容池、桑拿房，能同时满足 200 人泡温泉豪华大床房、景观双标房、豪华温泉套房等，度假村每间客房全部引进温泉水。

# 主要参考文献


蔡旭梅，朱华雄，严金叙，2013. 浙江省湖州地区地热资源储存特征及开发利用方向分析[J]. 中国煤炭地质，25(7)：37-41，58.

陈忠大，袁强，吴小勇，2018. 中国区域地质志·浙江志[R]. 杭州：浙江省地质调查院.

胡宁，张良红，高海发，等，2011. 浙江省杭嘉湖平原地热资源勘查靶区圈定与钻探验证[J]. 中国地质，38(1)：138-144.

胡圣标，何丽娟，汪集旸，2001. 中国大陆地区大地热流数据汇编第三版[J]. 地球物理学报(5)：32-47.

李海亭，毛官辉，彭鹏，等，2019. 浙江省温镇断裂带地热成矿规律研究及远景预测成果报告[R]. 宁波：浙江省水文地质工程地质大队.

吕清，毛官辉，王小龙，2017. 浙江省湍口盆地地热资源水文地球化学特征[J]. 绍兴文理学院学报(自然科学)，37(1)：12-20.

毛昌伟，钱俊锋，王海宝，等，2018. 浙江地区构造裂隙型带状热储地热找水分析——以桐庐阆里村石峦坞矿区 DR1 地热井为例[J]. 科技通报，34(6)：27-31，168.

毛官辉，吕清，梁灵鹏，2019. 浙江省武义县水热型地热资源赋存规律及其与萤石矿化关系分析[J]. 地质科技情报，38(增刊)：1-6.

彭振宇，张良红，杨豪，等，2015. 浙江省地热资源现状调查评价与区划[R]. 杭州：浙江省地质调查院.

全国矿产储量委员会，1986. 萤石矿床勘探类型实例附图[M]. 杭州：浙江测绘出版社.

阮万才，钟朝旸，蒋维三，等，1994. 浙江省最新大地热流数据报道[J]. 科学通报(10)：58-61.

汪集旸，等，2015. 地热学及其应用[M]. 北京：科学出版社.

汪集旸，熊亮萍，庞忠和，等，1993. 中低温对流型地热系统[M]. 北京：科学出版社.

汪民，关凤峻，宾德智，等，1993. 中国地热能：成就与展望[M]. 北京：地质出版社.

熊亮萍，胡圣标，汪缉安，1994. 中国东南地区岩石热导率值的分析[J]. 岩石学报，10(3)：323-329.

叶兴永，陈俊兵，孙乐玲，等，2012. 浙江省地热资源调查与区划[R]. 宁波：浙江省水文地质工程地质大队.

俞国华，方炳兴，马武平，等，1996. 浙江省岩石地层清理[M]. 武汉：中国地质大学出版社.

浙江省地质矿产局，1989. 浙江省区域地质志[M]. 北京：地质出版社.

周乐尧，胡勇平，刘荣，等，2016. 浙江省成矿构造环境与金属矿床找矿方向[M]. 武汉：中国地质大学出版社.

朱安庆，张永山，陆祖达，等，2009. 浙江省金属非金属矿床成矿系列和成矿区带研究[M]. 北京：地质出版社.

朱炳新，朱立新，史长义，等，1992. 地热田地球化学勘查[M]. 北京：地质出版社.

朱厚忠，2016. 武义地区地热资源(温泉)与新构造运动关系的认知[J]. 西部探矿工程，28(10)：123-124.